JN262440

自然保護の神話と現実

アフリカ熱帯降雨林からの報告

ジョン・F・オーツ 著
浦本昌紀 訳

MYTH AND REALITY IN THE RAIN FOREST

緑風出版

MYTH AND REALITY IN THE RAIN FOREST
by JOHN F. OATES
Copyright © 1999 by The Regents of the University of California
Japanise translation rights arranged with the University of
California Press through Japan UNI Agency,Inc.,Tokyo

JPCA 日本出版著作権協会
http://www.e-jpca.com/

＊本書は日本出版著作権協会（JPCA）が委託管理する著作物です。
本書の無断複写などは著作権法上での例外を除き禁じられています。複写（コピー）・
複製、その他著作物の利用については事前に日本出版著作権協会（電話 03-3812-9424,
e-mail:info@e-jpca.com）の許諾を得てください。

献　辞

　何という巡り合わせか、1966 年からずっと私の良き指導者であったピーター・ジュウェルが、この本の序文に私が最後の筆を加えていたその日に、ケンブリッジで亡くなった。私はこの本を彼の霊前に捧げ、彼がこの最終稿を良しとしてくれるであろうことを願う。

目　次

自然保護の神話と現実

アフリカ熱帯降雨林からの報告

【目次　自然保護の神話と現実　　アフリカ熱帯降雨林からの報告】

献　辞　　　　　　　　　　　　　　　　　　　　　　　　　　　3
はじめに　　　　　　　　　　　　　　　　　　　　　　　　　　9
謝　辞　　　　　　　　　　　　　　　　　　　　　　　　　　　19
略称と頭字語（表現について）　　　　　　　　　　　　　　　　21

第1章　エショビ村への巡礼　　　　　　　　　　　　　　　　25
ジェラルド・ダレルの魔法の世界・25／エショビの現在・29／ロンドン動物園の影響・33／デイヴィッド・アッテンボロー：テレビ上の熱帯の自然・35／西アフリカへの第一歩・37

第2章　採集から保護へ　　　　　　　　　　　　　　　　　　45
ナイジェリア：政治動乱の渦中での野外研究・47／ウガンダ：キバレの森と降雨林保護問題・53／アフリカの国立公園：脅かされる「伝統的」自然保護・58／インド：西ガーツ山脈の森林をめぐる衝突・61／1966年から1978年に学んだこと考えたこと・67

第3章　自然保護が経済開発にすり寄る　　　　　　　　　　　71
マックス・ニコルスンと野生動物保護への実利主義的アプローチ・72／持続可能な開発の手段としての保全：世界保全戦略の構想・76／地域社会主体の自然保護という考えの出現・79／もう1つの神話：自然保護人としての未開人・82／展望・85

第4章　ティワイ島：地域社会主体の1つの自然保護プロジェクトの盛衰　　　　　　　　　　　　　　　　　　　　　　　　　87
オリーブコロブス：西アフリカのユニークなサル・90／西アフリカ調査でサル肉売買の増大判明・93／奴隷の島への最初の訪問・95／研究地を決める・97／ティワイ島での研究の発展・100／シエラレオネ最初の保護区の設立・101／自然保護活動の拡大・103／ティワイ島をめぐる

いざこざが始まる・105／ティワイ島管理委員会・108／崩壊の前触れ・110／崩壊・111／ティワイから学んだこと・118

第5章　オコム：保全の方針が森林の保護を駄目にしている　125

変化した土地に滅びゆくサルを求めて・127／オコム森林保護区・131／ナイジェリアか、シエラレオネか？・133／西南ナイジェリアの調査・134／またしても経済と政治の激変・136／サンクチュアリの布告・137／オコム保全プロジェクト始まる・138／「持続可能な開発」がオコムに来る・142／プランテーションの拡大・147／「便乗者」のためのマスタープラン・148／森林利用の増大と研究の計画・149／オコムの国立公園は？・153／オコムでは何がいけなかったのか？・155

第6章　人間優先：クロスリバー国立公園　159

オバン山地の無視されてきた森林・161／オバン山地への徒歩行・164／新しい国立公園の計画・166／コラップ、それとアースライフの盛衰・167／WWFがオバンに来る・173／ナイジェリアのゴリラ保護活動の始まり・175／絶滅したゴリラの「再発見」・179／1990年のゴリラ調査・182／クロスリバー国立公園の誕生——すぐに問題が起こった・187／オバン・プロジェクトの崩壊・190／クロスリバー国立公園の現況：密猟は続いている・192／伐採の脅威が大きくなる・198／代案はあったのか？・200

第7章　ガーナの空っぽの森　205

ガーナの森林保護小史・207／ガーナの状況の悪化・212／ガーナは森林の保護と開発の統合を図る・213／もっと広い調査・216／アンカサ——最後の希望？・218／移住者の問題・221／ヨーロッパのプロジェクト始まる・223／ガーナから学んだこと・225

第8章　動物園は箱舟たりうるか？　　　229

飼育繁殖がシフゾウを救う・230／ジャージー野生動物保存トラスト・231／飼育個体の野外への復帰・233／動物園での管理方式の野外への適用・240／飼育繁殖パラダイム批判・243／動物園の野生動物保護上の役割再考・245／飼育繁殖の将来とそれの西アフリカ霊長類保護への関連・248／移住についてはどうか？・251／結論・253

第9章　20世紀終末の自然保護：自然への愛か金銭への愛か？　　　255

ビッグマネーの悪影響・256／自然保護と開発との関係の緊張・259／自然中心の自然保護は非現実的なのか？・262／保護地域を保護するにはどうしたらいいか？・263／インドの例・265／態度を変えることの重要性・269／より良い自然保護のための経費・272／しかし、動乱の時には？・276／結論・277

注　　　279
訳者あとがき　　　309

はじめに

　ジョナサン・アダムズとトマス・マックシェインは、1992年の著書『未開のアフリカという神話』の中で、次のように論じている[注1]。アフリカの野生動物を保護するためには、国立公園を設立するというような「古典的な」方法が採られてきたが、そうした方法を考えさせたのは、動物で溢れていた原始の自然保護区域、人間による荒廃化や特にアフリカ人猟師から護られねばならない自然保護区域としてのアフリカ、という西欧人のロマンチックな神話である。この神話はアフリカの社会は西欧人が来る前には何世代にもわたって野生動物と共存していたという現実を無視しているのであって、その社会はそれと共存し続けることができるのだ、と彼らはいう。アフリカの野生動物を護るために一番良いやり方は、その地域の人々（「地域社会」）に彼らのまわりにいる動物たちの個体群を管理する権利をもっと大きく与えることである［訳注：国立公園のように政府が管理する体制ではなく、という意味であろう］。この本はまた、経済開発は必ずしも野生動物保護の敵ではないという考えを肯定して、自然保護と経済開発は1つのプロセスの両面である、とも言っている。

　アダムズとマックシェインの言うこのような見方が、世界野生生物基金（WWF）の公式の方針と符合しているのは偶然の一致ではない、と私は思う。アダムズは以前にWWFのために働いていたし、マックシェインは今でもそうであり、彼らはその本の中でWWF内の有力な人々がその本を書くのを励ましてくれたと謝辞を述べている。WWFの方針は、1980年に国際自然保護連合（IUCN、現在では世界自然保護連合として知られている）と国連環境計画（UNEP）とが合同で出版した文書『世界保全戦略』[注2]に述べられている。この文書では、保全（conservation）は、持続可能な開発というプロセスの一部としての自然資源管理を含む実利的プロセスとして記述されている。自然のそのような持続可能な利用は、この戦略の

1991年改訂版である『かけがえのない地球を大切に』(注3)において強調されている。特に後者は、自然保護と開発を統合した活動についてのデザインと管理運営に関して、地域社会に大きな役割を与えることが重要である、と強調している。

　私が本書で論じるのは、そのような方針は、『未開のアフリカという神話』の中でけなされた古い「保存保護主義的」方針と同様に、またはそれ以上に、神話に基づいている、ということである。アダムズとマックシェインは、アフリカの田舎の人々だってあらゆる人々と同じく自然資源を将来のことなど考えずに目先の利益を最大にするように利用しがちだ、という事実を口先だけは確かに認めているけれども、彼らやWWFやIUCNなどのような団体が進めている中心命題は、経済開発は自然保護と本来的に相反するものではないし、田舎の人々は野生動物を管理統制する権限をもっと大きく与えられるならば野生動物をもっと保護するようになるだろう、というものであり、そのような田舎の人々は彼らの居住する土地と長期的な結びつきを持った調和した協同社会で暮らしているものと一般に仮定している——これは、原始の自然保護区域としてのアフリカという神話よりももっと一般的にさえなってきたもう1つのロマンチックな神話である。

　30年以上にわたる私自身のアフリカでの経験からすると、野生動物を保護することになる時には、『かけがえのない地球を大切に』や『未開のアフリカという神話』のような本が主張する方針を進めるのは、非常に危険であると思う。このような方針が現実の世界で実施された時には、それはそれを支持する人々が主張するのとは反対の結果を生じがちであった。例えば、経済開発と自然保護との密接な関係を強調したことは、野生動物保護を、地域、国、国際といったどのレベルでも、主として実利主義的な行為として見る見方を生じさせてきたし、その一方で、世界野生生物基金を創設した人々が強く導かれていた倫理的美的な自然保護の原則を、従属的なものと見るようにさせてきた。そして、「地域社会」を実施上の単位として強調したことは、アフリカの田舎の人間社会でも、ほかの社会と同じように、自分たちの個人的利害を前面に出そうとしがちな少数の有力者によって支配される階級的構造を典型的には持っている、という豊富な証拠を無視させることになってきたのだ。

　おそらく最も危険なのは、地域社会レベルでの活動を提案支持するこの人々が、人間の移動ということをふつうは無視していることである。現代のアフリカの人々は、他の地方の人々と同じように、政治的不安定や経済的困難に直面した時には移動する。そのような危機に直面すると、人々は入口密度の低い辺境——

しばしば自然保護区が設定されているまさにその地域——に移動し定住する傾向があった。移住先の土地に長期的な結びつきを持っていない移住民たちに対して、その土地を「開発」する利益を［訳注：土着の人々に対してと同等に］提供するということは、辺境への移住をむしろ促進することになるだろうし、従って、野生動物とそれの生息環境への破壊圧力を増すことになるだろう。

このような考えとこの本の最終的プランは、1996年の初めにガーナのニニ＝スヒエン国立公園の周縁のスヒエン河のほとりで野営していた時に、私の心の中で明確になった。その時私は、ガーナのこの地域とその西に隣接するコートジボアールの諸地域とからでしか知られていない数種のサルの個体群を捜していた。ニニ＝スヒエンは保護された地域だと思っていたけれども、行ってみるとそこには猟師や他の林産物採集者が全く自由に出入りしていることがわかった。私に同行した公園監視員たちは、私をその公園の境界まで連れて行くことができなかったし、公園内部については何も知らなかった。この公園で私はアカコロブス［訳注：第7章を見よ］というサルの1地方型を1頭も発見することができず、それは絶滅してしまったのかもしれないと考え始めていた。私はさらに2年間同僚たちと調査をしたが、この憂鬱な結論が確認されただけだった。この調査は、ガーナの森林の野生動物は危機に直面している、という、トマス・ストルゼイカーと私がその数年前に到達した見解を支持するものだった[注4]。

この危機はガーナだけのものではない。アフリカの他の地域で、またさまざまに異なる程度に世界の熱帯の諸地方で、この危機の下に潜む諸原因の多くが作用しているのを見出すことができる。ガーナのアカコロブスを絶滅にまで追込んだのは、ふつうの猟銃を使って西アフリカのマーケットに「ブッシュミート」［訳注、第4章〜7章を見よ］を供給する猟師たちだった。この肉の多くは町や都市で売られ、結構な値がついた。この猟師たちやその他森林を利用する人々の多くは、この地域へ比較的最近移住してきた人々で、ここから遠く離れた地方で育って、彼らが利用している資源には伝統的な所有感情を持っていない。おそらく彼らの家族は、この森林の近くで農耕する権利のために、何らかの形の料金をその土地に支配権を持つ地方首長に払っているだろう。農民たちに先立って伐採業者たちが来たかもしれず、道路を伐り開いたり、同じように地方首長に金を払ったりしたことだろう。

第7章に記すように、ガーナの森林の野生動物に対するこのような圧力は数十年前から明らかなことであって、そのため政府は1970年代に2つの降雨林型国

立公園を設立した。その1つがニニ＝スヒエンだった。しかし、ガーナ経済はきびしく緊縮されていて、国立公園の管理運営には予算がほとんど配分されなかった。その上、ガーナの国内にも国外にも、この2つの国立公園の野生動物に大きな関心を示す人はほとんどいなかった。東アフリカの多くのサバンナ型国立公園に典型的な大型哺乳類のすばらしい群れはいないことがはっきりしている。このような降雨林型国立公園に、国外の自然保護家たちが関心を持ち始めたのは、やっと1990年になってからだった。この年、前述の新しい国際的な保全の方針の精神に沿った1つのプロジェクトの立案が始まった。そのプロジェクトは欧州開発基金からの資金で支えられるはずであり、公園の管理強化と周辺の人間社会開発活動とを統合しようとする予定であった。7年後、計画立案にあたった外国人コンサルタントたちに多額の金が払われた後に、そしてこの計画が「地域社会開発」の方に多くの資金をまわすように要求した欧州連合の官僚たちのせいで遅れた後に、この公園管理運営プロジェクトは開始された。この間に、森林の野生動物を保護するために必要な暫定的資源——例えば人員や車やその他の装備——の配分はなかったし、また、公園のまわりに住んでいる人々の大部分が移住農民であって伝統的な土地所有者ではない、という事実が持つ意味にはほとんど注意が払われなかった。管理運営プロジェクトが動き始めた時までに、どちらの公園にも大型哺乳類はもうほとんど残っていなかったし、アカコロブス——公園が設立された時には両方の公園に生息していると報告されていたのだが——は絶滅してしまっていた。公園内だけでなくそれ以外の分布域でも同様であった。だが、公園の森林植生は生き残った。この2つの公園はその前には政府の管理する森林保護区だった。土着の農民たちは、植民地時代に水源涵養と木材供給のために設立されたこれらの「古典的」保護地域の境界を一般に尊重してきた。ガーナの森林保護区はしばしばひどく伐採されてきたし、山火事で傷められてきたけれども、ほとんどの場合にそこは今でも十分な森林を有している。

　衛星画像は、ガーナ南部の森林保護区の多くに残っている森林と、保護区の外の、地域社会に管理されている伐採された土地とを分けている真直ぐな境界をはっきり示している。しかし、保護区内での狩猟を規制する活動はほとんど、または全くなされてこなかった。きびしい規制が何もなかったので、地域の猟師たちは、他所のほとんどの猟師やヨーロッパと北アメリカ周辺の海域の漁師と同じようにしてきた。つまり、野生動物の個体数が減ってくると狩猟努力を強化したし、一部の種がその地域で絶滅したり稀少になったりすると別の種に重点を切り

替えてきた。ガーナでの経済開発がこのプロセスを鈍らせることはなかった。実際、町や都市が大きくなりブッシュミートへの需要が増えてきたので、おそらく狩猟活動は増加してきたであろう。

　従って、この本での私の主要な論点は、野生動物の保護は経済開発を促進することによって最も良く行なうことができる、という理論には重大な欠陥がある、ということである。この理論は、それの定式化にかかわったすべての人々を幸せな気分にしてきた強力な神話である。最初に定式化された時には、それはいくつかの世界の中で最良のものをもたらしてくれるように見えた。野生動物も地域の人々もどちらも利益を得るのだろうし、自然保護運動家たち自身にしてみれば、それの基本方針の目的は人間の福利の改善であると言われたのだから、彼らの自然保護計画に、物質的により良い生活を目差す彼ら自身の調査研究を組み込むことに居心地の悪いはずはなかった。ところが実際には、このアプローチは多くの野生動物の個体群に悲惨な結果をもたらしてきたのだ。特に重要なのは、このアプローチが、すべての関係者に自然保護活動そのものは優先順位が低いと思わせるようになったことである。自然保護は何らかの法的規制を伴わざるを得ないから、「反民衆的」であり、従って社会開発の活動に反する、と思われたのだ。しかし、自然保護・開発アプローチは、それが実施されてきた場所のほとんどで社会開発にはほとんど何もしてこなかった。保護・開発統合プロジェクトからふつうの田舎の人々に流れてきた物質的利益は、そのプロジェクトが実施された国の政治家や官僚、そのプロジェクトを立案した専門的コンサルタントや保護執行者（主として欧米人）に流れたものに比べれば、わずかなものでしかないことが多かった。

　私の2番目の論点は、地域社会主体の自然保護というのは、言うは易く行なうは難しだ、ということである。現実の地域社会はそのほとんどが、国際的な（新しい）保全の方針で暗に考えられているような調和した理想社会とは違う、というだけでなく、それは国民国家という枠の中で機能せざるを得ないものであって、その国民国家がどんなに不完全なものであっても、地域の問題はそれから強い影響を受けるのである。このような国家の内部と国家の間での権力闘争は自然保護活動に必ず大きな影響を及ぼすのであって、その闘争が実際の戦争にまで発展した場合には自然保護活動を壊滅させてしまうことさえある。

　私は次のように主張する。保全計画の立案にかかわる人々が彼らのアプローチを考え直して、多くの自然保護団体の創立の原点——自然はその固有の価値の故

に、また、それが多くの人々に美的な楽しみと満足を与えることができる故に、保護に値する——に回帰するのでなければ、野生的な自然（今日の言葉で言えば生物多様性）の一番重要な部分は、失われてしまうだろう。野生の動物・植物・場所がずっと存在し続けることが、あらゆる国の現在と将来の世代の人々に、多くの満足をもたらしてくれるのである。国家の政府の主要な役割は、国民全体にとって長い目で見た時に最もためになる諸政策を調和させることである。従って、自然保護団体は、地域社会のさまざまな利害関係を無視しないようにしながら、各国政府が自然を保存するのを援助するようにもっと努力するべきである。そうすることによって彼らは、長い目で見た時に、大多数の市民の利益を害するよりはむしろ利することになるだろう。

　私はこの論を、アフリカとインドの森林での私の研究活動と自然保護活動の個人史という枠組の中で提示する。そのように主観的でかなり逸話的なアプローチをとることが、私の論を、ちゃんとした学術的な形式で記すよりも多くの読者にとってより近付きやすいものにしてくれれば、と思う。私は大学で仕事をしているのだが、大学人は現実世界での自然保護はほとんどしていないし、自然保護活動の方針を立てることに部分的にしか影響を持っていない、ということは自覚している。

　第1章では、西アフリカへの私の関心の生長と、野生動物の固有の価値についての私の気持の生長とを記す。第2章では、アフリカとインドで私が初期に触れた自然保護活動のいくつかについて、熱帯の自然が直面しているさまざまな圧力を痛切に感じさせてくれた経験と、「古典的」（または「伝統的」）自然保護は途上国でもうまく機能し得ることを示してくれた経験と、について語る。第3章では、国際的自然保護運動の始まりのいくつかについて要約し、それの立場が、自然自身のための自然保護を支持するものから、自然保護を経済開発というプロセスの一要素と見做すものへ、とどのようにして移り変わってきたのかを考察する。そして、この変化が一部には政治的財政的な都合から、特に、国際的開発援助機関から入手可能になった巨額の資金を導入したいという願望から、起こったと示唆する。また、ここで、多くの自然保護家がどのようにして、自然保護は社会開発というプロセスの一部であると信じ込み、人間の行動を改変するように干渉するのに最も適切なレベルは国よりはむしろ地域社会だ、という見解を開発プランナーたちから採り入れたのか、についても考察する。

　第4章から第7章では、私がシエラレオネ、ナイジェリア、ガーナといった西

地図1 西アフリカ沿岸諸国

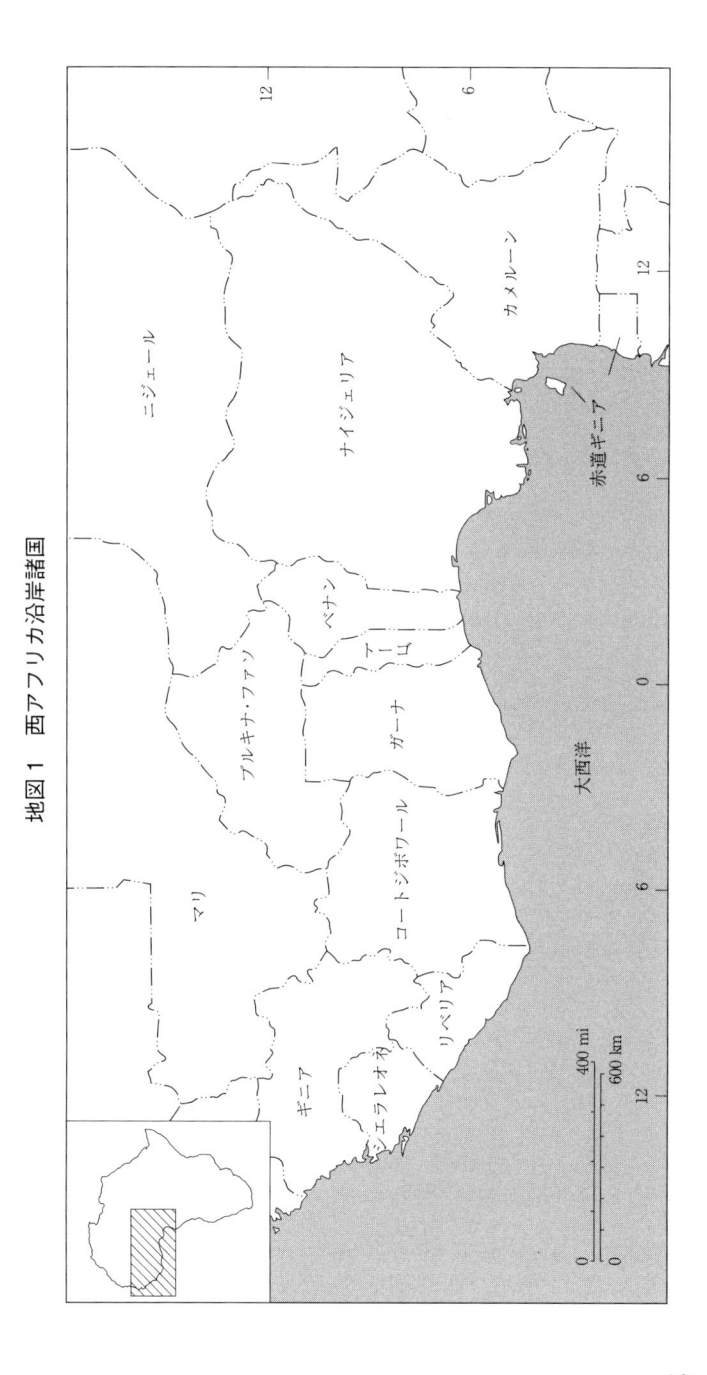

はじめに　15

アフリカの国々（地図1を見よ）で参加してきた自然保護プロジェクトについて詳しく記述する。この各章は、自然保護への開発アプローチが西アフリカの森林地帯で失敗してきた、という私の論点を支持する証拠文書である。この各章で私が記す詳しい具体的な話を辛抱して読んで頂きたい。ここでそれを詳しく記すのには2つの重要な理由がある。第1はそれが私の主張を強化する証拠だということであり、第2は、多くの場合にそれがその地域ではよく知られているのに、それの重要さにもかかわらず、外の世界ではほとんど関心を持たれてこなかったようなプロジェクトや自然保護区の歴史を記録するものになっているということである。

　西アフリカで自然保護が直面している危機を眺めた後に、私は第8章では自然保護についてのもう1つのかなり信じられている神話、すなわち、多くの種が野外では危機にあるかもしれないが、それらは動物園やそれに似た飼育施設での飼育繁殖によって救うことができるし、いつかはそこから野外に帰すことができるかもしれないという神話、について考察する。飼育繁殖を批判的な眼で見るのは私が初めてではないというのは確かだが、読者の中にはそれが私の記した危機への明らかな救済手段であると考える人がいるだろうから、自然保護への飼育繁殖アプローチについてここで要約総括しておく。私が言いたいのは、このアプローチは安上がりな救済手段ではないし、まだ生き残る可能性がある野生個体群を保護する活動から関心と資金を逸らせてしまう可能性がある、ということである。動物園が自然保護を一番良く援助できるのは、危機に瀕している種を飼育することで救おうとすることによってよりはむしろ、野生動物とそれの苦境に一般の人々の関心を向けさせるその能力によってである、と私は提案する。この章で私は、ナチュラリストであり作家であったジェラルド・ダレルの強力な影響を考察する。彼は、第1章で記すように、私自身が子供の時に西アフリカの森林に魅せられるようになる上で重要な役割を演じたのだった。

　最後の章では、自然保護への実利的物質主義的アプローチは堕落腐敗を招く、という私の見方を要約する。私は、もっと伝統的なアプローチの方がうまくやっていけると示唆し、森林と野生動物を人間による開発から保護する方を強調する自然保護のポリシーが、人口密度が高く全体に貧しい地域でさえどんなに成功し得るか、を示す1例としてインドの実例を記す。私はまた、自然保護活動が開発援助とも縁を切るとしたら、どのようにして貧しい国々での資金援助を得ることができるのか、についても論じて、現在は開発機関を通して自然保護へと流れて

いる豊かな国々からの金は、国の自然保護活動とか個々の保護地域とかを支持するために設立される信託基金へ流されるならば、もっと有効に利用されるであろうと提案する。

　私は、この本で言及したさまざまな個人や団体の中には、彼らの意図とか活動とかが正しく描写されていない、と感じる人々がいるだろうと思っている。自然保護の世界には考えの深い善意の人々が数多くいるということは判っているが、私は彼らがとっている戦略の中の主要ないくつかの要素は誤っていると考えるようになってきた。私は、この考えを説明する際に、誤っていると私が考えるアプローチをとった場合に起こる諸問題を強調してきたし、その際には、そのアプローチでもいくらかは自然保護に成功したということを十分には認めなかったかもしれない、ということは認める。そのことが不快感を与えたとしたらお詫びする。

　利用した文献などの著者名をいちいち挙げて——科学の世界での伝統的スタイル——話をその度に中断することはしたくなかったので、そうした情報源は巻末に注としてまとめて挙げた。文章をスッキリさせるもう1つの手段として、私はほとんどの人名を初出時にフルネームで記し、それ以降はしばしば姓のみで記した。卿、教授、博士、敬称、といった肩書きは省いた。こうした用法は、文章を簡潔にするだけでなく、ここで記した年月の間にその人の肩書きが変わった場合の混乱を避けるのにも役立つ。肩書きを省いたのは敬意がないことを意味するのではない、ということを関係各位が理解して下さることを願う。

　急速に変化しつつあるこの世界では、私の記述の一部はそれが本の形になって出るまでに古いものになってしまうことは避けられないだろう。現状についての私の悲観的見方の中に根拠のないものがあることがわかり、将来西アフリカの野生動物の未来が改善されるであろうことを希望せずにはいられない。

謝　辞

　この本で問題にした何十年の間には、非常に多くの人々が、私の熱帯での野外調査研究を助けてくれたし、またいろいろな点で私の世界観や自然保護についての私の考え方の形成を助けてくれた。この人々に１人ずつ名前を挙げて感謝するにはその数が余りにも多いので、ここで一括して感謝したい。しかし、何人かの人には特に御礼の言葉を記したい。私の両親は私が人間以外の生き物にどんどん興味関心を持つことができるような環境を与えてくれた。亡父アーサーは私の集めた動物たちの奇妙な集団と一緒に住み休日を過さねばならないのに黙って耐えてくれ、母カスリーンは彼女自身が動物好きだったことで私の興味関心を積極的に後押ししてくれた。ナチュラリストであるデイヴィッド・アッテンボローとジェラルド・ダレルの著作と記録映画は、この本の第１章に記したように、私の興味関心が発展する方向に深い影響を与えた。私はユニバーシティカレッジ附属高校で生物教師ジョフリー・クレバーに会えて幸せだったが、彼は自身が研究者だったこともあってすぐれた人だった。ロンドン大学ユニバーシティカレッジに入った時、私はすばらしい自由な考え方をする環境にいることに気付いた。そこでは世界の指導的生物学者に入る人たちに教わったし、全く気心の合った学生仲間たちと経験を共にした。熱帯での野外調査研究をしていくうちに、私は幸いなことに何人かのすぐれた先輩たちと仕事をすることになり、この人たちとは親しい友人になった：ピーター・ジュウェル、トマス・ストルゼイカー、スティーヴン・グリーン。野外研究の間には、ラウフ・アリ、ピウス・アナドゥ、ジョージ・ホワイトサイズが特に良い同僚だった。アフリカで困難な研究をするのを助け癒してくれたのは、ウィロウとランス・ティケル夫妻、マルサとピーター・ホワイト夫妻、レイチェルとニジェル・ウェイカム夫妻、フランシスとフィリップ・ホール夫妻、それにリザ・ガズビィとピーター・ジェンキンスで、彼らはすべて、私

が町や大学に戻った際に快く彼らの家を利用させてくれ、さまざまな実用的な用事を助けてくれた。

　1978年からはニューヨーク市立大学ハンターカレッジ人類学教室が私の度重なる野外調査旅行を快く支持してくれた。私の調査研究は多くの団体からの支援で行なわれてきた。それらのすべてに深く感謝する。特に、US国立科学財団、ニューヨーク市立大学研究財団、野生動物保全協会（以前のニューヨーク動物学協会）に感謝したい。

　この本の計画はその発端からトム・ストルゼイカーに励まされたが、彼は長年にわたるさまざまな討論と共同研究の過程で、自然保護の諸問題についての私の考え方の発展に大きな影響を及ぼしてきた。この本を書く上での文献資料調査に際しては、World Conservation Monitoring Centre（ケンブリッジ）とロンドン動物学協会図書室との職員の方々とニューヨーク市立大学のエリック・サーギスとにお世話になった。その他有益な情報を供給してくれた方々には、ラウフ・アリ、シンシア・ブース、ジュリアン・カルデコット、フランシス・コナント、アリクポ・エター、ジェラルド・クリード、キース・エルトリンガム、スティーヴン・ガートラン、フィリップ・ホール、故セオ・ジョーンズ、デヴラ・クライマン、リチャード・ロウ、がある。

　トム・ストルゼイカーはこの本の大半の章の原稿を辛抱強く読んで、考えの深い多くのコメントをしてくれた。私はこの本の内容を正確なものにしようとして、ここで記したプロジェクトに参加していた重要メンバーの何人かに原稿を見てくれるようお願いした：グレアム・ダン（第1章）、ピーター・ジュウェルとスティーヴン・グリーン（第2章）、ジョージ・ホワイトサイズ（第4、7章）、ピウス・アナドゥ（第5章）、リザ・ガズビィ（第6章）、マイケル・アベディ＝ラーテイ（第7章）、アーディス・ユウデイとフレッド・クーンツ（第8章）。私はこれらの人々すべてに深く感謝する。ただし私は解釈とか意見とかスタイルとかの問題に関しては必ずしも彼らの忠告に従わなかったが。

　この本のために写真の使用を許してくれたデイヴィッド・アッテンボロー、リー・ダレル、フレッド・クーンツ、リザ・レランド、ノエル・ロウ、US国立動物園、水禽湿地トラスト、WWF、に感謝する。

　最後に、私はカリフォルニア大学出版のドリス・クレッチマーに、この本の刊行を支えて最終稿に多くの建設的な示唆を与えてくれたことに対して大きく感謝したい。

略称と頭字語（表現について）

　国際的な自然保護と開発計画の世界では頭字語が氾濫している。この本でもそれはしばしば出てくる。

ADMADE	Administrative Management Design for Game Management Areas。ザンビアで地域住民に野生動物の管理（とそれから生じる収入）へ大きく責任を持たせるように計画されたプロジェクト。
AT&P	African Timber and Plywood Company。伐採と木材処理の企業で、ナイジェリア、ガーナなど熱帯林諸国で施業している。ロンドンに本社のあるユナイテッドアフリカ社の一部門
BBC	British Broadcasting Corporation。イギリス放送協会。
BBTC	Bombay Burmah Trading Corporation。ボンベイ＝ビルマ商事会社。ボンベイに本社があり、プランテーション、特に茶農園、の経営に従事。
CAMP	Conservation Assessment and Management Plan。種または種グループの保護計画文書を指すのにCBSGによって使われた用語。
CAMPFIRE	Communal Areas Management Programme for Indigenous Resources。キャンプファイア。ジンバブエでdistrict councilsがその土地の野生動物などの資源の管理に主要な責任を持つプログラム。ザンビアのADMADEに似る。
CARE	Cooperative for Assistance and Relief Everywhere。ケア。緊急救援と農村開発に特にかかわる慈善団体。第二次世界大戦末にアメリカからヨーロッパに救援物資を送る団体として設立された。CARE USAは今ではCAREインターナショナルの一部であり、本部はブリュッセルにある。
CBSG	Conservation Breeding Specialist Group。IUCNの種生存委員会（Spe-

	cies Survival Commission, SSC）の中の保護繁殖専門家グループ。以前は Captive Breeding SG（飼育繁殖専門家グループ）として知られていた。
CI	Conservation International。ワシントンに本部のある NPO。
CRNP	Cross River National Park。ナイジェリアのクロスリバー国立公園。
CUNY	City University of New York。ニューヨーク市立大学。ハンターカレッジはこの大学を構成するシニアカレッジ（の１つ）。
EC	European Commission。欧州委員会。Commission of the European Community の略称。ブリュッセルに本部のある欧州連合の行政と技術援助の組織。
ECU	European Currency Unit。欧州通貨単位。ヨーロッパ諸通貨の「basket」の価値に基づく。この単位が EU の資金によるプロジェクトの収支予算に用いられる。
EDF	European Development Fund。欧州開発基金。EU のために EC によって運営される。
EU	European Union。欧州連合。1993 年に設立され、ヨーロッパの統合を進めるために計画されたヨーロッパ諸国の連合体。以前の European Community。
FAO	Food and Agriculture Organization of the United Ntions。国連食糧農業機構。農業、林業、漁業の発展促進と栄養と食糧の保証にかかわる。本部はローマにある。
GEF	Global Environment Facility。地球環境施設。開発機関や開発銀行から開発に寄与する自然保護や環境管理のプロジェクトへの支援を仲介するように計画された団体または「施設」。1990 年に世界銀行と UNDP の合同事業として設立され、ワシントンの世界銀行本部に入っている。
GPS	Global Positioning System。全地球測位システム。
GTZ	Deutsche Gesellschaft für Technische Zusammenarbeit。ドイツの技術援助機関。
IUCN	International Union for the Conservation of Nature and Natural Resources。国際自然保護連合。今は the World Conservation Union として知られる。本部はスイスのグランドにある。
IUPN	International Union for the Protection of Nature。1956 年に IUCN になる。
JWPT	Jersey Wildlife Preservation Trust。ジャージー野生動物保存トラスト。ジェラルド・ダレルの設立したジャージー動物園の発展。

KfW	Kreditanstalt für Wiederaufbau。ドイツ政府の開発信用機関。
NCF	Nigerian Conservation Foundation。ナイジェリア自然保護財団。ラゴスに本部のある NGO。
NPFL	National Patriotic Front of Liberia。リベリア愛国戦線。チャールズ・テイラーの率いる準政治運動。1989 年にコートジボアールから武装軍としてリベリアに入り、結局リベリアの大部分を支配したが、その後諸分派に分裂。テイラーはリベリア大統領として 1997 年の選挙に勝つ。
ODA	Overseas Development Administration。イギリス政府の海外開発省で、以前は Ministry of Overseas Development として知られていた。1997 年に Department for International Development と改名された。ODA はまた Official Development Assistance 政府開発援助の頭字語としても使われる。
PHVA	Population and Habitat Viability Assessment。生物種の現状とそれの特定期間生存確率の評価。典型的には個体群生存過程の数理モデル化を含む。
PSG	Primate Specialist Group。IUCN の種生存委員会（Species Survival Commission, SSC）の中の霊長類専門家グループ。CI の会長ラッセル・ミッターマイアーを Chairman とする保護助言グループ。
RUF	Revolutionary United Front。革命統一戦線。シエラレオネのフォダイ・サンコーに率いられた反乱グループの準政治集団。1997 年 5 月に選挙による政府の転覆に不満兵士たちと共同した。
UCL	University College London。ロンドン大学ユニバーシティカレッジ。
UK	Unided Kingdom of Great Britain and Northern Ireland、ふつう United Kingdom と略称する。イギリス。
UNDP	United Nations Development Programme。国連開発計画。本部はニューヨークにある。
UNEP	United Nations Environment Programme。国連環境計画。ユネップ。本部はナイロビにある。
UNESCO	United Nations Educational, Scientific and Cultural Organization。国連教育科学文化機構。ユネスコ。本部はパリ。
USAID	United States Agency for International Development。合衆国国際開発庁。
WCI	Wildlife Conservation International。以前はニューヨーク動物学協会の一部門で、今は WCS の国際プログラム。
WCS	Wildlife Conservation Society。野生動物保全協会。以前のニューヨー

	ク動物学協会。本部はニューヨークのブロンクス（動物園）にある。
WEMPCO	Western Metal Products Company。ナイジェリアのラゴスに本社のある製造会社で、クロスリバー州で伐採と木材加工をしている。
WWF	World Wide Fund for Nature。合衆国とカナダでは今でも元の名称 World Wildlife Fund で知られている。世界野生生物基金。国際本部はスイスのグランドにある。多くの国は半自主的な国内組織を有している——例えば WWF-US（本部はワシントンにある）や WWF-UK（本部はサリー州ゴダルミングにある）（訳注、日本には WWF-J がある）。

第1章　エショビ村への巡礼

　私は1つの旅の終点にさしかかっていた。それは40年以上かかった旅だった。1996年3月、眼下には西南カメルーンの森に被われた山々の間にエショビの村のブリキ屋根が見える。私たちの車は、その森の中の赤く汚ない傷跡のような新しい林道をさらに下って、村の首長の家の前で停まった。私たちが訪れた目的を説明するためである。まだ昼前だったから、アフリカの多くの村での私の経験からして、首長は多分畑に行っていて留守だろうと私は思っていた。だが、私たちがピックアップトラックから降りると、信頼できそうな老人がその家から出てきて私たちに挨拶し、私たちを中に招じ入れて、エショビの首長エリアス・アバンですと自己紹介した。私はゾクッとした。私の捜していた男の名前が、1人はエリアス、もう1人はアンドレーア、だったのだから。

ジェラルド・ダレルの魔法の世界

　エリアスとアンドレーアは、1953年7月に出版されたジェラルド・ダレルの最初の本『積みすぎた箱舟』の中で重要な役割を果たしている2人のエショビの猟師だった[注1]。この本が出版された翌年のある日、9歳だった私はこの魅力あふれるお話――1947～48年の、当時は英領カメルーンと呼ばれていた地域への6ヵ月の動物収集旅行記――を読んだ。私はそのずっと前から動物に夢中だった。私はロンドン西北部の両親の家を、ジェラルド・ダレルが子供の時にしていたのと同じように、ペット動物で一杯にしていた。その中には、ロンドン郊外のずっと外れの池まで行ってとってきたものもいた。ロンドン動物園にもよく行っていた。

　ダレルのこの本は魔法のような世界を描いていた。そこでは、動物園や博物館の展示でしか知らなかった魅力的なサルやサイチョウや爬虫類が、大戦後のハ

ムステッド・ガーデン地区の中流階級の住人たちよりはずっと面白そうな人たちが住んでいる異国的な森林の中で、現に生き生きと暮らしていた。グレアム・グリーンが言ったことだが、子供の時に読む本は予示の本であって、将来に影響を及ぼすが、後年になって読む本は、すでに持っている見方を修正したり確認したりしがちなだけである(注2)。『積みすぎた箱舟』は、この感じやすい年頃に私の想像力に火をつけて、西アフリカの森林と動物たちを自分の眼で見たい、エショビの魔法の世界に行きたい、という憧れを抱かせることになった。この本に深く影響されたのが私だけではなかったことは確かだと思う。ボンベイ博物学会会報の1984年号に、インドの鳥学者で野生動物写真家のリシャド・ナオロジが次のように書いている。「私は12歳の頃にダレルの『積みすぎた箱舟』を朝までかかって一気に読んで、釣りあげられた(注3)」。それ以後、ナオロジもまたアフリカの野生動物を見たいと心から思ったのだ。

　『積みすぎた箱舟』は、ダレルの有名な2冊の本、『The Bafut Beagles』(1954)(邦訳『西アフリカの狩人』筑摩書房、1968)と『My Family and Other Animals』(1956)(邦訳『虫とけものと家族たち』集英社、1974)、ほどには知られていないが、ダレルのその後のどの著作も及ばないと思われるような新鮮さと熱帯への驚異の念とを持っている。異国的な地域の記述と注意深く観察した動物と人間の行動とを織り合わせた本はそれ以後30冊以上出ているが、『積みすぎた箱舟』はそれらの本にとってのモデルとなった。だが、ダレルの本には人間の行動のこっけいな面や罪のない面しか出てこない。そこでは、グレアム・グリーンの同じような熱帯の活気のない世界についての記述に出てくるような暗い人物に出会うことはめったにない(注4)。それは現実逃避文学であり、ダレルの世界の魅力の1つは、出てくる人々が死んだり非常に不愉快なことをしあったりしないことであって、彼らは通例の多くの欠点や煩悩を持たない。従ってこの作品は「ノンフィクション」ではあるが、完全な真実の世界を描いてはいない(注5)。

　しかしジェラルド・ダレルの著作は、現実逃避の娯楽としてしか役立ってこなかったのではなかった。彼の本や同様なジャンルの作家たちの本は、ある世代の自然保護活動家たちにとってはインスピレーションをもたらしてくれるものだった。だが、こうした本は一部の人々にインスピレーションをもたらしはしたが、その一方で、こうした本のロマンチックなスタイルは、熱帯での自然保護問題に関して、人間の行動をしばしば理想的楽観的に見て、ある種の不愉快な現実を直視するのを回避する、というアプローチが発展するのを助長してきたのかも知れな

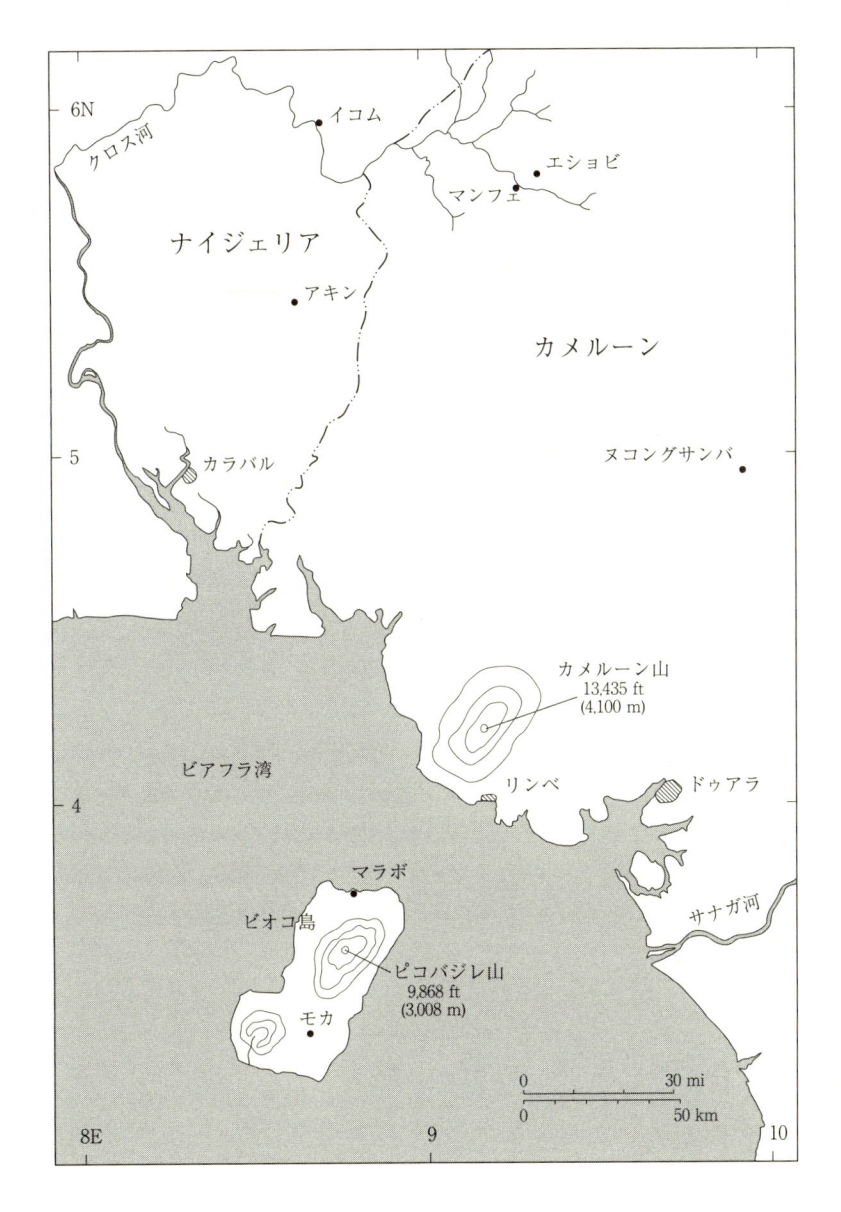

地図2　カメルーン西南部とナイジェリア東南部とビオコ島。クロス河源流地域のエショビ村の位置と、ビオコ島南部山地のモカ村の位置を示す。

写真1（左）ジェラルド・ダレル。カメルーンへの最初の採集旅行（1947－48）でチーフ助手のピウスと共に。この写真はおそらくエショビで撮られたものだろう。（リー・ダレル提供）

写真2（右）エリアス・アバン（左）とアンドレアス・ンチャ（右）、1996年3月エショビにて。この2人はダレルの最初のカメルーン遠征での猟師だった。

い。この章ではエショビ村の現在の現実をいくつか眺めようと思うが、そこでは、人口の増大と商品的農業の拡大と外国の木材企業の到来とが、残された森林を急速に蝕みつつあって、若きダレルが追い求めた野生動物の姿は今やほとんど見ることができない。この章ではまた、熱帯の、特に西アフリカの森林に私が魅入られていった過程と、西アフリカの森林で初めての経験をするに至った次第と、そのような経験の結果として手付かずの自然は大きな固有の価値を有すると一層強く確信するようになったことも記そうと思う。

エショビの現在

　ジェラルド・ダレルは1995年1月、私がエショビ（地図2を見よ）に行く1年と少し前に肝臓病で亡くなった。彼はこの村に初めて入った時にはわずか22歳だった（写真1を見よ）。そして、『積みすぎた箱舟』の記述からすると、猟師エリアスとアンドレーアは彼よりもいくらか年上だった。従って私は、ダレルが最初に訪れた時のことを覚えている人やエリアスとアンドレーアを知っている人に誰か会いたいと思ってはいたが、この2人にまさか会えるとは考えてもいなかった。カメルーン（以前の英領カメルーンは仏領カメルーンと一緒になって1961年に新しい独立国を形成した）は、多くのさまざまな熱帯病が流行している地域として有名で、今日でさえ出生時の期待寿命は56歳でしかない[注6]。

　だが、エリアス・アバン首長と（主としてピジン英語で、またWCSのングチ・プロジェクトから同行したフィリップ・ハイアムに助けてもらって）話し始めると直ぐに、実際、彼が『積みすぎた箱舟』の初めのほうに出てくる猟師の1人なのだ、ということが明らかになった。そこで私は、ダレルと一緒に仕事をしたもう1人の猟師は誰だったのか、と聞いてみた。彼は「アンドレアだ」と言った。「アンドレアはまだこの村にいるのか」と尋ねると、首長は「います」と答えて、彼を呼びにやった。間もなく首長よりもっと年取った老人が杖をついてやって来た。この人がアンドレアス・エバイ・ンチャであった。彼の名を友人たちは「アンドレア」と発音しており、ダレルはそれを「アンドレーア」と表記していたのだった。アンドレアス・ンチャは自分は1914年生まれだと言ったし、エリアス・アバンは彼の身分証明書によれば1919年生まれだから、2人が初めてダレルに会った時にはおそらく30代で、体力が最も充実していた頃だったに違いない。ダレルは、2人は実にすぐれた猟師だと賞賛し、彼らはエショビから20マイル以内の「あらゆる小径やあらゆる渓流や滝やほとんどすべての茂みに精通しているし、茂った下藪の中にやすやすと音も立てずに溶けこんでしまうのに、私はブルドーザーのような騒音を立てながらヨロヨロとついて行く始末だった」と言っている[注7]。

　しかしダレルは、エリアスの勇気とアンドレアスの機敏さに敬服し、森での彼のガイドとして、また採集人たちのチーフとして、2人に完全に頼っていたのだけれども、彼らのことを彼らの「主人」である若いジェラルド・ダレルの監督下にあるかなり単純な田舎者として描いている。この描写はほとんど驚くに当た

らない。というのは、ダレルは大英帝国時代のインドで子供の頃を過ごし、1940年代に植民地統治の下にあった地域のことを書いていたのだから。実際には、ダレルの初期の著作は、それらの書かれた時代と場所を考えると不思議なほど人種差別の調子がないのだ(注8)。

　それでも、エリアス・アバンとアンドレアス・ンチャは、私が予想していたよりもずっと印象的な人物だった（写真2を見よ）。彼らの体格はダレルの記述から予想していたようなグロテスクなものではなかったし(注9)、彼らは賢く考えの深い老人で、単純なお人よしなんかでは全くなかった。アバンは伝統的首長として［訳注：政府に任命された首長とは別。本節末を見よ］エショビ村で大いに尊敬されていた。私の聞いたところでは、例えば彼は植民地時代に仏領カメルーンからタバコの苗をこの地方（マンフェ地区）に持ち込んで、そこにタバコ栽培を導入したのだという。彼は、大きなカカオ農場と6人の妻と32人の生存している子（彼の言うには、死んだ子が24人）を持っていた。ンチャは2人の妻と8人の生存している子を持っていた。

　アバンとンチャの妻たちがそれぞれ4〜5人の生存している子を持っているというのは、アフリカでは別に珍しいことではない。1990年代初期にカメルーン女性の1人当たり平均子数は5.7人だったし、1970年代初期にはそれは6.3人であり、アフリカ全体では5.8人だった。カメルーンでの5歳未満乳幼児死亡率は、1960年には新生児1000人当たり264人だったが、1993年には113人へと低下した(注10)。従って、エショビ村を含めてカメルーンでこの数十年に起こってきた非常に著しい変化の1つは、人口の増加である。1950年にカメルーンの人口は447万人と推定されたが、1995年には1323万人で、ほとんど200％の増加である(注11)。熱帯アフリカ各地の人口は、過去のほうが20世紀初期よりもずっと多かったらしいが(注12)、第二次世界大戦以後にそれが非常に増加したことは間違いない。その理由の一部はおそらく予防注射と抗生物質との普及に伴う死亡率の低下だろうが、田舎が全体的に豊かになってきたためでもあるだろう。人口が増加し豊かになるにつれて、アフリカの田舎には農地や農園が拡がってきた。

　1996年に私が訪れた時のエショビは、今日の降雨林世界の現状の好例である。ダレルがこの村に初めて行った時以降の50年間に、そこには多くの変化が起こってきた。この変化は西アフリカや中央アフリカの大部分で起こってきたものと同様であり、それが、この本の主題である自然保護の危機を生じさせてきた変化なのである。1940年代にはエショビの村は2つの小さな集落だった。今ではこの2

写真3 エショビから北へ伸びる新しい伐採道路。1996年3月。マンフェでクロス河を越える大きな橋が1991年に架けられた後に、道路がこの地域を伐採業者たちに開放し始めた。

つの集落は、人口が少なくとも600人の大きな村として1つにまとまってしまった。カカオやコーヒーのような換金作物が導入されて、耕作可能な森林は村から数マイルにわたって伐り開かれてしまった。

　ダレルは、エリアスやアンドレアスと一緒に森に入った最初の日に、村から3マイルほどの所でオオハナジロゲノン［訳注：オナガザルの一種］の群れに出会った。今では、多くの野生動物に会うためにはずっと遠くまで歩いて行かなければならない、と村の人々は言う。それでもエショビのすぐ近くの急峻な山地にはいくらかの森林が残っていたので、私はある朝この森に猟師たちと入ってみたが、

そこで見た動物の中で一番大きかったのは1頭のリスだった。1996年には私はエショビ村の中心まで車で行くことができたが、ダレルはそこに歩いて行かなければならなかった。彼はクロス河の峡谷をマンフェの町の北側で、第一次世界大戦以前のドイツ支配時代に架けられた細い吊橋を使って渡り、それから森の中の岩だらけの小径を5マイル以上歩いた(注13)。今では、ドイツ人の吊橋は放棄され、人々はそれの下流に1991年に完成した大きなコンクリートの橋でその河を越えている。この新しい橋は、40マイル以上北方のアクゥヤの町まで森林を抜けて行く道路を建設するプロジェクト(外国の資金援助による)の一部として造られた。このプロジェクトはこの橋の完成後に潰れてしまったが、この橋によってクロス河北側の森林の機械化伐採が初めて可能になった。そして、レバノンのある木材会社がこの橋から北の広い森林の伐採権を手に入れて、私が訪れた時までに、この会社のトラックのための道路が何マイルも伐り開かれていた(写真3を見よ)。

ダレルは『積みすぎた箱舟』の序幕で、エショビ村は森林地域の端に位置しており、「その地域は途切れることなくほとんど住む人もなしに北へ数百マイル延びていて、ゴリラの本拠地である無人の山地まで続いている」と記している(注14)。この文にはいくらかの芸術的誇張がある。今でも少数のゴリラが生息している地域はタカマンダ森林保護区であって、エショビから20マイルしか北ではなく、そこにはずっと以前からいくつかの村があったのだから。この地方、マンフェの対岸は伐採業者が来るまでは実際、主として森林に覆われていた。だが1996年初期には伐採が急速に進められていた。というのはその年の終わりには、収穫した丸太の70%はカメルーン国内で製品化しなければならない、という新しい法律が発効することになっていたからである。そのような現地処理は伐採業者の利益を低下させるから、彼らは新しい処理規制が発効する前にできるだけ多くの丸太を伐採し輸出しようとしていたのだ。西アフリカでは、また熱帯地方のどこでも、伐採が進むとそれに続いて狩猟が増え農地が増える、というのが決まって起こることである(注15)。

「開発」のまた別の側面も、私がエショビ村を訪れた時にはっきり見られた。私は、伝統的首長エリアス・アバンのほかに、政府に任命された首長グレゴリー・オジョン・アバンにも会った。彼はナイジェリアで教育を受けていて、地域の行政会議でエショビ村を代表していた。彼は私に、開発プロジェクトをエショビに持ってくるのを助けてくれることはできないか、と尋ねた。私は、それはできそうにない、と答え、村のまわりの見たところ豊かなカカオ農地について尋ねた。

この農民たちは地域社会開発プロジェクトに参加できないのか？　グレゴリー首長の答は、彼らは自分と家族のために金をとっておこうとする、というものだった。これはアフリカでの開発援助がもたらした大きく有害な影響の1つの好例である。援助によって各地域に、外国人はアフリカ人が自分で何かをするとは思っていないし、ほとんど紐をつけずに金や資材をすぐ出してくれる、という考え方が育てられてきていたのだ。そうしたいわゆる「開発プロジェクト」は、父性主義的で、依存を助長してきたことが余りにも多すぎた。

　エショビ村は自分の開発の一部を組織する能力を十分に持っているということは、新しい伐採道路が村に達する前に、人々は自分たちで新しいクロス河の橋からエショビまで車の通れる道を伐り開いていた、という事実から明らかだった。村人の中には、中古車を買ってこの道でタクシーを始めている者もいた。今、人々はマンフェの町から電気を引こうと話し合っていた。エショビはもう、1950年代初期に灰色のロンドン郊外で『積みすぎた箱舟』を読んだ子供が考えたような、人里離れた手付かずの熱帯の楽園なんかでは決してないことは確かだったし、その40年後に外側の世界が確かにこの村をしっかりと抱え込んでいた。

ロンドン動物園の影響

　子供の頃の私に影響を与えて、その結果として私を西アフリカの森林に行かせることになったのは、ジェラルド・ダレルだけではなかった。私は幼い頃から両親に連れられてリジェント公園のロンドン動物園によく行っていた。1955年、ということは私が『積みすぎた箱舟』とその続編の『The Bafut Beagles』とを読んだ直ぐ後だが、私の母はその動物園を運営しているロンドン動物学協会の会員になった。その頃、リジェント公園の動物園は、その会員とその家族と友人だけに日曜の午前に入場することを特別に認めていた（この特権は1957年に廃止された）。私たちは、飼育係の人たちと仲良くなれば、一部の動物舎の裏に入って、餌をやったり動物に触ったりすることができた。私が特に好きだったのはサル舎で、そこには西アフリカ産のいろいろなサルがいるのがふつうだった。

　西アフリカの動物たちが、1950年代のリジェント公園の主な呼び物だった。爬虫類の主任ジョン・ウィザーズ・（「ジャック」）・レスターは、大戦前に西アフリカの小さな英領植民地シエラレオネのある銀行に勤めていたことがあって、その後そこに採集旅行で何度か戻っていた。1948年にジョージ・キャンスデールがこの動物園の副園長（Assistant Superintendent）になった。彼は1951年から

写真4 1954年にシエラレオネの森林でハゲチメドリの巣を捜すジャック・レスター（左）とデイヴィッド・アッテンボロー（右）。この鳥はこのような岩面に泥で巣を造る。（デイヴィッド・アッテンボロー提供）

1953年まで園長（Superintendent）だったが、このポストは1953年に廃止された。彼はその前には黄金海岸植民地（現在のガーナ）の森林官であって、西アフリカから一緒に多くの動物を連れてきた。キャンスデールの前の園長はセシル・ウェブだった。ウェブは、第二次世界大戦直後の数年間のロンドン動物学協会の動物収集飼育部門主任であって、ロンドン動物園とその郊外の分園であるホイップスネード公園の動物たちが数少なくなっていたのを回復させる上で主要な役割を演じた。彼は特に英領カメルーンで動物を集めていて、そこで1948年にダレルに会った。ダレルは彼にチョルモンデリーという名のよく馴れたチンパンジーを譲ったが、このチンパンジーは『積みすぎた箱舟』とウェブ自身の採集旅行記[注16]の両方で1つの章の主役になっている。キャンスデールとダレルとウェブの集めた西アフリカの動物たちが、私の子供時代にはロンドン動物園に展示されていて、それが私の興味関心の発展する方向に影響を与えてきたに違いない。

　その頃の文献は、熱帯降雨林とそこの動物たちの減少にほとんど関心を示していなかったし、動物園は自然保護に積極的にかかわるべきだと提言していることもめったになかった。しかし、動物園の教育上の役割や子供たちに動物を愛する心を植え付ける上での役割は、広くかつ正当に認められていた[注17]。ロンドン動物園が私の人生においてそのような役割を果たしたことは確かだし、私は他の動物園が私の学生の多くにそれと同じ影響を与えてきたことに気付いてきた。

デイヴィッド・アッテンボロー：テレビ上の熱帯の自然

　イギリスの多くの人々と同様に、わが家では1953年6月のエリザベス女王戴冠式の少し前に初めてテレビ受像機を買って、その式を白黒の小さな画面で見た。その頃ジョージ・キャンスデールは、ロンドン動物園での仕事のほかにいくつかのテレビ番組にも出ていて、ロンドン北部のわが家からそう遠くないアレクサンドラ・パレスのBBCのスタジオから、生放送で動物園の動物たちを見せていた。そして1954年には、アントワープ生まれのアルマンド・デニスと妻のミカエラの撮影した東アフリカの野生動物についての30分映画シリーズも、BBCテレビで始まった。このシリーズの最初の名称は『野生動物を映画に撮る』だった。デニス夫妻の有名な連続テレビ番組『サファリで』が登場したのはもっと後である。

　これらの番組からヒントを得てデイヴィッド・アッテンボロー――大学で動物学を修めたBBCの若いテレビ・プロデューサー――が創意に富んだプランを提案した。それは、動物園の動物をスタジオで見せるというキャンスデールの

番組と、そのような動物の本来の生息地である自然環境で撮った映像とを組み合わせるというものだった。こうして、人気番組『Zoo Quest（動物遠征隊）』の海外取材遠征とアッテンボローの出世街道が始まった。『Zoo Quest』の最初の目的地はシエラレオネだったが、それはアッテンボローがリジェント公園の動物園のジャック・レスターと知合いだったことから決まった。後にアッテンボローが記したところでは(注18)、彼は、動物学者ジュリアン・ハックスリーによるテレビ講話シリーズで使うために動物園の動物を借りに行ってレスターと出合い、レスターはシエラレオネに戻りたがっているし、そこに多くの知り合いを持っている、ということを聞いて知っていたのだ。

　ロンドン動物園とBBCの合同遠征隊は、ジャック・レスターに率いられて1954年9月に出発した。そして『Zoo Quest』の第1回は12月21日に放映された。この第1回で番組の解説案内役をしたのはレスターだったが、彼がその直後に病気になったので、このシリーズの第2回以後ではアッテンボロー自身が解説案内役として出演した。このシリーズは大成功で、それに続けて何回もの海外取材遠征が実施され、それらについての本も刊行された。アッテンボローの魅力的な人柄と、動物の研究に対する彼の感染性熱狂とは、私のような感じやすい小さな視聴者たちにどうしようもなく強い影響を及ぼした(注19)。

　私は、1956年1月にロンドン動物園での会員の子供たちのための会で、シエラレオネ『Zoo Quest』の総集編を見てさらにはまってしまった。だが私はその時には、レスターとアッテンボローが稀鳥ハゲチメドリ（Picathartes gymnocephalus）そのほかの異国的なアフリカの森林動物を捜しまわった時にシエラレオネで基地にしたまさにその場所、ニヤラ農事試験場（後にシエラレオネ大学ニヤラ分校となる）、を私自身がいつか基地にすることになるだろうとは、全く思っていなかった（写真4を見よ）(注20)。

　だから私は、非常に感じやすい年頃に、ジェラルド・ダレルが「動物熱(注21)」と記したものに感染してしまっていただけでなく、非常に説得力のある2人の青年によって西アフリカの自然を二重に投与されてしまっていた。振返ってみると、私が強く影響を受けたのは別に意外なことではなかったのだ。私は熱帯、特に西アフリカに行きたいというだけでなく、自分で動物をつかまえたいと考えるようになった。要するに、ダレルとアッテンボローの旅行の主目的は、動物を収集してイングランドに持って帰ることだった［訳注：アッテンボローが持って帰ったのは動物の映像だけで、動物そのものではない］。その頃、そのような活動に何か倫理

上の問題があり得ると示唆する人はほとんど 1 人もいなかったけれども、私は直ぐに、私の学校の先生たちが西アフリカの自然の研究は彼らのラテン語やギリシア語や英文学の熱心な教育から発展するのにふさわしい進路ではないと考えているということに気付いた。私は私の大望については黙っているようになった。いずれにしても、私の年令では夢を実現させるためにできることはほとんどなかった。そのかわりに何年かの間私は、ジェラルド・ダレルの新しい本が出るたびにそれを貪るように読み、『Zoo Quest』の新シリーズの放映を待ち望んだ。そして、さらに多くの外国産の魚や爬虫類を近くのペット屋から手に入れた。

　もちろん、私は西アフリカの真の現実についてはまだ何も知らなかった。アッテンボローの映像と著作は、ダレルのいくつもの本と同様に、熱帯の植民地生活のどちらかと言えば汚い面を描き出すことを目的としていたのではなかったし、ジャック・レスターの重病（彼はそれのために 1956 年に死んだ）のことは『Zoo Quest』シリーズでちょっと触れられただけだった[注22]。私には、これらの大胆な動物収集家たちの訪れたさまざまな地域は、人のよい土人たちが温暖な気候の色彩豊かな自然と調和して暮らしているところであり、白人にとってはしたいことが何でもできるところである、というように思われた。西アフリカでの動物収集生活の数少ない障害の 1 つは、穴だらけの道路の不快なトラック道中であるように思われたが、遠くの国からではそれさえ冒険の魅力的な一要素であるように見えた。ダレルもアッテンボローも、その著作の中で、森の中で昆虫以外の他の動物を見るためには一生懸命に努力しなければならない、と認めてはいたのだが、彼らの書いたものはどうしても遠征の目玉、最も珍しく最も興味深い鳥獣との出会い、にしぼられていた。要するに私は、降雨林の現実ではなく、それの神話のとりこになっていたのだ。

西アフリカへの第一歩

　高校ではほとんどの授業がつまらなかったが、私は図書室には熱心に通った。私は、自然誌研究を目指すのはよした方がいいという忠告には説得されずに、生物を選択したが、そのクラスは医者志望の生徒ばかりだということがわかった。私は動物学を勉強しようとしていくつかの大学を受験し、幸いなことにロンドン大学ユニバーシティカレッジ（UCL）に合格した。私は出願書類に、私の興味関心が育つ上ではジェラルド・ダレルとデイヴィッド・アッテンボローの影響が大きかったと記したのだが、面接の時にこの 2 人の著名な兄弟を知っているかと聞

かれた。運よく私は小説家ローレンス・ダレルと映画俳優（後には監督になった）リチャード・アッテンボローのことを知っていた。そして私は1963年秋にUCLで大学生活を始めることになった。ここで私はすばらしい先生たちに出会った——発生学者マイケル・アバークロンビー、進化生物学者ジョン・メイナード＝スミス、脊椎動物古生物学者ケネス・カーマックとキース・トムスン、系統分類学者リチャード・フリーマン、生態学者ロデリック・フィッシャーとブライアン・オコナー。

　今や私は心の踊るような時間割の下にいた。だが、この正式の授業よりももっとすばらしかったのは、大学の探検部なるものを見付けたことだった。これはイギリス特有のもので［訳注：日本の部活動とは全く違う］、学生たちが集まって海外の興味ある目的地で研究を行なうための夏期旅行を計画する、ということを認めていた。私は直ちにUCL探検部に入り、西アフリカ行きの夢がとうとう実現できそうだと考え始めた。大学は、認定した遠征計画には探検部を通して少額の補助金を出すし、また、学生の遠征に資金や装備の援助をしてくれる財団や会社についても教えてくれる、ということを私は知った。それにしても、西アフリカ遠征には多額の金が要るだろうし、私は一体どこに行って何を誰とするというのだろう？

　1964年1月の終わり頃に私はロンドンの街角で1冊の『ジオグラフィカル・マガジン』［訳注：その後に『ナショナル・ジオグラフィック』と名称を変え、今では日本語版が出ている］を買った。そこには、南極探検家ジョン・ビスコー、イギリス漁業の歴史、リヒテンシュタイン公国、といった記事の次に、「フェルナンド・ポー：アフリカのスペイン」という題の短い文があった[注23]。それは、スペイン領フェルナンド・ポー島の首都サンタ・イサベルを撮ったフェデリコ・パテラーニの数葉の写真にちょっとした文章がつけられただけのもので、この島はギニア湾のカメルーン海岸から約20マイルのところにある。ところが、この雑誌は記事に取り上げた場所に行くのにはどうすればいいかを記しているのが特色なのだが、この1964年1月号では何とリヒテンシュタインに行くための情報よりもフェルナンド・ポーへ行くための情報のほうが多かったのだ。そこには、南スペインのカディスから船に乗れば約8日で行ける、と記されていた。私は、これはと思って問いあわせてみた。すると、カディスからサンタ・イサベルまでのトランスメディテラニア社の貨客船の3等料金は、ロンドンからカディスまでの鉄道2等料金（16ポンド10シリング、当時のレートでは約46ドル）よりも少し安い、という

ことがわかった。これは熱帯アフリカに行くうまい方法のように思われたし、それだけでなく目的地そのものが特にすばらしそうに見えた——私がずっと前から行きたいと思ってきた西アフリカのまさにその部分にある、ほとんど知られていない火山島（『ジオグラフィカル・マガジン』の言うところでは、「世界で最も美しい島の1つ」）。私は2週間もしないうちに5人の友人を説得して仲間に引き込んだ。高校の同級生ジョン・レックレス（今は医学生だった）と4人のUCLの学生、マイケル・ボヴィス、グレアム・ダン、デイヴィッド・ホルバートン、アラン・ロストロン。

　私たちは、フェルナンド・ポー島（現在ではビオコ島と呼ばれている）への遠征を1964年夏に計画することに決めて、急いで研究計画をまとめた。私たちの研究計画は、ダレルとアッテンボローの例に習うものだったし、動物学界でその頃まだ一般的だった見方を反映していたので、採集にひどく偏ったものだった——ロンドンの自然誌博物館のための爬虫類と両生類と、もちろん哺乳類（特に霊長類）、それに齧歯類血液寄生虫。私たちの地理学者マイク・ボヴィスは、起伏の強いその島の一部の地形断面図を作る予定だった。私たちの計画は幸いなことに大学からも外部の団体、例えば王立地理学協会からもかなりの額の援助を受けることができた。

　7月26日、私たちは奇妙な荷物をたくさん持ってロンドンのヴィクトリア駅から出発した。その1つは特別に熱処理した牛乳のパックで、エキスプレス酪農社から熱帯の条件の下でテストしてほしいと頼まれたものだった。この秘密の新製品の正四面体の紙パック（会社はそれについて新聞社には何も言わないでほしいと言った）は、列車がパリに着いた時までにすでに洩れていて、フランスの税関吏に、私たちは大量の全乳を持って行かねばならないのだ、ということを納得させるのは容易なことではなかった。彼が指摘したように、「フランスにだって牛乳はある」のだから。この牛乳は結局ビオコ島には行き着かなかった——それは良いものらしかったが、それの洩れやすい包装はそうではなかった。結局私たちはアフリカの沖でこの容器をすでにチーズになっていた内容ごと投棄してしまった。

　私たちの船ドミネ号は7月30日にカディスを出港し、アフリカを目指して南に向かい、最初にカナリア諸島に寄った。航海そのものは動物学的には楽しかった。ただし、ベッドと食事はまさに3等だったが。カナリア諸島以後は船首を横切るトビウオやサメやイルカを観察し、夜は夜光虫で光る海をかき分けて進んだ。ついに私は長い間育ててきた夢を生きているのだったし、それまでのところ現実

は私をここまで連れてきた物語と同じくすばらしかった。8月14日に私たちは、けだるい植民地町サンタ・イサベル（現在のマラボ）、ビオコ島北岸にあるスペイン領赤道ギニアの首都の下のヤシに囲まれた火口湾に入った。

私たちは、アンバス・ベイ貿易社の現地マネージャーたちとスペインの役人たち（赤道ギニアはその頃アフリカに残っていた最後のヨーロッパ人植民地の1つだった）の助言と助力で、この島の南部山地のモカを基地にすることにした（地図2を見よ）。ここで私たちは、よく雨に降られながら、カエルやヘビや小獣を採集して1ヵ月を過ごした——ビオコ島南端は地球上で最も雨の多い場所の1つで、海岸のユレカ村の年間降雨量は約1万ミリもある（写真5を見よ）。

ビオコ島が生態学的に興味深いのは、単に雨が多いということだけではない。この島は小さいし（約780平方マイル）［訳注：約2000平方キロで、神奈川県より少し狭い］、低地の森林の多くは伐採されてカカオ農園にされてしまっていたけれども、残っている森林は隣りのカメルーンの森林に似ていて、アフリカでも非常に多くの動植物種を有する地域の1つである。ビオコ島の主峯は海抜3000メートルに達していて、この高さが生物の多様さを大きくしている。主峯の上部と島南部の高地には山地林があり、最も高いところにはいくらかのヒースランド［訳注：丈の低い高山植生］がある。この島はアフリカの大陸棚の上にあり、カメルーンとの間の海峡の水深はたった60〜70メートルしかないから、洪積世の何回かの氷期の盛期にはこの島はアフリカ大陸とつながっていたに違いないし、最後の氷期のピークは1万8000年前だった。約1万年前に始まった後氷期海面上昇によって、この島の動物たちは大陸本土の個体群から切り離され、その多くは分化してはっきり違う亜種になってきた。私たちがこの島に行った頃、このような亜種のほとんどはほんの一握りの標本しか博物館に収集されていなかったし、ビオコ島産の動物種の多くはおそらくまだ記録されていなかった。実際、私たちがモカの周辺で採集した両生類のうち4種はビオコ島初記録だった。もっともこの4種はすでにカメルーンでは知られていたのだが。その中の1種、モカに着いた次の日につかまえた小さなカエル（Woltersdorffina parvipalmata）は、ロンドンの自然誌博物館にはそれまでなかった新しい属だった。私たちはまた、それまではカメルーン山と東アフリカの山地とからしか知られていなかったトガリネズミの1属 Myosorex も見つけた[注24]。

モカで私たちが特に気に入ったのは、キツネザルに似た夜行性のガラゴ類で、それは基地のまわりの森林と牧場がモザイクになったところで懐中電灯の光線の

写真5 1964年、モカ村の下の山地降雨林でイラディイ河を渡るロンドン大学ユニバーシティカレッジのフェルナンド・ポー島遠征隊のメンバーたち。この遠征の主目的は動物標本の採集だった。

中にふつうに見られた。私たちは2種のガラゴがいるのに気付いた、コビトガラゴ（Galagoides demidoff）と少し大きいアレンガラゴ（Galago alleni）である。持って行った本によると、アレンガラゴの生態についてはほとんど何も知られていないことがわかったので、私たちはこの種に注意を集中し、1頭生捕りにしようと考えた。そしてモカに着いてから2週間半後に、1頭の雄を牧場のはしの小さな木に追い詰め、柵に逃げようとしたそいつのしっぽを私が辛うじて掴んだ。アンバス・ベイ貿易社のマネージャーに手伝ってもらってロンドン動物園に連絡したところ、直ぐに哺乳類主任のデスモンド・モリスから返電があって、動物園は喜んでその動物を受け入れて空輸代を支払う、と言ってきた。私たちは、帰国する時の船にこのガラゴを連れて乗り、ナイジェリアのラゴスに停泊している間にその日のBOACロンドン便にそれを載せようとした。岸壁での書類のやりとりに時間がかかって、私たちのガラゴがその便に乗りそこなった時、私は私がこれから取り組むことになるはずの世界の先取りをした。私たちはガラゴをBOACに託し、結局それは無事にロンドンに着いた。

　2ヵ月後、このガラゴを私たちの船から空港まで運ぶのを手配してくれた船会社代理店の費用を誰が払うのかで論争が生じた。デスモンド・モリスはこの費用（55ポンド、当時のレートで約150ドル）を払うのを渋った。そして結局それはアンバス・ベイ貿易社の辛抱強いマネージャーたちが払った。この会社はロンドンに本社のある大きなユナイテッド・アフリカ社の1部門だが、ジェラルド・ダレルがカメルーン遠征をした際にその補給問題の多くを助けたのが、このユナイテッド・アフリカ社のマネージャーたちだった。1893年、メアリー・キングズリは、彼女の予想に反して西アフリカのヨーロッパ人商人は親切だ、ということを発見した。彼女は、彼らの助力によって、そうでなかったら決して見ることのできなかった場所へ行けたのだった[注25]。

　ビオコ島遠征は、機材資材の手配に頭が痛かったけれども、非常に刺激的な経験だったので、私はできるだけ早くまたアフリカに行きたくてしょうがなかった。私はまた、ロリス科（ガラゴ類が所属する霊長類の科）の動物に特に興味を持った。1960年代半ばには、赤道アフリカの森林で見られるロリス科動物各種の生態はほとんど全く知られていなかった。ビオコ島のガラゴに魅せられた私たちを、実験室でロリス科動物を研究していた2人の科学者が、もっと見てこいとけしかけた。その2人とは、UCLの解剖学教室のE.C.B.ホール＝クラッグズとロンドン動物園のウェルカム比較生理学研究所のギルバート・マンリだった。私たちは赤

道ギニアへの第2回遠征を準備することに決めて、今度はアフリカ本土のリオ・ムニの森林で大部分の時間を過すことにした。この森林からは5種のロリス科動物が報告されていた——3種のガラゴと動きがおそくて尾の短いポットーとアンワンティボ。第1回遠征のメンバーのうち2人、グレアム・ダンとデイヴィッド・ホルバートンが参加し、学部学生のブライアン・ロサーが加わった。

　私たちは、また列車と船の旅をして、1965年7月末に赤道ギニアに着き、そこに8週間滞在した。その途中でビオコ島に寄って、モカでもう2頭のアレンガラゴ（どちらも雌）をなんとかつかまえ、それをロンドン動物園に送って前年の1頭の雄と一緒にした。それからリオ・ムニの森林に行き、エヴィナヨン周辺の森林とプランテーションで幾晩もロリス科動物を観察したり採集したりして過した。私たちはここで3種のガラゴ全部とポットーを見たが、アンワンティボは見なかった。

　最も興味深かったのはハリヅメガラゴ（Euoticus elegantulus）で、生態がほとんど知られていなかったこの種はビオコ島では見られなかったのだが、エヴィナヨン周辺にはふつうにいることがわかった。私たちは、採集したハリヅメガラゴの胃の中に昆虫と一緒に見られるゼリー状の物質と、彼らの奇妙な舌と歯と、稜のある尖った平爪とに頭を悩ませた。アフリカのサバンナ帯のガラゴはアカシアの木のガム［訳注：樹脂の1種だが、やにとは違う］を食べる、と報告していた動物学者がいたので、私はリオ・ムニでの野帳に、ハリヅメガラゴの舌はこの動物がよく見られるアカシアに似た木のガムをなめるのに使われているのではないか、という推測を記した。数年後に、近くのガボンでのピエール・シャルル＝ドミニクの研究によれば、ハリヅメガラゴは木のガムをたくさん食べているし、幹で頭を下にしてそれをなめる時にその尖った平爪を使って樹皮にしがみついているのだという[注26]。

　1965年9月、私たちは、ロンドン自然誌博物館のためのロリス科動物の多くの標本ともっと多くのカエルや爬虫類の標本だけでなく、新しい経験で頭を一杯にして、ロンドンに帰ってきた。私は20歳になっていて、アフリカの森林に戻ろうと堅く心に決めていた。私は、それから30年の後に、前に読んだエショビ村への道を文字通り辿ってまだ生きていたエリアスとアンドレアスに会うことになろうとは、また、大形動物が大部分いなくなりどんどん縮小していく森林を歩きまわって、西アフリカにいることに度々がっかりすることになろうとは、ほとんど想像していなかった。そしてまた、1990年代には国際的な自然保護団体が、

第1章　エショビ村への巡礼　　43

西アフリカで、消え去りつつある野生動物を犠牲にして人間の経済的発展を進めることになるようなプロジェクトを支持しているとは、私には想像もできなかったことは確かだった。

第 2 章　採集から保護へ

　アフリカは、1953 年と 1954 年、つまり『積みすぎた箱舟』と最初の『Zoo Quest』が現われた年と、その 10 年後に私たちがビオコ島に行った年との間に大きく変化した。熱帯アフリカのほとんどの国がこの間に植民地支配から独立して、当初は経済開発のペースを速めた。私たちの行ったスペイン領赤道ギニアは、この急速に動きつつあった時代にあっては旧時代の遺物であって、1968 年になって独立した(注1)。1964 − 65 年の赤道ギニアが遺物だっただけでなく、そこへの私たちの遠征も古臭いものだった。——そのフィールドワークの焦点は動物の採集だった——植民地時代には、ヨーロッパ人とアメリカ人にとっては彼らの博物館や美術館や動物園や個人の家のためにさまざまな異国的なものを、アフリカその他熱帯の各地から採集し収集するのはありふれたことだった。そのような振舞いは、搾取というもっと大きなパターンの一面として見るほうがいいかも知れない。1964 年においてさえ、古典的動物学の伝統の中で育てられた私や私の学生仲間たちは、動物採集の倫理について大きく悩むことはなかったし、それはどちらかといえば無害な活動であるように見えた。実際、多くの動物学者はいまだに主として標本の採集とカタログ作りに熱中している(注2)。

　しかし 1950 年代末から、自然保護と環境悪化についての関心が世界的に大きくなりつつあった。1959 年に出版されたアラン・ムーアヘッドの『No Room in the Ark』（邦訳『乗れない方舟』早川書房）は、ジェラルド・ダレルの『積みすぎた箱舟』よりもやや暗い像を描き、アフリカの新しい国立公園のいくつかで密猟と農地による蚕食によって生じている被害を強調していた(注3)。その翌年ダレル自身が、自然保護に人々が関心を持つ必要性についての考えを表明し始め、まもなくレイチェル・カーソンの『沈黙の春』(1962)が殺虫剤の危険な影響について一般の人々の関心を大きく喚起することになった(注4)。

人口増大と経済開発と政治的独立とを前にしたアフリカの野生動物の将来について関心が高まった1960年に、イギリスのナチュラリストのジュリアン・ハックスリがユネスコを代表して野生動物保護問題を調査研究しに東アフリカを訪れた。彼は1946年から1948年までユネスコの初代事務総長だった。彼は生息環境破壊と狩猟のレベルが驚くほど高いと報告し、その結果、自然保護のための基金を大規模に集める国際的団体を設立することが提案された。ハックスリはイギリス自然保護協会（Nature Conservancy）事務総長マックス・ニコルスンに頼んで、そのような「世界野生生物基金」（WWF）のプランを作るワーキング・グループを発足させた（写真10を見よ）。このグループの重要なメンバーの1人がイギリスのナチュラリストのピーター・スコット（訳注：第8章参照）で、彼が1961年に創立されたこの新しい団体の初代会長となった[注5]。

　熱帯の野生的自然に対する人間の悪影響についての関心は、1960年代になるまで西欧産業社会のたくさんの人々には拡がらなかったけれども、熱帯に住んでいた（または、行ったことのあった）多くの人は、もっと早くからそれに関心を持つようになってきていた。熱帯における自然保護問題に物言うために特に結成された最初の西欧の団体は、1903年に創立された大英帝国野生動物保護保存協会だった。そのイギリス人創立者の大部分は大形獣ハンター、または元ハンターであって、彼らはヨーロッパ人によるアフリカでのいわゆる無差別ハンティングによって猟獣が絶滅してしまうことを特に心配していた。このために彼らは「悔い改めた殺し屋たち」という仇名をもらった[注6]。1950年にこの会は名称を動物相保存協会（The Fauna Preservation Society）と変更し[注7]、その機関誌はオリックスとなった。オリックスの第1号は、E.バートン・ワーシントンによるアフリカ動物相の将来についての記事を掲載して、人口の増大傾向のために大形動物のほとんどが厳正保護地域以外では根絶されることになりそうだ、と論じた[注8]。1950年までに、アフリカにはいくつかの重要な野生動物保護地域がすでに存在していた。例えば、1925年にベルギーのアルバート国王はベルギー領コンゴにゴリラ・サンクチュアリを創っていた。これは後に拡張されてアルバート国立公園（現在のヴィルンガ国立公園）となった[注9]。南アフリカのクルーガー国立公園は1926年に布告され、ケニアのナイロビ国立公園は1946年に布告された[注10]。1950年代には多くの新しい公園が設立された。

　1960年代初期には、熱帯、特にアフリカで自然保護への関心の拡大が見られただけでなく、アフリカの哺乳類の生態と行動についての野外研究の盛り上りも

見られた。例えば、1959年にはジョージ・シャラーがヴィルンガ火山群に行ってマウンテンゴリラについて先駆的な研究を行なったし(注11)、1960年にはジェイン・グドールが、タンガニーカ（当時）のゴンベ・ストリーム保護区で、有名なチンパンジーの研究を開始した(注12)。このような研究は、科学者による干渉を最少にしつつ野外で動物たちを長期間観察することを強調していた。特に、大形類人猿の研究はアメリカとヨーロッパにおいて一般大衆の注意を大いに惹いた。カリスマ的動物がカリスマ的科学者によって研究されていたし、彼らは熱帯アフリカの森林———般には危険な環境と想像されている———で武器を持たずに1人で研究していた。この動物たちの平和な性質を初めて強調したこのような研究が広く知られたことは、狩猟や採集を観察や撮影や保護に比べてはるかに流行おくれなものとするのに役立った。

　この時期のもう1つの重要な発展は、1961年にウガンダのクイーン・エリザベス国立公園の中のムウェヤにナフィールド熱帯動物生態学研究施設が開設されたことだった。後にウガンダ生態学研究所となったこの施設が設立されたのは、一部には、ウガンダの国立公園の評議員（Trustee）たちが、大形哺乳類個体群の積極的管理に応用できる生態学研究の必要性を理解したからであって、そこの個体群は保護の下ではその地域の維持収容力を越えて増えつつあるように見えていたのだ(注13)。1961年にはセレンゲティ研究プロジェクトも始まって、タンザニアのセレンゲティ国立公園の生態系と、特に大形捕食者とそれの食物である草食動物との生態と行動とを研究していた。このプロジェクトが発展して、1966年にセレンゲティ研究所が設立された(注14)。1963年には東アフリカ野生動物雑誌（現在のアフリカ生態学雑誌）が創刊され、アフリカの野外研究のこの新しい波の成果を記述した。

ナイジェリア：政治動乱の渦中での野外研究

　私は、赤道ギニア遠征から帰った1965年の秋からの年度までは、野生動物保護問題について学問的な考え方にきちんとは触れていなかった。学部最終学年での専攻を生態学にしたので、私はロンドン大学ユニバーシティカレッジの自然保護修士課程の講義に出席することになった。これはイギリスで最初の自然保護課程で、前述したWWF創設にかかわったマックス・ニコルソンの後押しで1960年にスタートしていた。この課程では、哺乳類の生態と保護についての非常勤講師による講義が、ロンドン動物園ウェルカム研究所のピーター・ジュウェルによっ

てなされていた。彼は 1962 年に東アフリカと中央アフリカに行って、アフリカ哺乳類の野外研究の新しいアプローチの一部を見てきていたし、大形哺乳類が次第に公園と保護区でしか見られなくなってきていることと、そのことから生じた管理問題とを眼のあたりにしてきていた(注15)。

ピーター・ジュウェルの刺激的な講義を聞いて私はさらに思いを強くした。私は、卒業したらアフリカの哺乳類の生態を、できれば赤道ギニアで観察し、採集したことのある奇妙なハリヅメガラゴのような夜行性霊長類の生態を研究する職に就きたい、と思っていたのだ。私の前にあった1つの選択肢は、ウガンダのマケレレ大学だった。ウガンダに行こうかと思ったのは、そこの西部の森林にもう1種別のハリヅメガラゴがいて、それはまだ全く研究されていない、と示唆する報告がいくつかあったからだった(注16)。しかし、1966 年前半のウガンダは政治動乱の渦中にあった。首相ミルトン・オボテが実質上の大統領として権力を自らの手に集中し、ブガンダ王国［訳注：ウガンダの南部］の統治会議 (the ruling council) がこの新政体を拒否すると、イディ・アミン軍司令官麾下の軍隊が王宮を攻撃して王を亡命させた(注17)。私はこの社会不安がこれからどうなるか気になって、マケレレ大学動物学科の教育助手 (a junior teaching position) の話をやめてしまった。そしてそのかわりに、ピーター・ジュウェルの任期2年の研究助手になることにした。ジュウェルは、その年に、ナイジェリア東部地区のンスッカに新設されたナイジェリア大学生物科学部の長として任命されたところだった。ンスッカ分校では、イギリスの海外開発省（現在の国際開発省）からの資金援助で、ロンドン大学ユニバーシティカレッジとの大学間提携によって、その生物科学プログラムを展開しようと計画していた。私はナイジェリアでジュウェルと研究しながらユニバーシティカレッジの博士課程に入ることができるだろうし、これは非常に魅力的な選択肢のように見えた。というのは、ピーター・ジュウェルは一流の哺乳類生態学者であっただけでなく、自然保護にも大きくかかわり合っていて、私はその問題に次第に興味関心を持ってきていたからであった。その上、ナイジェリア東部はカメルーンに隣接していて、私がダレルの本の中でもビオコ島で本物にも出会ってきたあの魅惑的な動物たちに非常によく似たものを、さらに深く研究できる可能性がそこにはあった。

この一見、理想的な機会にとっての障害は、またしてもアフリカの政治情勢だった。1966 年1月、1960 年の独立以来ナイジェリアを統治してきた文民政府が軍事クーデターで倒れた。そして J.T.U. イロンシが政権を握った。イロンシはイボ

族[注18]の人であり、従って東南ナイジェリアで最も人数が多く最も強力であって他の多くのナイジェリア人から不信の目で見られていた部族の一員だった。イロンシ自身はクーデターを計画した側ではなく、陰謀者たちだけが政権を引き継ぐのを食い止める手助けをしてきた。イロンシは政権についてから4ヵ月後、ウガンダでの事件と同時期に、新しい憲法を公布した。この憲法はナイジェリアの半自治的な地区（の連邦制）を廃止するものだった。ナイジェリア北部の人々は南部人、特にイボ族による政治支配を恐れて、北部の諸都市で波のような虐殺を開始し、多数のイボ族が殺された。7月にイロンシは北部人によるクーデターで罷免された。ヤクブ・ゴウォンの率いる新政府は、地区連邦制を復活させたけれども、地区より小さい州のゆるやかな連合体にしようという新しい提案も同時に出した。この計画に東部地区は反対した。そこのイボ族軍政長官チュクウェメカ・オドゥメグ・オジュクは7月のクーデターで失脚しなかったのだ[注19]。

　不安定の徴候が大きくなりつつあったにもかかわらず、イギリス政府はピーター・ジュウェルにナイジェリアが大動乱になることはないと思うと告げた。そこで私たちはプロジェクトの計画を続けた。しかし、1966年9月8日に私がナイジェリアに着いた時、エヌグ空港とンスッカとの間の道路には新しく設けられた軍の検問所がいくつかあるのに気付いたし、到着後まもなく北部で新しくもっと恐ろしい虐殺が始まって、数万人のイボ族が死んだと考えられた。100万人以上のイボ族が東部へと逃げ始め、オジュクの姿勢は支持されて、東部地区のナイジェリア連邦からの分離独立という声が高くなった。

　私はナイジェリア東部地区にいた10ヵ月の間に多くの森林保護区を廻って歩いた。そして、昼間は小形の齧歯類を研究し、夜はロリス科霊長類についての探究を続けた。だがその頃は夜行性霊長類についての私の探究は、森林の中をゆっくり歩いて、ヘッドランプの光を反射してオレンジ色に光る彼らの眼で発見できるこの動物たちを、双眼鏡を使って観察することがほとんどで、標本を採集することはめったになかった。私はロリス科動物各種の多さが生息環境ごとにどのように異なるかを記録した。そして、ハリヅメガラゴを含めていくつかの種は、それまではナイジェリアの最南隅にしか分布していないと思われていたのだが、実際にはニジェール河までの森林帯にずっと分布していることを発見した（地図3を見よ）[注20]。私はまた、アフリカの降雨林とそこの野生動物が、所によっては、どんなにひどくおびやかされているかを、学生の時の遠征でよりもはるかにきびしく知らされた。ナイジェリア東部地区はアフリカでも古くから人口密度の高い

ところで[注21]、1966年には、この地域本来の一面の森林の大部分はすでに、散在する小さな断片にまでされてしまっていて、そのほとんどは政府管理の森林保護区として保護されていた。比較的広い森林があるのは、この地方で最も東のカメルーン国境に接する部分だけだった。

ナイジェリア東部地区の森林保護区の多くにおいてさえ、その内部に天然林はほとんど残っていなかった。そこの天然林のかなりの部分は、いわゆるタウンジヤ制によってチークやイエマネ（学名 Gmelina）のような外来樹種の単純林に変えられてしまっていた。タウンジヤ制はナイジェリアには第二次世界大戦以後に導入されたもので、最初は19世紀に植民地ビルマ［訳注：現在のミャンマー］においてチーク植林のために使われた[注22]。それは次のようなものである。1つの森林地域がまず商業的に伐採され、次いで農民たちに割当てられて、地拵えされ開墾される。農民たちは、一時的耕作権と引き換えに、苗圃から供給される有用樹種の苗木を彼らの作物の間に植えることを承諾する。植えた木が育つと、農民たちは何回か作物を収穫した後に立ち去ることになっている。

このタウンジヤ農法は、熱帯の植民地に広く拡がってきていた森林保全施策からの、ほとんど必然的な副産物だった。森林管理の目的はほとんどいつでも実利的なものと見られていて、森林資源はその植民地に長い眼で見て経済的利益をもたらすように管理されていた。森林は、その野生的な姿そのものやその美的価値を保存するためにではなく、木材供給を確保し水源を涵養するために、保護されていた。そのようなものとしての森林には長い歴史がある。熱帯で初めての森林保護区は、1764年にイギリスの植民地行政府によって西インド諸島のトバゴ島で、水源涵養のために設定されたと思われる[注23]。ナイジェリアでの森林管理に（イギリスの）植民地行政府が本格的に取り組み始めたのは、1897年にラゴス植民地保護領に森林部（the Office of Woods and Forests）が作られた時からだった。最初の森林保護区は1899年に設定され、保護区設定は1916年の第3次森林法公布以後急速に増えた。このような法律を作ったのは、ナイジェリア林政の「父」H.N.トムソンだった。彼はビルマでインド森林庁に勤めていたのだが、1903年にナイジェリアで初の森林保護官（Conservator of Forests）に任命された。トムソンの新しい条例は、植民地政府に、森林保護区を設定し保護区内での林産物の採集利用を管理する権限を付与したけれども、そこの所有権は伝統的土地所有者の手中に残していた[注24]。

私が1966～67年の野外調査の間に見たところでは、政府が北部から押し寄せ

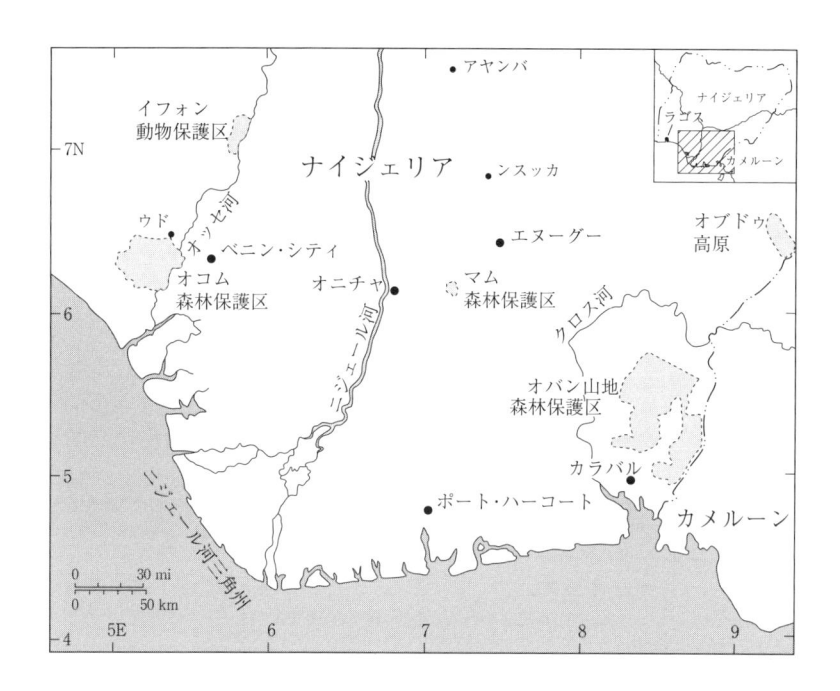

地図3　ナイジェリア東南部と中西部。主要都市と第2、5、6章で言及した研究地と自然保護地域を示す。オバン山地森林保護区は1991年にクロスリバー国立公園の一部となった。

る多数のイボ族難民に農地を給与しようと努力するので、ナイジェリア東部地区の森林保護区の中にはタウンジヤ農地がどんどん増えていった。私の主研究地は13平方マイル（約5.8キロ四方）のマムリバー森林保護区で（写真6を見よ）、そこでは31日間の調査で28種の哺乳類を記録し、多数の夜行性霊長類を見た。私の研究調査が終わる頃には、マムに残っていた天然林の大部分が耕作用に難民に引き渡されてしまっていた。マムやその他私の訪れた保護区の大部分では、動物たちが食料としてひどく狩猟されてもいた。この狩猟はほとんど野放しだったが、それは保護区の管理が木材生産を目指すものであって生態系全体の保護に向けられたものではなかったからだった。実際、森林官たち自身が主要な狩猟者であることもしばしばだった。

　ジュウェルと私は、このような破壊的傾向を見て、ナイジェリア東部地区の森林と無視されているそこの野生動物との保護を主張し始め、商業的利用のための林木管理によりも、生物群集全体の保全のほうに力点を置くべきだ、と論じた(注

写真6 ナイジェリア東部のマム森林保護区内の野営地で、筆者と野外助手のジョセフ・エクムスン、1967年4月。この25平方マイルの保護区（訳注、本文では13平方マイルとなっている）の大半はすでに農園と農地に転換されてしまっていた。（ピーター・ジュウェル撮影）

[25)]。しかし、私たちは文字通り荒野に呼ばわる者の声だった。政治的緊張は私たちがンスッカにいる間にどんどん高まってきていて、自然保護は私たちのほかには誰にとっても関心の低い問題だったのだから。東部地区政府は分離独立の諸要求を煽っていたし、ンスッカ分校の学生たちは政治集会に出るように勧められ、集会に出ないで図書館に行くのは裏切者のしるしだと言われていた。

1967年5月26日、ゴウォンがナイジェリアを12州に再編成する（東部地区は3つに分割する）と布告した時、局面は決定的になった［訳注：それまでは北部・西部・中西部・東部の4地区の連邦制だった］。オジュクはこれを受けて直ちに5月30日に、東部地区は独立国ビアフラとして連邦から離脱する、という待望されていた宣言をした。それに続く緊張した雰囲気の中でビアフラの人々は裏切りや妨害の危険を絶えず警告されていたので、そこでの旅行や野外調査は非常に難しくなった[(注26)]。ンスッカ分校の外国人（教師）たちは、会合を持って、内戦になったらどうするべきかを話し合い始めて、6月上旬に彼らの家族の大部分は疎開した。そして、BBC放送が内戦は近いと予言したので、ピーター・ジュウェルや残っていた外国人のほとんどは7月1日にンスッカを離れた。その2日後、私も彼らの後を追って、小舟をつかまえてオニチャからニジェール河を越えたが、持って行く

ことができたのは、調査研究ノートの大半とわずかな私物とを詰め込んだスーツケース1つだった。7月7日、ナイジェリア連邦軍がビアフラに侵攻し、その最初の攻撃目標の1つがンスッカだった。身の毛もよだつような戦いが1970年1月まで延々と続いた。私がンスッカに再び行くことができたのは1972年のことで、その間に私はウガンダで博士論文のための全く新しい野外研究を終えていた。ナイジェリアでのこの経験は、私がその後に何度もぶつかることになったもう1つの現実、つまり、熱帯の国々での生態研究や自然保護活動には、政治問題がどうしようもないほど大きな影響を及ぼすことがあり得るという現実の最初のものに過ぎなかった。

ウガンダ：キバレの森と降雨林保護問題

私が新しい進路に落着くまでにはしばらく時間がかかった。ビアフラでの経験で私はすっかり気落ちしてしまっていた。有望な博士論文計画がフイになっただけでなく、なくしたものも多かった。私はキョンの生態を研究しようとしてみた。これは中国原産の小型のシカで、ウォバーンにあるベッドフォード公爵の料地から逃げ出して南イングランドの林地に拡がりつつあった。しかし、この仕事には身が入らなかった。イングランドの林地は西アフリカの森林と違って寒くて荒涼としていたし、キョンは夜行性であり、すぐ隠れ潜んでしまうのでガラゴより見づらかった。地主たちと彼らのゲームキーパーたちは非協力的で、時には妨害的でさえあった。私は1年でこの研究をやめて、グラマースクールの非常勤講師を1学期やり、それからリーダーズダイジェスト社の世界野生動物地図の編纂を手伝った[注27]。そして、アフリカでの博士論文仕事に戻る途を探り始めた。

ナイジェリアにいる間にジュウェルと私は、カメルーンのナイジェリアに隣接する部分でトマス・ストルゼイカーが霊長類の研究をしている、という話を聞いていた。彼は、ニューヨークのロックフェラー大学とニューヨーク動物学協会との共同事業である動物行動研究施設の仕事をしていた。1970年に私は、ストルゼイカーとカメルーンで一緒に仕事をしていたイギリスの霊長類学者スティーブン・ガートランから、ストルゼイカーがウガンダ西部でのコロブス類［訳注：オナガザル類の中の1グループ］についての新しい研究のために研究助手をさがしている、という話を聞いた。これは、アフリカの降雨林の霊長類の研究に復帰する良いチャンスであるだけでなく、4年前にナイジェリアに行くことを決める前にほとんど行きかけていた地域でその研究ができることでもあった。私はガートラ

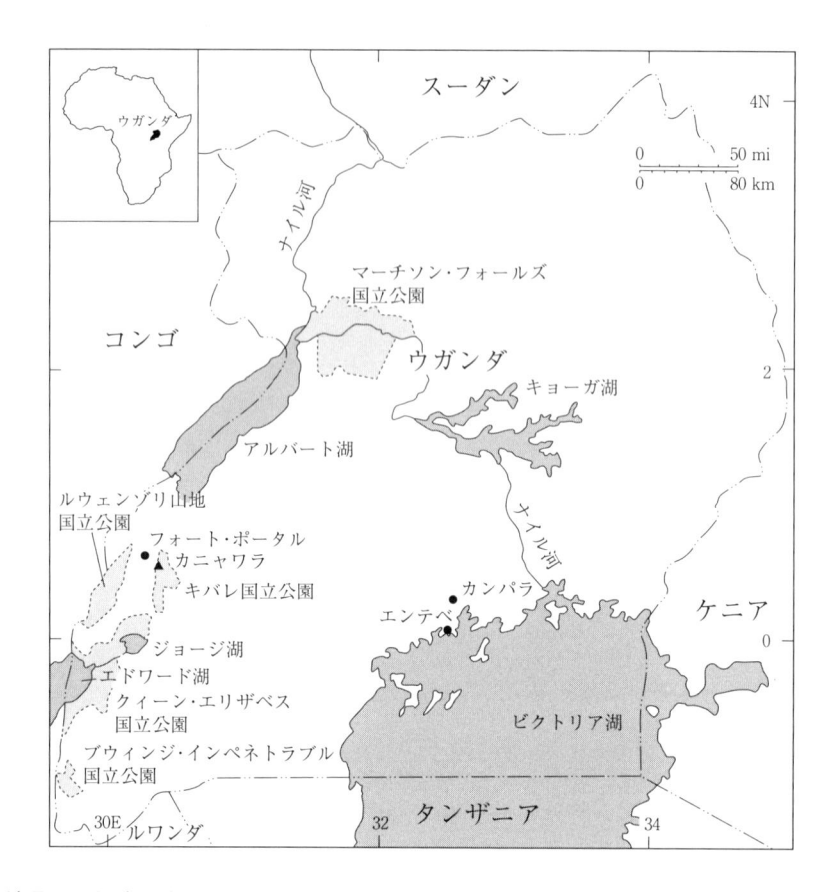

地図4 ウガンダ。キバレの位置をウガンダ西部の他の主な国立公園との関係で示す。

ンを通してロンドンでストルゼイカーと会う約束をした。そして結局、彼は私を採用してくれた。

　1970年10月3日に私はヴィクトリア湖畔のウガンダのエンテベ空港に着き、1週間後にはキバレ森林保護区のへりのカニャワラ営林署にいた（地図4と写真7を見よ）。ストルゼイカーはそこに銅鉱山会社の探鉱者が建てた小さな家を基地にしていた。彼は独り住まいが好きで、私に少し離れたところに自分の家を建てるように勧めた。私は彼の言う通りにして、私が研究地として選んだ森に近い丘の山腹にかやと板ぶきの木造の小屋を建てた。ストルゼイカー自身はキバレアカコロブスの行動と生態を研究し、私はクロシロコロブスについて比較研究をした。私の野外研究は1972年3月まで続けられて、1973年と1974年には追加観察を

写真7　1985年キバレの森でサルを観察するトム・ストルゼイカーと（左から）ジョン・カセネネ、イサビリエ・バスタ、ジェレミア・ルワンガ。この学生たちはキバレでの研究で博士論文を完成させるためにウガンダのマケレレ大学から来ていた。（リサ・リーランド撮影）

しに戻った。このような研究は、キバレの霊長類のどの種についても初めての長期研究だった。ただし、動物学者ティム・クラットン゠ブロックが、私が行く直前にキバレでコロブスを2ヵ月の間観察していたし、その前にタンザニアのジェイン・グドールのゴンベ基地でアカコロブスを16ヵ月研究していたのだが。

　キバレでの私たちの研究は森林霊長類の行動と森林での食物の入手可能性との関係が中心だったのだが、自然保護の問題が私たちの頭から離れたことは決してなかった。私はウガンダの各地を旅行し、ケニアとタンザニアにも行って、キバレ以外でのコロブス個体群を見て歩いた。こうした旅行で私は東アフリカの有名な国立公園の多くで管理運営体制を直接に見ることができた。しかしウガンダの森林保護区は、ナイジェリアのそれと同じく厳正保護地域ではなかった。そのほとんどは木材生産のために政府の森林局（Forest Department）によって管理されていたし、一部にはタウンジア農法も導入されていた[注28]。

　実際、キバレ森林保護区自身も伐採されつつあった。私たちが研究を始めた時には、カニャワラ以北の森林ではすでに多くの木が択伐されてしまっていたし、

残っている木の多くには枯葉剤が撒布されていた。そうすることで、商品価値のある樹種の比較的同齢の林が再生してくるのではないか、と考えられたのだ。ストルゼイカーは森林局のこのような管理方針に強く反対した。それは、林冠の大半がなくなると森林の野生動物（特に霊長類）がひどい打撃を受けるからということだけでなく、枯葉剤がそこのシステムに長期的な害を及ぼすからということにもよっていた。ストルゼイカーは、このような影響を数量的に示すために、一連の体系的な霊長類のセンサス（個体数調査）を計画して、私と一緒に、択伐された森林と択伐されていない森林とでそれを実施した。このセンサスによって、ひどく択伐され（農薬で）汚染された部分では、ほとんどの森林性霊長類の個体数が明らかに減少していることがはっきりした。ただし、私自身の研究対象であるクロシロコロブスは例外で、択伐された森林でのほうが個体数の多い傾向が見られた[注29]。

　ストルゼイカーは、このセンサスと彼の西アフリカでのそれまでの経験とから、熱帯アフリカ全体の降雨林の保護を論じるようになった。彼は、1972年にプリマテス誌［訳注：霊長類専門の学術雑誌］の編集委員会からの要請に応じて寄稿した論文で、アフリカには人手の入っていない原始の降雨林が果てしなく広がっているところはもうどこにもないし、その森林のやっと残った断片の保護は無視されてきた、と指摘した[注30]。そして、アフリカの降雨林の実物をいくつもの理由で保護するべきだ、と論じた。すなわち、開発された森林における変化の評価を可能にする参照基準を与える、開発された地域へ再導入することが可能な動植物や、いつかは人間にとって経済的価値を持つことがあり得る動植物の貯蔵所として機能する、生態学的に非常に複雑なシステムについての基礎科学的研究を可能にする、観光事業に役立つなど。ストルゼイカーは、特に西欧の科学者たちは商業的開発に抗して森林を守ろうと思うのであれば、降雨林の実物を購入するとか長期借地契約を結ぶとかするつもりになるべきだ、と提言し、また、彼が直接に知っている4ヵ所の森林に自然保護上特に注目するよう勧告した——コートジボアールのタイ保護区、カメルーンのドゥアラ・エデア保護区とコラップ保護区、それにキバレである[注31]。

　熱帯降雨林にたいするその後の関心から見れば、ストルゼイカーのこのような発言は先見の明あるものだったが、それは西欧の、特にアメリカの、自然保護論者たちがずっと以前から抱いていた関心を反映したものでもあった。その1世紀以上前の1850年代に、ヘンリー・デイヴィッド・ソローは、木樵や開拓者が

メイン州の森林を破壊するのを非難し、国は「野生的自然（wild nature）の見本」を公式に保存するべきであり、クマやピューマが「インスピレーションと私たち自身の真のレクリエーションとのために」まだ生存できるような「国立の保護区」があるべきだ、と論じていた(注32)。アメリカでの原生的自然（wilderness）の消失にたいする関心の増大と特にジョン・ミュアーの強い主張とによって、結局1890年にヨセミテ国立公園が創設されることになった（1872年のイエローストーン国立公園の設立は、原生的自然保護の要求からよりは、そこの間欠噴泉と温泉を保護する要求のほうからの結果だった(注33)）。自然を、実利的な理由のためにでなく、自然自身のために保護するというのが、アメリカの原生的自然保護運動の本質であったし、1960年代の西欧対抗文化の物質主義批判において磨きをかけられた主題であった(注34)。そしてそれは今日では「ディープ・エコロジストたち」[訳注: 1960～70年代に始まって1980年代から北アメリカで盛んになった自然保護運動の一派]の間にその声を見出す。とりわけ、ディープ・エコロジーの主唱者たちは、自然はその固有な（「ディープな」）価値の故に、また、人間の生命と他の生物種の生命とをより密接に統合するという、人間にとっての心理的価値の故に、保護されるべきであると論じている(注35)。

　自然保護への、ヨーロッパでふつうな実利的アプローチと、アメリカで多くの支持者を有し続けている原生的自然保護アプローチとの違いは、一部にはおそらく両大陸での西欧人と自然との相互作用の歴史の違いから生じたものであろう。1700年代になるまでに、ヨーロッパの生態系のほとんどは農耕、放牧、森林管理、都市化のためにひどく変化してしまっていた。しかし、北アメリカでヨーロッパ人が出会った多くの生態系は、人口密度がかなり低いためにそのように強く管理されてきてはいなかったし、従ってはるかに原生的なように見えた。例えば、1791～92年にニューヨーク州北部を訪れたフランソワ・ルネ・ド・シャトーブリアンが、そこの原生的自然にどう反応したか見てみよう。「空想は空しく（ヨーロッパの）耕作された平原のただ中をあてもなくさまよおうとする……しかし、この無人の土地では魂は果てしない森のただ中に喜んで埋没し我を忘れ……自然の原生的崇高さと……交わり、一体になる。」(注36)

　ストルゼイカーがプリマテス誌に論文を書いた時には、熱帯には厳格に保護された森林はほんのわずかしかなかった。その1つはマレーシアの1677平方マイル（約66キロ四方）のタマン・ネガラ公園で、1930年代後半に降雨林生態系を保護するために（ジョージ5世国立公園として）設立されていた(注37)。しかし、アフ

リカには降雨林生態系の保護を主目的として設立された国立公園は1つもなかった。だが、アフリカの降雨林は全く無視されてきたわけではなかった。ヨーロッパの生態学者たちは、採鉱事業によって脅かされていたリベリアのニムバ山の森林の将来に関心を寄せていたし、IUCN はコートジボアールのタイの森への調査団を組織していて、その結果そこは 1972 年に国立公園として布告された[注38]。だが、アフリカの国立公園はほとんどがサバンナ帯にあって、本来は大形獣の個体群を保護するために設立されてきていたのだ。

アフリカの国立公園：脅かされる「伝統的」自然保護

アフリカの国立公園の歴史は、合衆国のそれに似ていなくもなかった。各地の植民地政府が国立公園のために地域の人々から土地を取り上げた、としばしば言われているが、これは実際に起こったことを単純化している。実際には、ごく少数の関心ある人々が、彼らが非常に特別だと考えた場所について保護論を展開するのがふつうだったし、このような人々とその仲間たちが、しぶる政府に行動するよう圧力をかけたのだった。南アフリカのクルーガー国立公園ができたのは、特に、それの前身のサビ保護区の監視官 J. スチヴンスン＝ハミルトンの努力の結果であった[注39]。1930 年代の東アフリカでは、マーヴィン・カウィーなどの人々が、原生的自然地域への人間の圧力が大きくなってきたことを気にして、野生動物が人間に干渉（妨害）されずに生きていける場所がなければならない、と論じたが、イギリス領植民地の各政府は国立公園の設立に反対した。最後にカウィーは、「老入植者」というペンネームで『東アフリカの旗』紙に投稿し、ケニアの野生動物は全部殺してしまえと主張して、行動を挑発した[注40]。これは猛烈な抗議を呼び起こし、それが結局国立公園会議（カウィーを議長とする）の設立へ、1946 年のナイロビ国立公園の官報公示へとつながった。それは 1951 年のタンガニーカ（現在のタンザニア）のセレンゲティ国立公園、1952 年のウガンダのクイーン・エリザベス国立公園とマーチソン・フォールズ国立公園設立へと続いた。

私は、1970 年代初期に東アフリカの一連の国立公園を自分の目で見て廻って、現在では時として「伝統的（古臭い）」自然保護とか「住民排除的」自然保護とか呼ばれているもの（国の政府機関が管理運営する国立公園や厳正保護区を設立する方式）が有効であることを強く認識した。私の見て廻ったウガンダの国立公園は概してうまくいっていて、そこには公園の外ではめったに見られない大形哺乳類がゾロゾロいた。しかし、私はまた、状況によっては別種の自然保護方式でうま

くいくことがあることも知った。ケニアのサンブル＝イシオロ野生動物保護区では、地方議会（county councils）が保護区を管理していて、地域の人々の要求と野生動物保護とをうまく調整していた。そして、ジョン・メイスンと私は、ルウェンゾリ山地を訪れた後で（メイスンはロンドン大学ユニバーシティカレッジの大学院生だったが、その頃はイギリス自然保護協会（U.K.Nature Conservancy Council）で働いていた）、バコンジョ族の主要な猟場であるルウェンゾリでも同じような方式が適用できるだろうと提案した(注41)。

　伝統的自然保護は、地域社会を彼ら自身の土地の管理から排除するから、アフリカでうまくいかないのだ、と主張するのが流行になってきた。ウガンダで一時は伝統的自然保護がガタガタになったのは事実だが、そうなったのは、その方式が地域社会を排除したからではなくて、政府機関自体が弱体化したからであった。1971年1月、クイーン・エリザベス国立公園にいた時に、私は、大変な権力を持つ独裁者となっていたミルトン・オボテの広く嫌われていた政府に対する軍のクーデターのことを知った。オボテはシンガポールでの英連邦会議に行っていて、どうも、彼の留守の間に軍司令官イディ・アミンを逮捕するという計画を残していったらしかった。逆に、アミンがオボテに反撃したのだ。クーデター後1年余りはウガンダは比較的平穏だった。しかし、1972年8月にアミンはこの国からアジア人［訳注：主としてイギリス国籍のインド人］を追放するという布告を公布し、この時点からアミンの統治はますます残酷で抑圧的になり、経済は悪化した。1978年10月にウガンダはタンザニア北部に侵攻し、その結果アミンはタンザニア兵とウガンダの反徒との軍によって1979年初めについに放逐された。経済の混乱は続き、1980年末の選挙後にオボテが権力に復帰したが、5年続いたゲリラ戦で1985年にヨウェリ・ムセヴェニによって結局倒された(注42)。

　国立公園の野生動物が最も被害を受けたのは、1979年のタンザニアの反撃に続くほとんど無政府状態の時期だった。公園での密猟は1973年以降増えてきたが、密猟者はしばしば自動小銃を持っており、その中にはアミンの部隊も入っていた。1979年の反撃後には、今度はタンザニアの兵士たちが大形哺乳類を機銃掃射した(注43)。クイーン・エリザベス国立公園（その頃にはルウェンゾリ国立公園として知られるようになっていた）では、3ヵ月半で、4万6500頭の大形哺乳類のうち1万4000頭が殺された。ウガンダのゾウは1973年の推定3万頭から1980年4月の2000頭にまで減少したし、サイは絶滅してしまった。1980年にエリック・エドロマはオリックス誌に、ウガンダの国立公園には「ゾウの屍体と密猟者のキャ

写真8 インド南部タミルナドゥ州カラッカドゥ保護林のシシオザル、1976年。その頃、この稀少なサルの生存にとっての主要な脅威は、農園にするために森林を伐採することによる生息環境の分断と細分化であった。

ンプと肉を乾す架台とが散らかっている」と記した[注44]。こうした動乱の中でキバレ森林保護区は比較的無傷で大体生き残った。それは、ストルゼイカーが、さまざまな危険と困難に直面したにもかかわらず、カニャワラで野外ステーションと調査計画を維持し、政府の狩猟監視員の活動を支えたからだった。それでも、農民たちはこの保護区の南部を蚕食したし、ゾウの個体数は大きく減少した[注45]。これは、献身的な個人が1つの自然保護地域の創設と維持に大きな役割を果たすことができる、というもう1つの実例である。カニャワラは今ではマケレレ大学の管理下にある大きな国際的研究所に成長したし、キバレは1994年についに国立公園になった。

　1960年代と1970年代初期にアフリカ各地の国立公園がうまくいっていたことからすると、一体何が、伝統的な国立公園はアフリカや他の途上国で、うまくいかないという見方を生じさせてきたのだろうか？　ジョナサン・アダムズとトマス・マックシェインは、西欧の国立公園概念はアフリカの状況には適用できない、と論じた[注46]。私は彼らの議論には納得がいかないのだが、それは次章で語ることにしたい。確かに、多くのアフリカの公園は1970年代と1980年代にどんどんうまくいかなくなった。しかし、これは、それの本質的欠陥のせいではなくて、この時期にアフリカで展開された経済・社会・政治的諸問題のせいであった、と私は考えている。1973年と1979年の石油価格の急上昇（アラブ－イスラエル戦争とイラン－イラク戦争とOPECカルテルの動きとの結果生じた[注47]）に伴って、工

業製品の価格は上昇し、一部の農鉱業商品の価格は下落した。このような動きからアフリカの経済に生じたさまざまな困難は、腐敗した政府や内戦とか無秩序とかと重なることが多かった。その結果、各国の政府が自然保護に向ける予算は全体に減少した。もちろん、削減されたのは自然保護に関する経費だけではなかった。保健や教育といった重要な分野でも厳しい削減が行なわれた（従って小学校の就学率は1980年の77％から1990年の70％へと下った[注48]）。一方、アフリカの人口は年率ほとんど3％で増え続けた[注49]。この人口増加と、混乱した経済から生じた乏しい雇用機会とのために、どんどん多くの人々が自給農業によって生きるすべを求めるようになって、野生動物の生息環境には大きな圧力が加わってきた。それと同時に、象牙や犀角のような野生動物製品の世界価格が上昇して、密猟の圧力は大きくなった。つまり、一方では公園や保護区をまもる政府活動が減退し、一方ではそうした地域への破壊的圧力が強くなったのだ。

インド：西ガーツ山脈の森林をめぐる衝突

私は1974年にキバレに最後に行ってから1979年までアフリカに戻らなかった。1971年にカニャワラにいた時、私はロックフェラー大学のスティーヴン・グリーンに会っていた。彼はロックフェラー大学の生態学と動物行動の大学院生の野外実習の助手としてウガンダに来ていたのだった。1973年にグリーンは、研究助手のカレン・ミンコフスキーと一緒にインドに行って、西ガーツ山脈の季節風降雨林で、危機に瀕しているシシオザル（写真8を見よ）の行動を研究した。彼はインドから私に手紙をよこして、彼の2年計画の研究が終わった後に私がその研究地で研究を続けるように、博士課程終了生奨学金を提供すると言ってきた。私は特に、シシオザルと同じ森に住んでいるニルギリラングールの行動生態を研究したいと思っていた。アジア産のラングール類は、アフリカに住むコロブス類と同じく、胃前部の発酵室を使って樹の葉などセルローズの多い食物を消化することができる[注50]。インドへ行くのは、私がキバレで研究している間にこのようなサルたちの食物選択の基礎について考えてきたアイディアの一部を検証したり、違う大陸の熱帯林について学んだりする、というまたとない機会であるように思われた。

私は1975年3月にインドへ向かい、到着すると直ぐに1つの自然保護問題に巻き込まれた。グリーンとミンコフスキーは、タミルナドゥ州のアシャンブ山地の高地にある大きな茶農園のカカチ居住地区の小さな石造りの家に住んでいた

写真9 インド南部西ガーツ山脈アガスチャマライ山地に向かってカカチのシンガンパティ茶農園ゴルフコースを見下ろす、1976年。中景の以前は森林だった土地は茶会社によって伐採されつつある。

(写真9を見よ)。アシャンブ(ティネヴェリ山地ともアガスチャマライ山地とも呼ばれる)は西ガーツ山脈の最南部である。雨が多く険しいこの山地は、広大な常緑のショラ(shola)の森林を有する南インド最後の地域の1つであり、シシオザルの残っている諸個体群の中では個体数が最も多いと思われる個体群の住み家である(グリーンとミンコフスキーは1975年に195頭と推定した[注51])。

　グリーンが研究していたシシオザルの群れは、その茶農園に隣接する政府管理のカラッカドゥ保護林だけでなく、農園の土地にある林も利用していた(地図5を見よ)。この農園を経営しているボンベイ=ビルマ商事会社(BBTC)は、1929年にその土地を本来の所有者であるシンガンパティの小領主から借りて、そこの森林を次々に伐採して広範囲に茶やユーカリやコーヒーを植えてきた。一部の地域では林の下生えを切払ってショウズク[訳注:ショウガ科の草]を植えてきた。

地図5　インドの南端。シンガンパティ茶農園の位置を、本文で述べた森林保護区との関係で示す。

グリーンがシンガンパティに来た時にも、まだ森林の伐採は続いていて、その一部にはユーカリが植えられていた。この会社が森林を伐り続けているのは、材木を売ってあがる収入が目的だった。しかし、伐採されている森林はシシオザルの生息環境であり、それはこの農園の両側にある保護された森林を連結するものとなっていたので、特に重要な環境であった。この農園の北側のパパナサム保護林は、1962年に、以前のシンガンパティ領主林の残部と一緒に、野生動物サンクチュアリ（ムンダンスライ虎サンクチュアリ）として設定されていたし、南側のカラッカドゥ保護林もグリーンやインドの自然保護論者たちの要請でサンクチュアリとして設定されようとしていた。この2つの地域を連結する森林を破壊すれば、南インドの野生シシオザルのすでに危うい分散した小個体群を、さらに分断することになってしまうのだ。

　グリーンは、BBTCがシンガンパティの森林の一部を伐採するために契約した材木会社が森林法に違反していること（例えば、川のすぐ際まで伐採している）や、彼らの連れてきた男たちがシカやニルギリラングールを密猟していることに気付いていた。彼はBBTCのマネージャーたちにこのことを知らせ、また、伐採中の森林が持つ自然保護上の意義も強調した。グリーンは会社の役員やタミルナドゥ州森林局と相談を始めて、材木会社の違法行為をやめさせようとし、茶農園を横断する十分な森林回廊を保存するという合意を得ようとした。しかし、伐採のペースは速くなったし、茶会社のマネージャーたちは、野生動物保護に関心があるとは言ったけれども、伐採は会社の収益性にとって重要だとも述べた。そうこうする間にグリーンとミンコフスキーは、警察からスパイ容疑で訴えられ──おそらく木材会社が手を廻したのだろう──、彼らの生命が危ないという噂を聞いた。彼らは、森の中での連絡に使っていたトランシーバーを警察に引き渡さなければならなかったし、仕事を続けることはできたのだが、伐採作業地からは見えないところにいるようするしかなかった[注52]。グリーンが1975年4月にカカチ居住地区を去る時までは、茶会社との間に伐採を中止するという公式の合意には達していなかった。

　この時点で私は、そこの霊長類研究プロジェクトの管理運営を引き継ぎ、同時に、茶農園を通る森林回廊を救うというグリーンの活動も引き継いだ。幸いなことに私はWWFインド支部のディルナヴァズ・ヴァリアヴァという強力な協力者を得た。私がその土地の状況を監視して彼に報告し、彼は中央政府と州政府とBBTCに圧力をかけた。ただし、これは私を厄介な立場に追い込んだ。私は

BBTCの農園のマネージャーたちの客としてその農園に住みながら、その会社の伐採方針に反対したのだから。

まもなく、トップレベルの政治情勢変化によって、アシャンブ山地の森林とシシオザルは大きく救われることになった。インドにいる間にスティーヴン・グリーンは、尊敬されている鳥類学者サリム・アリによって、首相秘書官長サルマン・ハイダールを紹介されていた(注53)。首相はインディラ・ガンジーで、1966年からその椅子に就いていた。1975年6月25日にガンジーは非常事態を宣言した。彼女の統治への反対が高まったのと彼女を解任しようとする請願に対抗するためである。彼女は反対者の多くを検挙して、実質上、独裁者となった(注54)。その数ヵ月後、ハイダールはグリーンの最終報告書とその付録の自然保護勧告とを見て、首相にそのことを知らせた。インディラ・ガンジーは、その父ジャワーハラール・ネルーと同じく野生動物保護に強い関心を持っていて(注55)、シシオザルを保護する処置を直ちにとるべきだという個人的関心を示した。この関心は翌年の初めに具体的処置となって現われた。1976年1月31日、首相とその内閣は、選挙によるタミルナドゥ州議会（それは野党ドラヴィダ・ムンネトラ・カザガム党が支配的だった）を、「悪政、腐敗、党派的目的への権力悪用」の例を挙げて解散した(注56)。タミルナドゥ州は大統領の下に置かれ、デリーの直接支配を受けるようになって、インディラ・ガンジーにはこの州の運営に関して大きな権限が与えられた。1976年2月にタミルナドゥ州森林局はBBTC農園の森林の伐採中止を命令し、3月に州政府はカラッカドゥ保護林を野生動物サンクチュアリとすると布告した。

広く読まれている新聞ヒンドゥ紙が、1976年5月16日に、カラッカドゥ・サンクチュアリ設立に際して首相が演じた役割について報道した。5月29日、BBTCシンガンパティ農園の総支配人は私を呼んで、会社の見解を次のように通告した。スティーヴ・グリーンと私は農園の森林伐採を中止させるように活動し、会社の事業に経済的悪影響を与えて、会社の厚遇を裏切ってきた。だから農園はもう2人を歓迎しないけれども、2人を力づくで追い出すつもりはない、そんなことをすれば会社はもっと攻撃されるだろうから。従って私は、居心地の悪い雰囲気ではあったが、カカチ居住地区に留まることができた。例えば、私の家はこの農園の小さなゴルフコースを見降ろすところにあって、そこにマネージャーたちがよく来ているのが見えた。1976年11月、シンガンパティを最終的に離れる直前に、私はBBTCが農園を通る森林回廊を伐らずに残すことでタミルナドゥ州森林局と公式に合意したと聞いた。

私は、アシャンブ山地とそれの自然保護の問題とを良く知るようになるにつれて、この山地を1つの生態学的な単位として管理するという考えを抱き始めてきた。カラッカドゥ・サンクチュアリとムンダンスライ・サンクチュアリにしたところで、この山地の降雨林とそこのシシオザルの個体群のほんの一部を含んでいるに過ぎなかった。この既存のサンクチュアリの間をつなぐもう1つの重要な回廊であるヴィラプリ保護林は、厳正保護地域ではなかった。私の知ったところでは、そこはコダヤル河上流山地の大きな水力発電ダム建設によって大きく破壊されてきたし、伐採されてもいた。これらの森林はすべて、隣接するケララ州の諸地域と一緒に、1つの生物保護区、または国立公園、として総合的に管理されるべきだ、と私は考えた。
　1976年12月に私のラングール生態研究が終わった時、この地域の霊長類研究プロジェクトはインド人大学院生ラウフ・アリが引き継いだ。アリはイングランドのブリストル大学の博士課程の院生で、グリーンの奨学金によって支援されていた。彼の指導教授は比較行動学者ジョン・クルークで、クルークは以前にラウフの伯父サリム・アリと一緒に研究したことがあった。私は、合衆国とイングランドで自分の野外でのデータを分析しながら、一方でアシャンブ山地の広汎な調査、私の考えていた広い自然保護地域を設立し管理するために必要な情報を入手できる調査、の計画を考え続けた。
　1978年7月に私はこの調査計画を固めるためにインドに戻って、ニューデリーの中央政府官庁や多くの人々やムンダンスライとカラッカドゥを含む南インドの各地を訪れた。私はこの調査を、マドゥライ大学とロンドン大学ユニバーシティカレッジの合同学生隊によって、ラウフ・アリと私を助言者として、実施しようと考えた。続く2年の間、私は、調査研究費の調達と野外調査計画の確定、インド中央政府の厳しい認可の獲得とに努めた。しかし、研究費を得るのは難しいことが判ったし、インド政府の認可はまず降りそうもなかった。それは一部には多分このプロジェクトに外国人がかかわりすぎていたためであろう。認可が降りない理由は結局明らかにされなかったが、1980年11月に私はこのプロジェクトは認可される見込みがないということを最終的に知った[注57]。
　その間、ラウフ・アリはこの地域で自分の仕事を続けていた。彼はムンダンスライ・サンクチュアリでボンネットザルの社会行動を研究していたが、茶会社の態度が敵対的なのでそこの山麓に基地を置かざるを得なかった。しかし彼は、アシャンブ山地の自然保護の状況の監視を続けて、各サンクチュアリでの新しいダ

ムや道路の建設プロジェクト阻止を手助けした。アリはポンディチェリ大学を基地として、現在までずっとこの地域にかかわり続けてきた。私は 1995 年 11 月に彼と一緒にムンダンスライとカラッカドゥを訪れることができて、この 2 つのサンクチュアリが今では 1 つの単位（カラッカド＝ムンダンスライ虎保護区）として管理されており、全国的な自然保護運動であるプロジェクト・タイガーのプロモード・カントによって厳しくまもられている、ということを知った。ヴィラプリ保護林上部で 2 つのサンクチュアリを連結している森林は、ひどい破壊を免れていたし、しかも今ではトラ保護区の中に組み入れられていた。そうされたのは、そこがトラにとって重要だからというだけでなく、生物多様性の保護全体での役割のためにでもあった。私たちが 20 年前にシシオザルとニルギリラングールを研究した森林は今でもそのままで、ポンディチェリ大学の学生たちが森林生態学の研究に利用していた（写真 30、31 を見よ）。

1966 年から 1978 年に学んだこと考えたこと

　私はこの期間にアフリカとインドで多くのことを学んだ——もっとも、それの意味が完全にわかるまでには更に 20 年もかかったものもあったのだが。特にナイジェリアとインドでは、残っている狭い降雨林地域への圧力が大きくなってきているのを目の当たりにし、このような圧力の多くを生じさせている人口・経済・政治の大規模な力について理解を深めることができた。しかし私はまた、このようなさまざまな力の影響に対して上手に抵抗することはできるし、熱帯の生態系の「伝統的な（古臭い）」保護でうまくやることができる、ということも知ったし、ウガンダやインドのように人口密度の高い国でさえ、伐採や農地開発や狩猟とたたかう活動を強力に行なうことで、自然生態系のすばらしい実例を保護できることも知った。ある地域の保護に成功する可能性は、その地域に特別な関心を持つ個人が、そこを保護するための長いたたかいに敢て取り組む時に、大きく増大するように思われた（ナイロビ国立公園のためのマーヴィン・カウィーの活動、キバレ森林保護区のためのトム・ストルゼイカーの活動、カラッカド＝ムンダンスライ虎保護区のためのラウフ・アリの活動に見られるように）。降雨林を研究している科学者は、自然保護活動を活発にする上で重要な役割を果たすことができるし、住み込みの科学者による長期の研究プログラムがある場合に、自然保護は最も効果的である、ということは明らかだった。このような科学者たちの中にそこの国の人々がいる場合に、自然保護が成功し長続きすることが多かった。

アフリカとインドでの私の初期のフィールドワークは、自然の固有な価値についての私の感情、子供時代に動物に夢中だったところから育ってきていた感情、を強化しただけだった。私には、19世紀にソローとミュアーが説いていたことがよくわかってきた——野生的自然を観察するのは、人間の深い要求を満足させることのできる深く感動的な美的経験でありうるし、従って、自然保護は人間性に反するものではなくて、長い目で見れば人々の生活を大いに豊かにしうるものなのである。私は自分のフィールドワークから、熱帯の野生的自然への小農民や猟師からの、そして大規模な商業経済活動からの、直接の圧力を十分に知った。このような圧力が無視できないことはわかったが、私は、残っている熱帯降雨林とそこの野生動物のほとんどが消え失せるのを許すならば、窮極的にはすべての人々の生活が——途上国においても先進国においても——おびやかされるだろう、と強く信じるようにもなった。私は1962年に読んだWWF初代会長ピーター・スコットの論述に大いに共感していた。スコットは1960年代初めにアフリカに行った後で次のように記した。

　野生動物と原生的自然を保護する理由には3つのカテゴリーがある。それは、倫理的、美的、経済的の3つであり、3つ目（食欲段階の理由）は前の2つにははるかに及ばない。1つ目の問題は次のような疑問から生じる。「人間は、それが人間にとって何の役にも立たないとか厄介なものであるとかいう理由だけで、ある1種の動物を消し去る権利を持っているのだろうか？」………美的な場合は単純である。「人々は動物を楽しむ。人々は動物が美しくて興味深いものであることに気付いているし、動物を見る時にしばしば精神の再生を経験する。動物を消し去るのは………現在と将来の人々から1つの基本的な楽しみを奪うものである。」………蛋白質に飢えている世界の多数の人々にとっては、経済的な理由が、それは少しも啓発的でないとは言え、必然的に最も説得力があるだろう。しかし、飢えていない人々は、自然保護が主として経済的な理由で成功するのだとしたら、人間はまたしても、その歴史でしばしばやってきたように、誤った理由で正しいことをすることになるのだ、ということをはっきり知るべきである………すべての人が、人類にとっての野生動物と原生的自然の価値を認識し、このような自然の財宝は世界の偉大な芸術作品と同じく確実に永久に保存されるべきである、ということに同意する時は、そんなに遠い先のことではないかも知れない[注58]。

このような見方は現在まで私の考え方に強く影響を与えてきたのだが、これは、もっと大きな自然保護運動の中ではもはやそれほど流行している見方ではない。南インドで私が直接に研究と自然保護活動に関与したのは1978年に終わったが、その頃、国際的な自然保護の方針は根本的な転機を迎えていた。次章で論じるように、新しい方針は、発展途上諸国の急増する人口からの経済的要求と、この要求によって脅かされている野生種個体群をまもろうとする自然保護論者の関心との間に妥協点を見い出そうとした。WWFはその初期にはピーター・スコットの下で自然そのもののための自然保護を強調してきたのだが、そのWWFが、自然保護と経済開発とのうまくいきそうもない結婚を進める新しい方針を形成する上で、鍵となる役割の1つを果たすことになったのだ。

第3章　自然保護が経済開発にすり寄る

　1970年9月、私がウガンダでコロブスの研究を始める直前に、自然保護上重要な新しい動きを告げる1つの会議がローマで開催された。この会議がその後の国際的な協同自然保護計画の土台を据えたのだが、そこには、IUCNとFAOと世界銀行とアメリカの自然保護財団、の代表が出席していた。FAOの本部で開かれたこの会議の議長はIUCN事務総長ジェラルド・ブドウスキーで、彼は、自然保護は「経済開発計画において必ず考えに入れなければならない問題として扱われるべきだ」と要求した[注1]。

　この章では、このローマ会議、及びその後に自然保護計画立案者たちと経済開発機関とが堅く結びつくことに結果としてなっていった、いくつかの主要な出来事の背景を眺めてみようと思う。この結びつきが、西アフリカや他の地域で、本質的に欠陥のある自然保護プロジェクトを立案させてきたのだし、そのようなプロジェクトは野生動物個体群がずっと存続し続ける確率を減らすことはあっても増すことはできない、というのがこの本の主題である。この章ではまた、「地域社会を基盤にした」自然保護活動というのが現在もてはやされているが、それの始まりについて検討し、そのアプローチの危険性についても論じようと思う。このアプローチは一部には、熱帯の田舎の貧しい人々は、外部からの余計な干渉がなければ、必ず良き野生動物保護論者として振舞うであろう、という神話に基づいているように思われる。国際的（自然保護）諸団体が自然保護と経済開発との結びつきを強調するようになったのは、それが自然をまもる唯一の手段だということがはっきりしていたからではなくて、むしろ、一連の特定の歴史的出来事のせいであり、自然保護戦略の立案に特定の人々がかかわってきたからなのであった。さらに、後述のように、自然保護と経済開発とが結びつく過程では、政治上の妥協と財政（資金調達）上の都合とが大きな役割を演じてきたのだ。

マックス・ニコルスンと野生動物保護への実利主義的アプローチ

　1970年のローマ会議を設定したのはマックス・ニコルスンだった（写真10を見よ）。ニコルスンはWWFの創立と私がロンドン大学ユニバーシティカレッジで受講した自然保護修士課程の設立の両方にかかわっていた人で、当時は国際生物学計画（IBP）の陸上生物群集保護部門の責任者であり、国際的な自然保護運動での有力者であった。彼はIBPに参加する前はイギリス自然保護協会（Nature Conservancy）の事務総長（1952年から1966年まで）だったし、その前にはイギリス政府で上級行政官として10年間働いていた。自然保護への彼の公務員としてのアプローチは、国際的な方針に深く影響を及ぼしたに違いない。自然保護についての彼のその頃の考えは、1970年に刊行された彼の著書『環境革命』[注2]に要約されている。ニコルスンはこの本で、生態学と自然保護と社会問題とは区別ができなくなりつつある、と論じ、「有益な自然過程が、正当な人間的要求を充足するために必要なことすべてと、完全に矛盾なく働くこと」を可能にするような、専門家による国際的自然保護計画の必要性について述べていた。ニコルスンが自然とそれの保護に強い真の関心を持っていなかった、と思われては公正を欠くだろう。彼は若い時からずっと鳥類に興味を持っていて、1926年にオックスフォードの学生の時に『イングランドの鳥類』と言う本を出し、『旧北区西部の鳥類』（1977 - 94）という重要なシリーズの主著者の1人になるまでになったし、イギリス鳥類学協会創立の原動力でもあった[注3]。しかし、ニコルスンが行政と政治を好んでいたことは明らかなように思われるし、彼は明らかに自然保護を人間の経済開発計画の中に統合することが重要だと強く信じていた。

　もちろん、ニコルスンの考えは彼だけのものではなかった。このような考えを共有する人は、野生動物管理に携わる人々など自然保護の専門家の中に次第に多くなってきていたのだ。第2次世界大戦後の20年間には、国際的な自然保護活動は、特にアフリカでは、国立公園などの保護地域を設立することと、保護地域で野生動物の個体数を管理することに集中していた。ケニアのマーヴィン・カウィーやタンガニーカのベルンハルト・チメックのような人たちは、アメリカ合衆国のジョン・ミュアーやアルド・レオポルドや原生的自然保護運動のメンバーたちと同じように、アフリカの野生的自然への圧力がどんどん強くなってきたことに気が付いていて、野生的自然は、それの固有の価値の故に、自然自身のために厳正に保護されるべきであって、それを人々が利用し得るかもしれないからで

写真10 1957年にスペイン西南部コート・ドニャーナを訪れたマックス・ニコルスン（右）とジュリアン・ハックスリ。ニコルスンはその後にハックスリに頼まれてWWFを作る計画をするグループを主宰した。WWFはスペイン政府がコート・ドニャーナに土地を購入するのを援助し、そこは1960年に国立公園となった。（エリック・ホスキング撮影、WWF提供）

はない、と論じていた[注4]。しかし、1960年代に、国際的な自然保護の世界では、ニコルスンのような声が次第に多く聞かれるようになり、多くの野生動物の個体群の存続を長期にわたり保証すると思われる唯一の管理戦略は、そのような厳正保護ではなく、賢明な利用（wise use）（収量安定的利用を含む）である、と論じられるようになってきていた[注5]。論点がこのように変化してきたのは、一方では自然保護専門家の中での考え方が変ったためであり、一方では人口増加と経済発展から生じた自然への圧力の増大についての一般の関心のためであったように思われる。特に北の豊かな国々では、市民たちが、放射性降下物や殺虫剤の乱用、大規模なダムとか採鉱とかのプロジェクトの人間と自然に及ぼす影響などからの人間環境の汚染に、次第に大きく抗議の声を挙げるようになってきつつあった[注6]。

　1970年にローマ会議が開催されたのは、このような背景の上にであった。この会議では、ニコルスンの進めてきたような人間利用指向の自然保護という見方を、IUCNが強く支持するようになってきていたことは明らかだった。しかし、IUCNの立場は初めからこうだったのではなかった。IUCNは、1947年の

スイスのブルネンでの会議の結果、国際自然保護連合（International Union for the Protection of Nature）（IUPN）として誕生した。ブルネン会議は、この新しい団体が自然保護のための国際規約を制定して一連の国際的な保護区を設立することを勧告していた。この会議の公刊された議事録からすると、それの参加者たちは自然をその固有の価値の故に保護することに主として関心があったし、第2次世界大戦中および戦後に野生的な事物と野生的な場所の破壊が加速されてきたから、それの保護が急務なのだと見ていた、ということが強く示唆される[注7]。IUPN は 1956 年に International Union for the Conservation of Nature and Natural Resources（IUCN）になった［訳注：この時に名称に資源という経済用語が入ったことに注目したい］。それの組織と国際的自然保護プロジェクト計画とが大きくなっていくにつれて、必要な資金の額も大きくなっていった。これが、第2章で述べた WWF を設立させることになったのだ[注8]。

　WWF の最初の構想は、国ごとに国内委員会を作って、それの国際的組織が各国委員会の集めた基金を IUCN によって優先度が高いと判定された自然保護プロジェクトに配分する、というものだった。WWF は 1961 年 9 月に発足し、スイスのローザンヌの直ぐ西のジュネーヴ湖岸のモルジュにある IUCN の新しい本部で仕事を始め、その年に最初の国内委員会がイギリスで始まった。WWF が大きくなるにつれて、各国の国内委員会の多くはより大きな自主性を要求し、彼らの集めた資金の一部を自分の選んだプロジェクトのために使う権利を主張した。1986 年に WWF 国際本部は World Wide Fund for Nature と名称を変え、各国支部のほとんどはそれに従ったが、アメリカとカナダの支部は World Wildlife Fund という旧名をそのまま残した［訳注：いずれにしても略称は WWF である］。今日では WWF と IUCN は別々に活動しているけれども、両者の国際本部は今でもスイスですぐそばにあり（WWF は 1979 年にモルジュからジュネーヴ湖岸を数マイル下ったグランドに移ったが）、両者の活動方針は同調して変化してきて、自然はそれ自身の固有な価値の故に保護されるべきだという立場から次第に離れ、自然保護活動は人間の基本的な要求を充足させるための活動と統合されるべきだという立場へと動いてきた。

　1970 年にマックス・ニコルスンの音頭で始まった、国際的自然保護団体の代表者たちと国際的経済開発機関の代表者たちとの提携は、1972 年 6 月にストックホルムで開催された国連人間環境会議によってさらに重要な一歩を進めることになった。この会議は明らかにスウェーデンによって提案されたもので、スウェー

デンは他国起原の殺虫剤や重金属や酸性雨のような環境汚染物質が自国領域に対して及ぼす影響を次第に強く気にし始めていたのだ(注9)。この会議に提出されて大きな影響を及ぼした報告書は、その年に『Only One Earth（かけがえのない地球）』として出版されたが、執筆者のバーバラ・ワードとルネ・デュボスは、その中で環境汚染と人口増大と開発とに焦点を合わせていて、原生的自然の保存については2ページ足らずしか割いていないし、ホモ・サピエンス以外の生物種にはほとんど触れなかった(注10)。この報告書は、保健・教育・農業・都市の住環境整備・汚染の制御をもっと一緒に考えるグローバルな計画と、もっと多くの資源を豊かな国から貧しい国へ移すこととを理想主義的に呼びかけて終わっていた。マックス・ニコルスンはこの報告書作製の相談に与った152人の国際的な顧問の1人であり、この報告書の基調は、もっと国際的な計画をというニコルスンの以前の呼びかけに呼応したもので、それに加えて途上国の諸要求と諸問題を強調していた。開発計画を環境管理問題の中に持ち込むことを強調するこの考えは、国連の会議でのIUCN事務総長の演説に反映されていて、彼はそこで「開発のための自然保護」を計画する必要性について語っていた(注11)。

　ストックホルム会議の結果、国連環境計画（UNEP）が設立された。1974年にUNEPはナイロビの新しい本部に入り、1975年にはムスタファ・トルバがこの機構の執行責任者（Executive Director）に選任された。彼はエジプトの微生物学者で、1950年代後期からずっと行政官僚だった。同じ年にUNEPは、IUCNが事務局を運営しコンサルタントを雇うのを援助するための資金を確保し、IUCNは、今「世界保全戦略」を策定中であると発表した(注12)。

　IUCNとUNEPの連携は、続く数年でさらに緊密になっていった。1976年の初めまでにIUCNの収支赤字は70万スイスフラン（当時のレートで約26万8000ドルに相当）に急増した。新しい事務総長代理ダンカン・プアはWWFおよびUNEPと会合を持ち、それらから支援拡大の約束を取り付けた(注13)。同じ年にモーリス・ストロング（ストックホルム会議の事務局長だった人物）がIUCNの運営委員会の座長（Chairman）に選出され、彼の当面の目的の1つはさまざまな政府や援助機関や産業界からIUCNへもっと大きな支援を引出すことだ、と宣言した(注14)。1977年7月1日にデイヴィッド・マンローがIUCNの新しい事務総長に選任された。彼はUNEPでトルバの特別顧問をやっていたが、その前には長年カナダ政府で働いていて、野生動物局や先住民族問題・北部開発省や環境省の上級職を歴任してきていた(注15)。

持続可能な開発の手段としての保全：世界保全戦略の構想

IUCNがマンローの指揮の下に、WWFと協同して、「世界保全戦略」の作製に本気で乗り出した時、IUCNは大きくUNEPの指令で動いていた。この戦略を作ることを依頼し、そのために1979－80年に162万5000ドルを用意してその仕事の経費を主として負担したのはUNEPだった[注16]。この戦略の主筆者はロバート・アレンであり、彼は生態学と人類学を専門とするイギリス人で、1975年にIUCNに入った時すでに持続可能な開発の重要性について記していた[注17]。アレン（後にプレスコット＝アレンとなる）はその数年前にエチオピアの狩猟農耕民社会で3ヵ月を過ごしたことがあって、1973年に『自然人』という本を書き、狩猟採集民社会と狩猟農耕民社会に焦点をあてて、彼らはその環境と調和した健全な生活を送っているように見える、と記していた[注18]。

従って、人間を第一とする重要な自然保護文書のための舞台は明らかに整えられていて、1978年7月に配布された世界保全戦略第2稿では、持続可能な開発と実利的目的のための保全とが非常にはっきりと強調されていた。それの最初の段落は、「持続可能な開発にとっての主要な障害はそこに自然保護（保全）が欠けていることである」という文で始まっており、それに続けて保全を次のように定義していた。「生物圏とそれを構成する数多くの生態系と生物種とを人間が利用するのを管理して、現在の世代の人々に持続可能な最大の利益をもたらすようにし、同時に、将来の世代の人々の要求と願望をかなえるためにそれの潜在能力を維持するようにすること[注19]」。1980年にIUCNとUNEPとWWFはこの戦略を公式に発足させ[注20]、マンローは、これは「開発を持続可能にするために必要な対応である」、と宣言した[注21]。

人口増加と工業化と技術進歩の成果とから生じてきた影響について人々が懸念を抱くようになったので、各国政府に対して、人間の環境を保護することにもっと関心を向けるようにという圧力がかかることになった、ということは理解できる。その限りでは、開発の計画はもっと自然保護を考えたアプローチをとる必要がある、というのもよくわかる。しかし自然保護を開発の一面だと見做す必要がある、というのはよくわからない。1980年までに、WWF創立者の1人ピーター・スコットは、開発は自然保護を達成する手段である、と記すことができた[注22]。このような態度の変化は、自然保護専門家たちの考え方が変わった結果というだけでなく、資金の必要性と政治的圧力とを考慮して妥協をしなければならないと

いうことが見えてきた結果でもあったのだ。

　世界保全戦略の中に見られる政治的妥協——自然保護は貧しい国々の経済開発にとって不可欠な一部と見做されるべきである、という論——は、次のような意見に対する反応であった。それは、自然保護とは豊かな人々だけが抱くことのできる観念であって、豊かな先進諸国が自然保護の方針を提唱するのは、貧しい国々の発展を遅れさせて先進諸国のヘゲモニーを維持することを可能にする手段である、という意見だった。貧しい国々は、環境汚染の制御についての世界的合意が彼ら自身の経済発展を抑止する可能性がある、という懸念を示していたし、インディラ・ガンジーは1972年のストックホルム会議で、貧困が最大の汚染者であると述べていた[注23]。裕福なエリートたちを代表している、という根拠のない主張をIUCNが斥けようとしていたという証拠は、世界保全戦略を推進するために刊行されたきれいな図入りのパンフレットの中に見られる。この中でIUCNは、「自然保護（保全）とは野生動物と原生的自然だけにかかわることであって、世界の大多数の人々が苦しんでいる差迫った諸問題に悩まされていない少数のエリートたちのすることである」と考えるのは誤解である、と論じ、むしろ「保全の不足が、インフレや失業、飢餓や疫病などのような諸問題の主な原因なのである」と続けていた[注24]。

　従って、有力な国際的自然保護諸団体が、原生的自然と野生動物はそれ自身のために保護されるべきだ、という立場から離れてゆくにつれて、自然保護の世界での主導的な声は、現場のナチュラリストや動植物学者たちの声ではなく、どんどん公共政策立案の専門家や官僚たちの声になっていった。自然保護諸団体は、次第に多くの経済学者や社会学者を雇い始め、自然保護と開発は手を携えて進むべきだという考えを本気で受け入れて、二国間・多国間の開発機構とか「供与機関」（豊かな国々の市民の税金を貧しい国々に供与したり貸与したりする機関）などからの資金を一層積極的に求めた。

　自然保護団体は、それが大きくなり官僚化するにつれて、また、そこに雇われた計画立案者たちがさらに多くの次第に壮大な計画を立てるにつれて、資金を多く必要とするようになった。自然保護諸団体と開発機関とのつながりはその初めからかなりの程度まで資金上の便宜に基づく関係だったし、今や両者の関係のこの部分は必然的に深くなった。自然保護のために必要な巨額の資金の明白な出所は、さまざまな国際的開発機関だった——例えば、UNEP、世界銀行、EC（現在のEUの行政部門）の開発総理事会（Directorate-General for

Development)、USAID (U.S.Agency for International Development)、ODA (U.K.Overseas Development Administration) (最近 Department for International Development と改名)、GTZ (Deutsche Gesellschaft für Technische Zusammenarbeit) (ドイツの技術援助機関) など。このような開発機関や発展途上国政府からの資金支援を得るために、自然保護計画の立案者たちは、自然をそれ自身のために保護するという考えをそれまでよりも強調しなくなった。

　しかし、多くの自然保全論者が開発機関とその資金の腕に抱かれようと一生懸命になったのに、経済開発の推進にかかわる人々が熱烈な自然保護論者になったという証拠は少なかった。例えば、経済発展についての最近のある教科書は、それを定義する際に自然保護については何も言及しておらず、経済発展は、社会的平等などのその国の達成した「近代化」の特徴の数と共に、その国の1人当たり実収入が長期にわたって増加する過程として定義するのが最も良い、と述べた。アフリカの経済活動が貧しいのは、自然保護政策が貧しいからではなくて、公共部門の膨脹や農村のインフラストラクチャーへの投資不足や政治不安定や法秩序の崩壊といった諸要因のせいであった[注25]。

　では、経済開発の推進を任務とする国際的諸機関の中で最も重要であり、明らかに最も豊富な資金を持つ世界銀行の政策はどうであろうか？　それは自然保護と開発の提携を本当に受け入れてきたのだろうか？　世界銀行が支援しているプロジェクトの多くが環境破壊を惹き起こしている、ということがわかってきた1980年代に、世銀には広汎な批判が浴びせられ、その結果世銀はその活動の中に自然保護への配慮をそれまでより多く入れようとしてきた。例えば、1986年に世銀は、経済計画は「野生の土地」の保護を考慮に入れなければならない、というポリシーを採択した[注26]。

　最近、世界銀行は、「地球環境施設（Global Environment Facility）」（GEF）の中でのそれの大きな役割を通じて、さらに密接に自然保護にかかわるようになってきている。GEFの始まりは、世界環境開発委員会（the World Commission on Environment and Development）（ノルウエー首相グロ・ハーレム・ブルントラントを議長とする）からの1987年のレポートにまで遡る。それは、世界保全戦略が持続可能な開発を強調していることを強く是認していた[注27]。このブルントラント・レポートは「開発のための資源ベースを改善する」ような保全戦略への資金が不足していることに注意を喚起し、この呼びかけが結局は、世界銀行が国連開発計画（UNDP）とUNEPの支援を得て運営するこの特別な基金を創設させることになったのだ[注28]。GEFとそれ

が使える巨額な資金（最初の基金は15億ドルだった）は大きな期待を産んだが、その期待はほんの一部しか応えられてこなかった。世界銀行自身は基金を厳しくコントロールし続けていて、それを少しずつしか支出してきていない。例えば、GEFは最初の2年間に、それの管理運営に2000万ドルを支出していたのに、実際の生物多様性保全プロジェクトにはわずか280万ドルしか支出しなかった。世界銀行の他のプロジェクトと同様に、GEFは、NGOの小規模な長期的な活動よりは、政府の後援する官僚化した大規模な3〜5年規模のプロジェクトの方を援助する傾向があった(注29)。

地域社会主体の自然保護という考えの出現

　世界保全戦略は、その本来の形では、各国政府に、生物資源の規制された慎重な利用を含む政策をとるように呼びかける、という性格の強いものであった。この戦略は、新知識が得られ、諸価値が変化した時には改訂されるような発展的プランと見られていた。このプランの発足に続く10年間に、この戦略を発表した諸団体の諸価値は実際に変化した。そこで、第二次世界保全戦略プロジェクトが始められた。今度も、それを指揮監督したのはデイヴィッド・マンローであり、その主筆者はロバート・アレンだった。このプロジェクトの結果が、1991年にIUCNとUNEPとWWFとによって刊行された『かけがえのない地球を大切に(Caring for the Earth：A Strategy for Sustainable Living)』であった(注30)。

　『かけがえのない地球を大切に』は、一面では、1992年6月にリオデジャネイロで開催される国連環境開発会議（「地球サミット」）という別の国連の会議に向けて作成されたものでもあった。この改訂版戦略は、それの初版よりもさらに強く人間の福利の改善に傾斜しており、「持続可能な生活（sustainable living）」という考えを特に強調していた。『かけがえのない地球を大切に』は、各国政府が「部署横断的」な計画を（特に、自然保護と開発とを統合するような高次レベルの単位を設立することによって）立てるという考えを支持したが、一方では政府レベルのものに加えてさまざまなレベルでの活動も提案していた。個人の態度と実践を変える必要が論じられたし、また、「地域社会と地域グループ」は、人々が「しっかりした基盤をもつ持続可能な社会」を創るために行動するのを最も容易にする回路となる、とも論じられていた。「地域社会」はこの戦略の初版では周辺的な特徴でしかなかったのだが、今やそれは突出した役割を与えられていた。

　「伝統的」自然保護——各国政府による国立公園やそれと同様な保護地域の設立——は発展途上国、特にアフリカではうまくいかなかった、という声がどんど

ん大きくなってきていた。そして、この失敗への明らかな対策はもっと地域的なレベルでのアプローチである、と主張された。このような考えに影響を与えたと思われる主な要因は3つある。第1に、クラーク・ギブスンとスチュアート・マークスが洞察に富んだ総説で論じたように、経済的諸条件が1970年代80年代にアフリカ各地で伝統的自然保護の有効性を低下させた。政府の野生動物関係部局の予算が減少し（法を有効に執行できなくなり）、田舎はさらに貧しくなり、肉や犀角などの猟獣産品の価格は上昇した（狩猟は田舎の人々にとって以前より魅力的な職業になった(注31)）。第2に、前からわかっていたことだが、自然保護活動は地域で強く支持されている時に最もうまくいく。第3に、開発計画立案者たちが自然保護にどんどんかかわるようになったのだが、彼らにとっては「地域社会の開発」は既定のことであった。

　ジェイムズ・ミッジリーは、経済開発への地域社会アプローチについての重要な総説において、この概念の源を1944年のイギリス政府報告『植民地での大衆教育』にまで遡って辿った。この報告は、農業・保健その他の社会サービスの地域自助による振興を主張していて、アフリカの多くのイギリス領植民地で地域社会開発プログラムを作らせることになった(注32)。この報告がアメリカと国連の援助プログラムのデザインに直接に影響を及ぼしたのだ、とミッジリーは言う。地域社会開発アプローチが広く採り上げられるようになったのは、最初は理念の結果だけでなく政府資金不足の結果でもあったと思われる(注33)。しかし、この考えはすぐに、社会はどのように組織化されるべきかについての社会・政治理論から生じていた諸信念を反映した深く理念的なものとなった。「(地域社会開発アプローチの)根本理念の中心にあるのは、反動——中央集権と官僚化と硬直性と国家の疎遠さ（remoteness of the state）とに対する反動——である(注34)。」

　もちろん、人間社会の組織化と文化伝達の基本単位としての地域社会という観念は、地域社会開発という観念よりはずっと古い。地域社会という概念は、19世紀末に初めて導入された後に、1950年代になって社会科学の中に復活した(注35)。社会科学者や自然保護論者の間では、「地域社会」という概念は、小さくてまとまりがあり平等主義的で自給自足的な集団で、外部からの強い力に抵抗して正義のために戦うことができる、という観念に根差していることが多いように思われる(注36)。しかし、ミッジリーが言ったように、この概念はきちんとは定義されてこなかった。ただし、それは2つの広く見られる原型的イメージによって例示されてはいる——伝統的なアフリカの村落と半封建的なアジアまたはラテン

アメリカの小農民集落だ(注37)。実際には、アフリカの村落の現実の人々が、他の人々よりも進んで公益のために協同して尽くすことがありそうだ、というしっかりした証拠はほとんどないように思われる。どこの人々の集団とも同じように、村内部の個々の人はそれぞれ非常に違った関心を持っていることが多いし、彼らは地位や収入や権力の点で分化しているのがふつうである(注38)。例えばポリー・ヒルは、ガーナのココア農民の徹底的な研究の後に、平等主義的なアフリカの村落というのは「黄金時代的錯誤」である、と述べた(注39)。実際、小さな地域社会は困難な時にはまとまるよりはむしろ分裂に向かうことが多い、という証拠がかなりあって、アフリカでのその古典的な例がコリン・ターンブルの記述したウガンダ北部のイク族に見られる(注40)。ヨーロッパでは、社会主義がルーマニアの村々を自律的で競争的な家族の寄せ集めにしてしまい、各家族の関心が村全体の関心と重なり合うことはほとんどなかった(注41)。

保全論者たちが使うようになってきた時の「地域社会」という用語は、アフリカの村落についての神話的イメージに基づいていたように思われるのだが、『かけがえのない地球を大切に』はこの概念にいいかげんな定義を与えている——「1つの自治体などの地域行政単位の人々、または1つの集団とか部族とかのような文化的または民俗的集団の人々、または特定の近隣とか流域とかの人々のような地方の町村地域の人々」(換言すれば、人々の比較的小さな集団)。『かけがえのない地球を大切に』は、一方では地域社会との共同作業の重要性を強調していながら、地域社会は非常にさまざまであって内部矛盾によって分裂することもあり得る、ということも認めているし、この認識に続いて、「地域社会造りの過程が必要になることもある」というどこか父性主義的な助言もある(注42)。換言すれば、適切な自然保護活動にとって正しい種類の地域社会がそこにすでに存在していなければ、外部の者がそれを創らねばならない、というのだ。

従って世界保全戦略は、自然保護は少なくとも熱帯の貧しい国々では田舎の開発というプロセスの一要素にすぎないと見るべきであり、それには地域レベルで対応するのが最も効果的である、という今日広く主張されている見方を育てるのに役立ってきた。このアプローチは強い父性主義的．政治的な側面を持っている。このプロセスが工業化社会からの外部の人々によって育てられ大きく資金援助されており、その人々は、自分たちよりも不幸で啓かれていないと彼らが考えるたくさんの人々をもっと良い状態にしたいと思っている、という点でこのアプローチは父性主義的であり、地域の人々への「権限委譲」がどんどん強調されている、

という点で政治的なのである[注43]。

もう 1 つの神話 : 自然保護人としての未開人

この新しい自然保護の考え方は、野生動植物の個体群にとって潜在的に危険なものである、と私は考えている。というのは、それが人間の経済開発、つまり概して自然にとって破壊的な結果を有するプロセス、を推進することを強調しているからというだけでなく、それが、熱帯諸国の田舎の人々は典型的にはよくまとまった高度に協調的な地域社会で生活していると見る上述の神話に加えて、もう 1 つの神話を促進するからでもある。このもう 1 つの神話というのは、このような地域社会の人々は、西欧の工業化社会の影響の下に入るまでは、自然と調和を保って生活していたのであり、機会（と外部からの一寸した援助）が与えられさえすれば再びそうするであろう、というものである。例えば、USAID に資金援助された生物多様性援助プログラム（Biodiversity Support Program）（そこでは WWF-US が主要な役割を演じていた）が 1993 年に刊行した文書『African Biodiversity : Foundation for the Future』は、「多くの伝統的アフリカ社会では自然資源の利用が生物多様性を害することは、人口密度が低いこともあって、ほとんどないのがふつうだった。その上このような社会は、自然資源利用を制限することを奨励したり強制さえしたりするような社会規範や信仰体系を育成してきた」と述べている[注44]。WWF-US が 1993 年に出版した『Voices from Africa : Local Perspectives on Conservation』という本のいくつかの章は、アフリカ人は植民地時代の前には野生動物と調和を保って生活していた、と主張している[注45]。

事実としては、伝統的なアフリカの社会（また実際、世界のどこの「伝統的な」社会でも）が本性的に自然保護家であった、というしっかりした証拠はほとんどない。それどころか、人々は自然のシステムを利用するための道具や技術や機会を持った場合にはいつでも自然を利用してきたのだ。典型的には、この利用は持続可能性なんかは考えない目先の最大収量を目差すものであって、そのような形の自然資源利用は、人口密度が非常に低いか採集捕獲技術が未熟であるかなのでなければ、資源量を著しく減少させるかその種を絶滅させてしまうか、になるのがふつうのことだった[注46]。厳しい狩猟規制があった例もあるが、それは典型的には、階級的社会においてリーダーたちが資源、特に、稀少で尊重珍重される資源（例えば大形肉食動物の毛皮）に他の人々が近寄るのを規制したいと思った場合であった。アフリカの多くの地域では植民地時代が始まった頃には猟獣が数多

くいたが、これは明らかに、猟獣の収量を維持できるように考えて猟獲されていたからというよりは、眠り病や奴隷狩りの結果として人口密度が低かったからであった。植民地統治は、外国人による支配をもたらしはしたが、ほとんどの奴隷狩りを終わらせもし、政治的安定［訳注：部族抗争の緩和？］の方策を導入し、公衆衛生を改善させた。その結果20世紀前半に人口が増大し新しい地域に人々が住み着いたので、地域住民が大形の哺乳類を捕りつくしてしまうことが少なくなかった――少なくとも、植民地狩猟法が施行されていない地域とか、効果的な保護区が設置されていない地域とかでは(注47)。

「伝統的な」人々が、さまざまな動物の個体群を（その地域から）一掃してしまった例は、世界中各地に、特に彼らが南太平洋の島々とかマダガスカルとかのようなそれまで無人だった土地に侵入した場合に、数多く存在している。ケント・レッドフォードは、アマゾン地方の伝統的な文化に焦点をあてた「生態学的に高潔な未開人」という論文で、最近の証拠を次のように要約した。アマゾン地方の人々は、ヨーロッパ人と接触する前にすでにそこの森林と野生動物に大変な影響を及ぼしてしまっていたし、「人間が現在、やっているのと同じようにやっていた。つまり、彼らは自分たちとその家族が食べていくために必要なことは何でもやっていた(注48)」。レッドフォードは、高潔な未開人というこの神話が、トマス・モアやジャン・ジャック・ルソーなどのようなヨーロッパのユートピアンやロマン主義者たちに始まるものとしている。彼は、土着の人々は熱帯生態系の利用の仕方という点では新しい入植者よりも上手で持続可能的なことが多かった、ということは認めているのだが、彼らのやり方でうまくいっていたのは、人口密度が低かったことと市場経済へのかかわりが限られていたためにすぎなかった、と論じている。今日では、世界的な市場経済にいくらかでもかかわりを持たない人間集団は実質上存在しないし、熱帯諸国の人口は急増し続けている。例え高潔な未開人がかつては存在していたとしても、彼らの時代は過去のものであって、彼らを取戻そうとする保全論者たちに勝ち目はほとんどない。

ケント・レッドフォードの同僚ジョン・ロビンソンは、今はWCS（Wildlife Conservation Society）の国際的計画部門の長であるが、自然保護と開発の間の連繋についての『かけがえのない地球を大切に』の見方は単純すぎるし、それは「高潔な未開人という観念を楽観的に人類全体に普遍化している」と説得的に論じた(注49)。彼はこの宣言を、生物多様性全体の保護保全よりは人間の福利改善の方を強調している、として批判している。彼が指摘しているように、地球の一部を持

続可能的に利用することは、その地域の生物多様性を保護保全することと等価ではない。持続可能的に収穫されているトウモロコシ畑は、それと同面積の熱帯降雨林でできるよりも高い物質生活水準で、多くの人々を支えることができる。従って、持続可能な開発をすることを目差すプログラムが、自動的に野生動物保護の方策を改善することになることはないだろうし、それどころか、それが野生生息環境と種（wild habitat and species）を失わせることになる可能性は非常に高いのだ。

　また、自然保護は、地域住民に「権限委譲」した方が政府という上位レベルの庇護の下に行なわれるよりもうまくいく、とは限らないだろう。カトリナ・ブランドンとマイケル・ウェルズが、自然保護と開発とを統合したプロジェクトについての幅広い総説で指摘したように、地域住民は、一度全面的に権限を委譲されたら、資源を、将来に考えられる需要によりもむしろ現在の彼らの需要に基づいて、持続可能でないやり方で利用してもかまわないのだ[注50]。結局のところ、世界のほとんどの人々はいつでも資源を保全するよりはむしろ消費してきたのであって、その点ではアフリカも他の地域と少しも違わない。例えばアンドルー・ノスは、中央アフリカ共和国のザンガの森での現地猟師についての入念な研究の結果、この猟師たちは保全主義者というよりはむしろ「便宜主義的捕食者」［訳注：生態学用語で、餌動物が一定しておらず、状況に応じて餌動物を切り替える補食動物のこと］であって、彼らの猟によって獲物が絶滅してしまったら直ちに別の活動に切り替えるだろう、と結論した[注51]。いずれにしても、外国資金による開発プロジェクトが地域社会により多くの権限委譲をもたらすことになる、ということはあまりありそうにない。マーク・パイアースが地域社会を土台にした自然資源管理プロジェクトについてのセネガルでの研究から結論したように、そのようなプロジェクトは根深い社会的文化的慣習を変化させることはほとんどないし、それが外部の資金提供者への依存という心情を生じさせてしまうので、（それは）自分たちの問題を自分たちで解決しようというその地域の人々の意欲を低下させてしまうのだ[注52]。

　ここで論じてきたように、野生動物保護団体が開発を受け入れそれに便乗してきたのは、脅かされている自然を救うために最も有効な方法は明らかに人間の経済開発である、という理由からではなかった。それは主として資金調達上の都合と政治的妥協との結果であった[注53]。しかし現在では、経済開発アプローチが自然保護をするための、唯一ではないとしても、最良の方法として広く受け入れられている。おそらくこれは、自然保護の側にとって利用できるようになってき

た資金の問題のためだけではなくて、いろいろな神話がわれわれの活動に強い影響を及ぼしているからであろう。

展望

以下の4章では、西アフリカの3つの国——シエラレオネ、ナイジェリア、ガーナ——で私がかかわってきた森林保護プロジェクトについて記そう。これらのプロジェクトはすべて1980年の世界保全戦略の刊行後に始まった。シエラレオネでのプロジェクトは、ティワイ島の野生動物サンクチュアリの設立を含んでいた。ティワイ・プロジェクトの歴史を記すに当たっては、地域社会と協力して自然保護地区を作ろうとした時に起こった問題のいくつかを例示し、また、そのようなプロジェクトはもっと大きい政治的経済的な力の前ではいかに弱いものであるかを示そうと思う。ナイジェリアとガーナでの経験を記す時には、IUCNとUNEPとWWFの戦略が描いたような、開発と地域社会指向の自然保護アプローチを実施しようとした試みが、森林の野生動物の生存に関してもたらすことになった深刻な結果について、いくつかの例を挙げようと思う。また、これらの国で私がよく知っている自然保護プロジェクトは、森林とそこの野生動物が生残るための見通しを真に改善するためにというよりは、コンサルタントや行政官の将来と資金調達の見通しを改善するために、企画立案されてきたように見えることがいかに多いか、ということも示そうとしてみたい。そのような結果が、自然をそれの固有の価値とか美的価値とかの故に保護するということよりも人間の物質的福利の方を優先させたことからの、ほとんど必然的な帰結であることは確かである。

第4章　ティワイ島：地域社会主体の1つの自然保護プロジェクトの盛衰

　西アフリカのシエラレオネの東南部は、20世紀にかなり入るまで外部の世界からほとんど影響を受けていなかった。イングランドからの「解放奴隷（Black Poor）」の最初の移住植民地は1787年にシエラレオネの海岸に設けられて、そこが後にフリータウンの町［訳注：現在の首都］となったのだが、この町を越えてシエラレオネ保護領が設立されたのはやっと1896年になってからだった[注1]。19世紀後半にはシエラレオネ＝リベリア地域一帯で部族抗争が増加した[注2]。シエラレオネ東南部で最も有勢な部族はメンデ族で、彼らはこの抗争の際に多数の奴隷を捕えた。この地域の他の人々もそうだったが、メンデ族の間では奴隷を持つのはふつうのことで、19世紀後期にはメンデ族地方の人口の50％は奴隷であったと推定されてきた[注3]。奴隷のほとんどは農耕をさせられていて、一人の差配人の監督下で彼ら自身の集落に住んでいた。メンデ族地方の中でも辺境の地域であるプジェフン郡のようなところでは、1920年代になってさえ人口の半分以上が奴隷であった[注4]。

　プジェフン郡の端っこ、モア河の中に広さ5平方マイル（13平方キロ＝3.6キロ平方）のティワイ島があり（この島名はメンデ語で「大きな島」という意味である）、この島に面したモア河の西岸にカンバマという小さな村がある。この村のパ・ルセニ・コロマ（写真11を見よ）が私に話してくれたことによれば、ティワイ島周辺の村々の首長たちは20世紀初期にはこの島に奴隷を抱えていた[注5]。奴隷たちはこの島で小さな集落に住んで、島を耕作していた、とパ・ルセニは言った。カンバマ村の老人たちはティワイ島の9つの集落の名称をまだ覚えていて、パ・ルセニによれば、個々の集落はそれぞれそこに耕作権を持つ1人の地域「有力者」の下にある奴隷グループの家であった。

　1896年以後、シエラレオネ保護領のイギリス植民地行政府は部族抗争と奴隷

売買を止めさせようとした。パ・ルセニは子供の頃に父に連れられて「バンダジュマ・ナロー」でイギリス人の総督か高級官吏かに会いに行ったと言った。パ・ルセニによれば、「その白人は人々に、争うな、互いに仲良くしろ、と話した[注6]。」しかし、奴隷制度が非合法化されたのはやっと 1928 年のことだった。その時かその直後にティワイ島の集落は放棄されて、この島は両岸の本土ほどひどくは耕作されなくなった、と思われる。

　ティワイ島の奴隷農耕システムが終わって約 50 年後に、私は初めてこの島を見た。それは 1979 年 8 月 6 日であった。私はカンバマ村までそこに一番近いバイアマという村から歩いて行った。シエラレオネは雨季の真最中で、数週間前に私がこの国に着いてからずっと激しい雨が降り続いていた。カンバマ村に着くためには氾濫した沼田を渡り[注7]、小さな丘を登って村に入らなければならなかった。私は、パ・ルセニなどの長老たちに私が訪れた目的を説明した後に、彼らの後に付いてモア河の岸へとコーヒー農園の中を下った。モア河はシエラレオネの大河の1つで、ニジェール河源流近くのシエラレオネとギニアの国境の高地に発している。私はカンバマの岸辺でモア河の姿に魂を奪われてしまった。ここは、原型的な熱帯の大河で、木々に縁取られた両岸の間を広くゆったりと流れている（写真 12 を見よ）[注8]。私は数人のガイドと丸木舟にこわごわ乗って、この河をティワイ島へと漕ぎ渡った。この旅行の結果、ティワイ島は、地域社会からの人々をしっかり巻き込んだ降雨林研究・保護プロジェクトの場所となることになり、シエラレオネで最初の法的な野生動物保護地域となった。

　この章ではこのティワイ・プロジェクトの歴史について、数十年間の無能な腐敗した政府のせいで起こった内戦に直面してそれが結局崩壊するところまで含めて、記述する。私が霊長類の行動の研究のためにこの島を選ぶことにしたのは、この島以外の西アフリカの森林帯の多くの部分では、霊長類などの哺乳類に対する商業的狩猟が激しくなって、そのような研究が不可能になりつつあることに気付いたからであった。私は、野生動物へのこの圧力を知って、ティワイ島では研究だけでなく野生動物サンクチュアリも計画することにした。初めから私は、地域の人々がそれの管理に密接にかかわるようなサンクチュアリを考えていた。私は、シエラレオネの中央政府が資源保全でもその他多くの分野でも有効に機能していないのを知っていたから、それが一番いいやり方だと思ったのだ。しかし、本章で示そうとするように、地域社会を主体にした自然保護というのは言うは易く行なうのは難しい仕事である。ティワイ島では、地域の対立がサンクチュアリ

写真11　カンバマ村のパ・ルセニ・コロマ。1983年にシエラレオネのティワイ島にて撮影。この村で最年長のパ・ルセニは、この地方にヨーロッパ人が初めて来たのを覚えていた。

写真12　最初の出会い。1989年8月にカンバマ村の水辺から見たモア河。右側の男は、私たちがティワイ島（背景の中央）に行くのに使う丸木舟から水をかい出している。

第4章　ティワイ島：地域社会主体の1つの自然保護プロジェクトの盛衰　89

写真13 コートジボアールのタイ国立公園でのオリーブコロブス。頭頂の直立した冠毛がこのサルの特徴である。(ノエル・ロウ撮影)

　管理組織の立ち上げを阻んだし、外部の大きな力が私たちの計画に及ぼす影響を避けることはできなかった。そのような外力には、中央政府や国立大学の有力人物も、シエラレオネのNGOや外国に本部のある団体も、含まれていた。1982年から1991年までは、私たちの霊長類研究プロジェクトとそれに関する資金のあることが、外力がティワイ島に影響しようとたくらんだ時に、自然保護活動にとっての頼みの綱となった。しかしこの研究プロジェクトも、ひとたび法と秩序が完全に崩壊してしまうと継続することはできなかったのだ。

　オリーブコロブス：西アフリカのユニークなサル

　1979年に私がティワイ島に行ったのは、オリーブコロブスの研究ができる場所を捜している途中のことだった。私はその1年前にニューヨーク市立大学(CUNY)ハンター・カレッジ人類学教室の教授団に加わっていた。ハンター・カレッジに就職した時、私は南インドでの霊長類研究と森林保護活動を続けたいと思っていた。だが、その頃インドでは外国の科学者は歓迎されておらず、第2章

に記したように、インド中央政府は私の計画した継続研究を認可しなかった。そこで私は別の選択肢を考え始めた。西アフリカはいまだに私を魅了していた、そして、そこの森林のユニークなサル、オリーブコロブス、も（写真13を見よ）。

トム・ストルゼイカーと私は、ウガンダのキバレの森でクロシロコロブスとアカコロブスの間に生態上行動上の一連の違いを見付けて、そのような違いの進化上の起原について考えたことがあった[注9]。私は、2人の考えの一部は3つ目の種類のコロブスであるオリーブコロブス、それ自身で興味深い動物を徹底的に研究することによって検証できる、と考えた[注10]。西アフリカに戻るように私を誘惑する要因はもう1つあった。西アフリカの霊長類は霊長類生態学の初期のいくつかの論文を特徴づけるものではあったけれども、1950年代後期に熱帯野外行動学という新しい波が始まってからは、この大陸のこの地方では霊長類の長期観察研究がほとんど行なわれてきていなかったのだ。

科学者が居ることに動物たちを慣れさせておいて何ヵ月にもわたって彼らを観察する、ということが野外研究の標準的なやり方になる以前の時代において、降雨林の霊長類の自然誌に関する最も詳細な報告の1つの主題がオリーブコロブスであった。その報告は動物学者アンガス・ブースによる1957年の論文である[注11]。ブースは1951年にイギリスからゴールドコーストに行って、そこのユニバーシティカレッジ（現在のガーナ大学）の教員になった。彼はガーナおよび隣接するコートジボアールを広く旅行して、哺乳類や鳥類や爬虫類を採集した。彼は霊長類に特に興味関心を持つようになり、自分の採集した動物の行動を注意深く書き留めていた。ブースは採集旅行の成果を数多く発表し[注12]、彼の論文はアフリカの哺乳類相の進化における氷河時代の気候変化の役割について、今日の考え方の発展に大いに寄与した[注13]。ブースの書いたものはほとんどが種グループを扱っていたのだが、オリーブコロブスの論文は例外で、この1種だけを扱っていた。彼の言うところでは、彼がこの種を別扱いしたのは、それの自然誌についてはそれまでほとんど何も報告されていなかったから、というだけでなく、ロンドン動物学協会のW.C.オスマン・ヒルが最近、それの内部外部形態について（特に、その動物園のジャック・レスターがシエラレオネで採集した標本に基づいて）詳細な報告を発表していたからでもあった[注14]。ブースの論文はオリーブコロブスの生態、例えば母ザルが赤ん坊を口にくわえて運ぶ習性や他種のサル、特に、小形のグエノン類の群れと連れ立つ傾向などについて数多くの興味ある洞察を提供していた。しかしブースは、彼の研究の性格からして、他の場所でのコロブ

写真14　1984年、シエラレオネのカンバマ村近くで猟師に殺されたクロシロコロブスの死体を調べるジョージ・ホワイトサイズ（左）とリー・ホワイト。これらのサルの肉はリベリアに送られることになっているという。

についてのデータと比較できるような長期の定量的な行動のデータを持ってはいなかった。彼ならそのような情報を集めるところまで行ったのかもしれないが、彼は1958年に急死してしまった(注15)。

西アフリカ調査でサル肉売買の増大判明

そんなわけで私は1978年に、オリーブコロブスの生態と行動の長期研究に適した場所を捜すための調査を計画し始めた。私は、他種のサルも研究することができ、またCUNYの学生たちが研究や実習をすることができる、というような場所を見付けたいと思った。この調査を計画するに当たって私は、オリーブコロブスが見られることを私が知っていた諸国、シエラレオネ、リベリア、コートジボアール、ガーナで仕事をしている科学者たちに連絡をとった。リベリアでは野生動物の狩猟が非常に激しいので、森林性のサルを観察するのは難しいだろうし、それをすぐ近くで観察できるように人慣れさせるのはほとんど不可能だろう、ということだった(注16)。ガーナは経済的政治的に大変な危機にあるので、食糧や燃料のような必需品を入手するのが非常に難しくて、野外調査を組織するのは極端に難しい、と教えられた。このような理由で私はシエラレオネとコートジボアールに焦点を絞ることにした。

シエラレオネで主に連絡をとったのは、ウガンダのマケレレ大学で知り合っていた動物学者ピーター・ホワイトで、彼は1975年からシエラレオネのニャラ・ユニバーシティカレッジ［訳注：首都フリータウンにあるシエラレオネ大学のニャラ分校］の生物科学教室の教授団の一員だった。1979年に教室主任になったホワイトは、彼の教室での研究を奨励しようとしていたし、その国で外国の科学者を大いに歓迎する姿勢を記していた。彼の報告では、シエラレオネではサルは比較的多くて観察も容易であるという。なぜなら、この国の森林地帯の人々の多くは、西アフリカの他の地方の人々と違ってイスラム教徒で、サルの肉を食べないからだ。

私は1979年7月半ばにニャラ・カレッジに着き、続く6週間の多くを費してシエラレオネ東南部の森林を調査して廻った。オリーブコロブスがいるという記録がそれまでにあったのがこの地域だった。ニャラは、そもそもは第1次世界大戦の終わり近くにシエラレオネ植民地政府農務局の本部と試験場として創設されたものであって、そこの主目的の1つは、昔からの焼畑農耕システムの効率を改良するような輪作システムについて研究することだった(注17)。シエラレオネでの焼畑農耕の歴史が長いことは、この国を旅行して廻るとすぐによくわかった(注

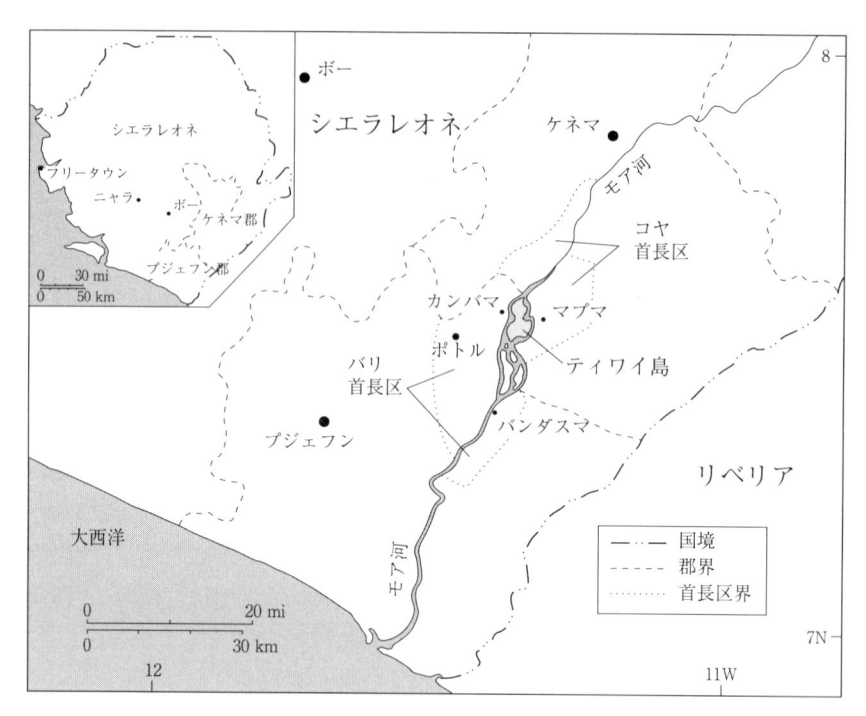

地図6　シエラレオネ東南部のティワイ島の位置。本文に記した首長区や郡の境界と町や村との関係を示す。

[18]。私は森林がほとんど残っていないのを見てガッカリしたし、商業的サル猟の行なわれている証拠が広く見られて不安にもなった。この猟の大部分はリベリア人によって行なわれるか組織されるかしていた。サルの肉はその頃シエラレオネでは一般的なものではなかったが、リベリアでは喜んで食べられていた。リベリア人は自分の国の行き易い地域で大形中形哺乳類の個体数をひどく減少させてしまっていたので、近隣諸国に眼を向けてきていた。私の聞いたところでは、少なくとも私が行く10年前からリベリア人がシエラレオネに来るようになっていた。彼らはふつう乾季に自分の銃を持ってやって来て、森林保護区とか集落とかにキャンプを設営し、そこを基地にして森を捜し廻り、しばしば1週間で数百頭のサルを殺す（写真14を見よ）。キャンプに戻るとサルの死体は手足を外されて燻製にされる。何週間かすると小型トラックが燻製の肉を集めてリベリアに運ぶ。村人は概してこの猟師たちを歓迎していた。村人たちはサルを害獣だと考えていたが、自分の銃はほとんど持っていなかったのだ。不幸なことに、リベリア人猟

師は、大きくてよく目立つ種（アカコロブス、クロシロコロブス、ダイアナモンキー）が比較的獲り易くて弾薬の効率が一番良いので、それに注意を集中しているように思われたが、これらの種は作物にほとんど害を与えないのだ。

　シエラレオネの田舎は、一部に鉱山業で潤っている人々が少数いたけれども、ナイジェリアやウガンダやインドで私が見慣れた地域よりは貧しかったし、そこのインフラストラクチャーはこれらの国よりは貧相だった。シエラレオネ政府は十分に機能していなくて、リベリア人が獲っているコロブス類は法律で保護されていたのだが、その法が執行されている様子はなかった。実際、私はこの郡の中心であるプジェフンの町で警官がアカコロブスを獲るのを見た。この国の定住外国人たちは、狩猟圧が増大しつつあり、サルを見付けるのは難しくなってきている、と報じた。私の訪れた村のほとんどで村人たちはリベリア人猟師のことを知っていたし、私もそのような猟師グループに2度出会った。

　従って、私がシエラレオネで初めての数週間から得た印象は、この国でオリーブコロブスなどの霊長類の長期研究に適した場所を見付けるのは容易なことではないだろう、というものだった。私が見た比較的広くてほとんど荒らされていない森林は、数少ない政府管理の森林保護区の山地部分にしかなかった。このような保護区では、オリーブコロブスは一度も見られず、狩猟の証拠は豊富に見られた。そのような保護区の1つがカンブイ山地北保護区で、私はそこではケネマの町の10マイル北のバンバウォに泊ったが、そこは以前のクロム鉄鉱山の場所で、鉱山の建物は一時林業学校になっていたが、結局放棄された。ジェラルド・ダレルは1965年の採集旅行の際にバンバウォを基地として使い、彼のジャージー動物園のためにクロシロコロブスをつかまえていた[注19]。私は、カンブイ山地に最初に入った時、6人の男がサル肉の燻製の束を頭上にのせて森から出て来るのに出会った。1人の林務官は、警察にこの森に来て猟師たちを森から追い出すように要請した、と私に言ったが、私がこの保護区にいる間には警官の姿は見られなかった。カンブイ山地ではゲノン類のサルはいくらか見られたが、コロブス類は見られなかった。

奴隷の島への最初の訪問

　私がオリーブコロブスを見た場所は、幅の狭い河畔林と集落近くの小さな林だけで、そのどこも長期の生態研究にとって良い場所には見えなかった。だが私は、1959年と1961年の空中測量に基づいた地図を詳しく調べているうちに、この国

の東南の外れにあるモア河の中の大きな島に目を惹かれた（地図6を見よ）。ティワイと記されていたこの島は、人家がなくて主に森林に覆われているというように表現されていた。モア河まで行く道路は描かれていなかった。私はティワイ島には行ってみる価値があると考えた。というのは、文献と私の観察とからするとオリーブコロブスは河畔林によく見られると考えられたし、道路がなくて行きにくいということがその島を狩猟からある程度保護してきたかもしれないからである。

　私は公共交通機関（ポダポダと呼ばれる小型トラックによって運行されていた。写真15を見よ）でプジェフン郡のポトルという町まで行き、そこで車を雇ってさらに8マイル東北のバイアマ村に行った。私の地図によればこの村が車で行ける路でティワイ島に一番近い村だった。ポトルで私は、開発援助団体CARE［訳注：略語解説を見よ］がプジェフン郡に新しい支線道路を建設中で、バイアマ村への道路を改良しているところだ、ということを発見した。従ってバイアマ村までのドライブは容易だった。そして私はそこからガイドと一緒に約1.5マイルを歩いて、モア河のほとりの小さな村カンバマに着いた。

　カンバマ村の人々は好意的、協力的で、快く私をティワイ島に連れて行ってくれ、そこを見て廻らせてくれた。私は、習い覚えたメンデ語のサルの名を使って村人たちに質問し、彼らがシエラレオネ南部の森林性霊長類をチンパンジーも含めてすべてよく知っているということを知った。彼らの言うところでは、この島にはそれらのサルの種がすべているし、チンパンジーもたくさんいるという。

　この最初の日に私はティワイ島に5時間いた。この島は実際ほぼ森林に覆われており、古い大木も多かった。しかし、その林冠は各所で途切れており、その他にも人間による攪乱のしるしが見られた。歩いてみると、少数だが伐開された農地があり、「ファームブッシュ」（最近放棄された農地）もいくつかあった。おそらく、奴隷農耕が行なわれていた頃にはこの島のかなりの地域が農地だったのだろうが、その頃でもかなりの地域が休耕地だったに違いないし、今は放棄されている集落の近くには木立が残されていたことだろう。1928年にシエラレオネで国内奴隷制度が廃止された後に、この島の人口は減少して、森林が再生してきたに違いない。農耕は現在では再び増加しつつあるように見えた。

　リベリア人猟師はこの島に渡ってこないと聞いていたけれども、森林内の小径では少数の古い薬莢に気付いた。とはいえ、霊長類は多かったし、この島のサルは私が訪れた他の場所のサルよりも人間を恐れていないように思われた。私はダ

写真15 著者が1979年にティワイ島に行く途中でポトルまで利用した乗り物。このポダポダの後上部にある標語は、「食物をくれる手を噛むな」のクレオール表現である。

イアナモンキー、キャンベルモンキー、アカコロブス、マンガベイに出会い、クロシロコロブスの声を聞き、チンパンジーの古い巣を見た。オリーブコロブスがいるという証拠は見られなかったが、ガイドたちは、そのサルはこの島にいて河畔の若い茂みの地域を好んでいる、と請け合った。従って、ティワイ島は研究地としてかなり可能性があるように思われたのだが、そこには研究基地に使えるような施設は全くなく、そこに行くのは大変だった。だがCAREの技術者たちは彼らの新しい道路がその年のうちにカンバマ村に達するはずだと断言したので、そうなれば研究者たちがティワイ島に行くのはずっと楽になるだろう。ただし残念なことに猟師たちも来やすくなるだろうが。この島に行ってから3週間後、シエラレオネを去ってコートジボアールへと研究地捜しの旅を続けた時、私はティワイ島以上に長期研究にとって有望な場所を見付けてはいなかった。

研究地を決める

西アフリカに出掛ける前に私は2人のフランス人科学者、ジェラール・ガラと

アン・ガラに接触していた。この2人はコートジボアールの有名なタイの森——そこは今では国立公園になっていたが——で霊長類の研究をしていると聞いていた。ガラ夫妻は彼らの研究地に来ないかと言ってくれた。そして、私がシエラレオネからアビジャン空港に着いた時、この2人が出迎えてくれた。数日後、私たちは彼らの小さなピックアップトラックでその国の西南端近くにあるタイの森に向かった。その途中、すれ違う材木輸送トラックの数の多いことと、ほんの数年前までは一面の森林であったに違いない土地の荒れ果てた姿とに私はすっかり驚いてしまった[注20]。

　タイの森そのものは非常に印象的であって、そこはいくらか択伐されてはいたけれども多くの大木が残っていた。私はこの森で3日間に、オリーブコロブスも含めて7種のサルを見たし、ゾウやコビトカバやヒョウの足跡も見た。だが私は、アン・ガラがオリーブコロブスの研究を計画していることも知り、同一の地域での霊長類研究に許可が出る見込みはないだろうと言われた。私は、別の場所で研究計画を立てようとするに限ると結論した。そこからのどんな結果でもタイの森でのガラ夫妻の発見と有効に比較することができるだろう[注21]。

　そこで私は1980年1月にハンター・カレッジでの授業が終わると急いでシエラレオネに戻って、そこのオリーブコロブスについてもっと知ろうとし、ティワイ島の研究場所としての可能性をもっと確かめようとした。今度は乾季だったし、特に、ピーター・ホワイトが彼の車を貸してくれたので、シエラレオネでの旅はずっと容易だった。CAREの道路はカンバマ村まで完成していたので、私はこの村まで車を乗り着けることができた。私は老首長パ・ルセニに挨拶してから2人の男とティワイ島にまた渡った。

　この2人、ラミナ・コロマとムスタファ・コロマは首長の息子だった。今度はこの島に7時間いて、南部の新しい地域を廻った。乾季だったので、イネの畑が何ヵ所かで新しく作られようとしており、私は数人の農民と出会い、新しい薬莢をいくつか見た。1人の農民は、リベリア人が島に来て多数のサルを殺していったと語った。それでも、私はサルの群れに12回も出会った、ただし5ヵ月前に見た群れよりも用心深いように見えたが。前回に見た4種のサルはどれも良く見ることができたし、今回はショウハナジロゲノンとクロシロコロブスも見た。まだオリーブコロブスは見られず、その声も聞けなかったが、今回もそのサルはいると断言されて、それが葉を食べたという木を見せられた。私はまたコビトカバの糞も見たが、この動物は西アフリカのシエラレオネとその周辺の諸国だけに分

布するもので、今では個体数が非常に少ないのである。

　私はティワイ島の霊長類など野生動物に強い印象を受けたが、同時に狩猟の脅威が大きくなってきていることも気になった。私はシエラレオネ政府に報告書を書き、その中で、リベリア人の狩猟を取り締まることだけでなく、ティワイ島に霊長類保護区を創ることも勧告した。そして、その第一歩としてこの島の西側のバリ首長区と東側のコヤ首長区との大首長 2 人と協議するべきだと提案し［訳注：本章の注 31 参照］、保護区が創設された場合に地域住民が農耕制限から蒙るかもしれない損失は、保護区管理の仕事への雇用機会を提供し、観光客向けに開発されるであろうさまざまな施設の管理にも彼らをかかわらせることによって補償できるだろう、と示唆した[注22]。

　1980 年 4 月に私がこの報告書を提出した時には、シエラレオネでは野生動物保護にとって将来は明るくなってきたように見えていた。シエラレオネ政府の要請で 1978 年に英国文化協会はオックスフォード大学の生態学教授ジョン・フィリップスンに、この国での野生動物保護の必要性についての報告書を作成するための研究費を出していた[注23]。フィリップスンは多くの提案をしたが、その中で彼は、ずっと前から動物保護区やサンクチュアリにすることが提案されてきていたいくつかの地域を直ちに官報公示するように勧告し、また、森林局の野生動物保護部にもっと多くの予算と職員研修の機会とを与えるようにと主張した。私が 2 度目にシエラレオネに行った時には、ゲザ・テレキがこの国でのチンパンジー個体群の調査をすでに開始していた。テレキはこの調査に基づいて、シエラレオネ西北部のすでに 1965 年に動物保護区にすることが提案されていた 2 つの地域、オウタンバとキリミのチンパンジー個体群は非常に重要だから、そこは国立公園とするべきだと結論した。テレキはこの国立公園を発足させるプロジェクトにWWFの支持を得て、アメリカ合衆国で資金募集と宣伝のキャンペーンを始めた。また、テレキとピーター・ホワイトは、ニャラ・カレッジで野生動物管理学の修士課程を新設する計画も立て始めていた。この課程は、拡大されるシエラレオネ自然保護活動のために必要となるはずの新しい幹部を養成するのに役立ち得るであろう[注24]。

　私がティワイ島での研究プロジェクトの可能性を考えたのは、このような背景があったからだった。私は、そこにオリーブコロブスがいるのを自分の眼で見てはいなかったのだが、それでもそこにこのサルがいると確信していた。この島は野生動物保護地域として研究場所としての可能性を持つと思われたが、マイナス

の面もあった。研究施設はゼロから作らねばならなかったし、公共交通機関でそこに行くのは難しいから車を1台以上手に入れねばならなかった。経験を積んだ研究補助員で辺鄙な土地で長期間生活しようとする人々も見付けねばならなかった。

私は、1980年6月に北カロライナ州ウィンストン＝セイレムで開かれたアメリカ霊長類学会で私の南インドでの研究を発表しに行った時、これからどうするか、まだ迷っていた。ここで私はジョージ・ホワイトサイズに出会った。彼は北カロライナ州生まれで、ジョンズ・ホプキンズ大学で修士論文を仕上げているところだった。彼はその論文のためにカメルーンのドゥアラ・エデア保護区で霊長類の混群の研究をしてきていたし、南アメリカやインドやネパールでもフィールドワークをしたことがあった。ホワイトサイズはその時、博士課程に進むことを計画しており、博士論文研究はアフリカで霊長類の群集生態について行ないたいと考えていた。私が彼にティワイ島のことを話したところ、彼はそこの可能性に大いに興味関心を持った。私たちは接触を維持した。だが私は、ティワイ島でのプロジェクトを進めると最終的に決める前に、ナイジェリアのアヤンバ地域を再訪することにしていた。そこにはオリーブコロブスの隔離された個体群がいると聞いていたからだ。

ティワイ島での研究の発展

1981年1月にアヤンバに行った時のことは第5章で記す。その地域は長期間の行動研究に適していないことが判ったので、私はティワイ島でのプロジェクトの計画を進めることに決めた。ニャラ・カレッジのピーター・ホワイトは彼の教室を基地にしたそのようなプロジェクトをまだ行ないたがっていたし、ジョージ・ホワイトサイズはまだそれに参加したがっていた。ホワイトサイズはその時はマイアミ大学の大学院にいたが、そこでの彼の指導教員は私がインドで一緒に仕事をしたスティーヴン・グリーンだった。1981年の間にグリーンとホワイトサイズと私は資金援助機関への計画書の作成を始めた。ティワイ島での研究プロジェクトは、そこが辺鄙な土地であり諸施設がないために、かなり多額の資金を必要としていたのだ。幸いなことに私たちはアメリカ合衆国国立科学財団とニューヨーク市立大学研究財団とから補助金を得ることができ、次の年に研究を始めるように準備にとりかかった。そして1982年3月にホワイトサイズはシエラレオネに行き、フリータウンとニャラで資材機材と諸手続を手配し、ティワイ島とそ

の周辺の地域を見て歩いた。彼はオリーブコロブスがティワイ島にいることを確かめ、この島が実際シエラレオネのこの地方で最も研究に適した場所であることを確認した。私は、ナイジェリアに行ってから［訳注：第5章参照］6月にホワイトサイズに合流した。そして私たちは、続く4週間かけて、周辺の首長たちから私たちの研究についての承認を得て、この島の西側、カンバマ村の下流にベースキャンプを設営し、島の森林の中に観察用の小径を格子状に伐開し始めた。

このティワイ研究プロジェクトは続く数年で大きく発展した。1991年4月にこの地域に反徒が入ってきて、この場所を放棄しなければならなくなる時までに、オリーブコロブスやその他3種の行動生態についての長期研究を含めて、多くの研究がこの島の霊長類について行なわれた[注25]。広い植生研究区が設定されて継続観察され、植物の化学や土壌の研究もなされた[注26]。また、マングース、齧歯類、電気魚や霊長類の寄生虫についても、人間の森林資源利用についても研究が行なわれた[注27]。アングリア・テレビはこの島についてチンパンジーを中心にして長編ドキュメンタリー番組を製作した。ティワイ島のチンパンジーはその周辺の西アフリカのチンパンジーと同じく石を使って殻の堅い木の実を割って油脂に富んだ種子を取り出すのだが、アングリア・テレビのチームは森林内でブラインドからこの行動を撮ることができた[注28]。

シエラレオネ最初の保護区の設立

だが、基礎的な生態研究はティワイ・プロジェクトの一部分でしかなかった。1979－81年に西アフリカで行なった調査で私は、この地方の森林と野生動物に加えられている破壊的な力がいかに大きいか、特に、これまでそれが大して及んできていなかった地域でサルに対する狩猟圧がいかにひどいか、を痛感した。この時から、自然保護活動が私の仕事の中で大きな部分になった。

初めてティワイ島に行った時から私は、この島は特別な保護の対象に値すると感じてきた。シエラレオネの降雨林帯で、この国の森林性霊長類のすべてをこれほど容易に見ることができる地域は、この島の他にはなかったし、この島は小さくて、モア河という天然の障壁に囲まれているので、比較的容易に保護できる地域だった。この島では地域の村人たちによる狩猟はほとんどなかった（彼らの動物性蛋白質源はほとんどが魚類であり、モア河には魚が多かった）。この島では農耕が行なわれていたけれども、それはこの数十年間は比較的軽微なものだった。だが、私が初めてティワイ島に行った直後の数年の間にリベリア人による狩猟の脅

威はうんと大きくなったし、シエラレオネの農村人口が増大しシエラレオネ経済が停滞するにつれて、農耕の圧力は大きくなった。私は、ティワイ島がシエラレオネ南部の森林保護区以外のほとんどの地域と同じ道を辿って、サルなどの哺乳類の密度と多様性が低いファームブッシュに主としてなってしまう前に、そこでの自然保護施策を急いで始めるべきであろう、と感じた。しかしそれはどのようにしたらできるのだろうか？　私はそれまでの調査で多数の森林保護区を訪れてきていた。そして、シエラレオネ森林局（そこがその野生動物保護部を通して狩猟関係の法律も執行していた）は予算が乏しくて、既存の保護区をキチンと管理運営していない、ということを知っていた。森林局は非常にわずかの車輛しか持っていなかったし（それもほとんどが首都フリータウンにあった）、職員の給料は安くて装備は貧弱だった。ティワイ島が例えば動物保護区というような、森林局によって運営される法律上の地位を得たとしても、それは紙上のものでしかなくて実効がほとんどない、ということになるだけだろうと私は考えた。従って私は、ティワイ島周辺の人々と、それよりもっと地域に根付いた野生動物保護プログラムについて話し合いを始めた。

　私たちのベースキャンプと私たちの最初の研究地域となったその隣りの森林は、カンバマ村からの人々が農耕していた土地にあった。私たちは、私たちが研究を支障なく行なうために毎年小額の金を払い、また、カンバマ村の住民をフィールドとキャンプの手伝いとして雇い、その見返りに彼らは研究地域の森林を農耕したりその他乱すようなことをしたりしない、ということでカンバマ村の長老たちと合意した。それと同時に、カンバマ村をその中に含んでいるバリ首長区の大首長 V.K. マゴナ6世は、この島での狩猟を禁止することに同意した［訳注：本章注31を参照］。また私たちはこのマゴナ大首長およびカンバマ村のリーダーたちと、この島にもっと恒久的な自然保護地域とフィールド・ステーションを設立するにはどうするのがいいだろうか、ということについて話し合いを始めた。私たちの考えた1つの可能性はニャラ・カレッジとの正式契約で、この首長区がニャラに長期契約でこの島を貸与し、大学がこの島を管理する、というものだった。私は1983年8月にフリータウンの森林局本部でプリンス・パルマーにこのような考えを相談した。するとパルマーは、この国の1972年の野生動物保護法によれば、その地域の人々は、ティワイ島が動物サンクチュアリであると布告されることを要請することができるのだ、と示唆した。パルマーの説明によると、サンクチュアリと布告されてもその地域は地域住民の手中に残る［訳注：国有化はさ

れないということだろう］が、そこは国法の下で狩猟から守られるし、農耕を続けることもできる。私たちは、少々の農耕はハビタットの多様性を保持するから自然保護と両立し得る、と考えていた。

動物サンクチュアリというパルマーの示唆は追求に値するもののように思われた。そうなっても、恒久的な研究ステーションの設立についてニャラ・カレッジと交渉を続けることと矛盾するわけではないだろう。そこで私はこの考えについてマゴナ大首長と話し合い、彼はこの問題を彼の首長区のジョルバ地区（ティワイ島はそこに属すると彼は言った）に提案した。この地区のリーダーたちはこの提案に同意したし、それはその首長区全体によっても認められた。そこでマゴナ大首長は1984年2月18日にフリータウンの森林局長に正式のサンクチュアリ要請文書を提出した。この要請が実現するまでには2年以上かかった。森林局は、この要請を受理してから、この場所がそれにふさわしいかどうか独自の調査を行ない、それから閣議のための資料を整えなければならなかったのだ。結局このサンクチュアリは1987年1月1日に誕生した――そこの野生動物のために特に保護されることになったシエラレオネ最初の地域であった[注29]。

自然保護活動の拡大

ジョージ・ホワイトサイズのダイアナモンキーの研究は1984年に終わり、ジョージナ・ダシルヴァとグリン・デイヴィーズがティワイ島の常駐霊長類研究者として彼を引き継いで、クロシロコロブスとアカコロブスの生態を研究した。研究者たちは土地の管理についての問題に次第に多くの時間をとられるようになり、また、私たちの研究キャンプには予定外の訪問者が次第に増えてきた。その大半は、この島とそこの野生動物のことを聞いてきたシエラレオネ在住の外国人たちであった。このことから私たちは、自然保護プログラムを別に設定する必要があり、そのプログラムのためにサンクチュアリ管理計画を作ったり訪問者たちのためのキャンプ場や自然観察歩道を開発したりすることのできる人間が必要である、と考えた。訪問者に対応するためのプログラムを別に設定すれば、研究者たちは楽になるだろうし、彼らが研究しているサルの群れへの干渉も小さくすることができるだろう。その上、小規模な観光プログラムは地域の人々に収入をもたらして、彼らが自然保護活動を支持し続けるようにしてくれるだろう。1985年に私たちは、フリータウンの森林局や平和部隊オフィスと、サンクチュアリ開発を手伝うことができるアメリカ合衆国平和部隊ボランティアを1人捜すことに

ついて話し合いを始めた。そして、すでにシエラレオネで教師をしていた1人のボランティアが見付かった。これがアン・トッドで、彼女は行動生物学の学位を持っており、ティワイ島にとても行きたがっていた。

トッドは、ニューヨーク動物学協会（現在の野生動物保全協会、WCS）の国際野生動物保護部（WCI）からの補助金を受けて、1986年7月からティワイ島で仕事を始めた。彼女は最初はティワイ島で起こっていることを人々に広く知らせることに集中して、この島の周辺の多くの町や村を廻って歩いた。人家のないところを長く歩くこともしばしばだった。そして、集会や学校で自然保護について話をした。1987年1月にはカンバマ村からの人々と協議してティワイ島に訪問者のキャンプのための場所が選定され、直ぐに草葺きの小屋の建設が始まった。霊長類研究地域の1つの中に自然観察歩道が作られ、道沿いの自然の興味深い様相について簡単な解説板が立てられた。トッドは地元の人々に教えて訪問者キャンプ場を管理運営させたりガイドとして働いてもらったりし、また、民芸品を作っている人々の組合を組織して、訪問者たちに売るための工芸品を作らせた。ティワイ・ネイチャーセンターは1987年9月に正式に開所し、最初の10ヵ月に190人の訪問者を受け入れた。そこは直ぐにシエラレオネ在住外国人たちにとって非常に人気のある休暇スポットの1つとなったし、周辺の学校からの生徒グループによっても利用された[注30]。

トッドは、教育と訪問者についてのプログラムを確立することに加えて、ティワイ島での研究キャンプの日々の世話と、首長区や政府の当局との関係の維持とに、多くの時間を費やさなければならなかった。ティワイ島とその周辺での研究活動と自然保護活動が拡大してくるにつれて、このような仕事に従事する人間を増やす必要性も大きくなってきた。この頃までに、フリータウンの平和部隊オフィスは森林局と一緒に、別の公園管理と自然保護のプログラムを展開しつつあった。私たちはこのプログラムにもう1人ボランティアを要請することにした——できれば、公園計画の経験があって、サンクチュアリ管理計画の展開を手伝うことができる人を。その結果、ビル・アイヘンラウプがティワイ島に来ることになった。彼は環境科学を専攻して、1983年から1985年までハワイのハレアカラ国立公園で働いたことがあった。アイヘンラウプは、トッドと同じくすでにシエラレオネにいて、ポトルの中学で理科を教えたり、養魚池建設を手伝ったりしていた。彼はポトルにいる間に、この地域でサル肉の取引が続いていることを観察して、気にかけていた。この商売は少数の有力者の手中にあって、彼らが地元の猟師を雇

い、燻製にされた肉をリベリア国境まで運ぶように手配し、そこで売るのだ。アイヘンラウプは 1987 年 9 月にティワイで仕事を始め、彼のフィールドワークは WCI からの補助金によって行なわれた。

　従って 1987 年はティワイが活発な年で、私たちが、霊長類研究に専念するプロジェクトから、恒久的な自然保護地域と、この国の内外からの学生と科学者が実習と研究に利用できるようなシエラレオネの研究ステーションとの、両者の管理運営を確立しようとするプロジェクトへと移行しようとした年であった。6 月に、ティワイ・フィールド・ステーションのこれからに関する会議が、シエラレオネ大学の新しい研究開発援助事務所 Research and Development Services Bureau の主催の下に、ニャラで開催された。この会議に従って、マイアミ大学と CUNY ハンター・カレッジは、両大学のメンバーがこの島での仕事にかかわり続け、シエラレオネ大学も（例えば管理運営を援助することによって）同様なかかわりを持つという条件で、毎年ティワイの基本運営費に相当する小額の寄付をすることに同意した。アメリカの両大学はまた、ティワイ研究キャンプで恒久的な建物の建設を始めることができる基金も贈与した。コンクリート土台の圧縮泥セメントブロック造りのこの建物は、1987 年末近くに建て始められて翌年に完成した。

ティワイ島をめぐるいざこざが始まる

　ティワイ島でサルの行動を研究していた初期の少数の外国人は、地域のリーダーたちにとって大した問題ではなかった。この状況は、私たちのプロジェクトが発展した時に変わった。人々は、この地域に外部からかなり大きな影響力と金が入って来ようとしているらしいし、長期にわたる土地管理問題が正式に提案されようとしている、ということに気が付いたのだ。このプロジェクトの初期に、バリ首長区の長老たちはティワイ島は全体がバリに入っていると断言していたし、カンバマの村人たちは自分たちがこの島に耕作権を持つ人間なのだと語っていた[注31]。しかし直ぐに、ティワイ島の向こう側つまりモア河の東岸のコヤ首長区もこの島の少なくとも一部は自分のものであると強く主張していることが明らかになった。フリータウンの内務省に問い合わせても、プジェフン郡の役所で古い記録を調べても（記録は熱帯の気候と昆虫のせいでボロボロだった）、首長区の境界がどこなのかという問題は解決しなかった。見付けることができた最も信頼できる首長区図はティワイ島をバリに入れているように見えたが、この島はそ

の地図上に正確に描かれてはいなかった。明らかに、ティワイ地域での首長区境界の位置は、これまで政府の注意を引いたことのない問題だった。空中写真に基づいて1965年に5万分の1の地図が作られるまでは、この島の正確な地図などというものはなかったのだ。私たちの知ったところでは、この島の所有権がそれほど問題になる1つの理由は、沖積土ダイヤモンドがこの島のまわりの河床と、それほどではないが流路沿いの島自体とに埋まっているということだった[注32]。シエラレオネ経済のその他諸部門が機能不全になるにつれて、ダイヤモンド採掘はますます重要な収入源となっていった。従って採掘権は非常に重大な問題であり、それは、ティワイ島はあちらのではなくこちらの首長区に属する、ということを明言した政府公示文書が出ることによって左右される可能性があったのだ。

　この地域の土地所有問題は地元の歴史のためにさらに複雑なことになっていた。最初のイギリス植民地官吏T.J.オールドリッジが支配者たちとの条約に調印するために1890年にこの地域にやってきた時、バリ地方の最高権力者(senior person)は「女王」ニアロだった[注33]。彼女は夫の死後にバリの支配者になったのだが、この夫はティワイ島の約12マイル南のモア河畔の町バンダスマの首長だった[注34]。カンバマ村のパ・ルセニの話では、ニアロの統治が始まった時にはティワイ島附近のモア河両岸がバリに属していた。しかし、パ・ルセニの説明によれば、ニアロはコヤ地方の首長に恋をして、彼はティワイ島の北のモア河東岸のボクボアブに住んでいた。そしてニアロはコヤのこの首長にティワイ島の東側にあるバリの一部を贈ったのだ[注35]。私たちのプロジェクトが始まった時、ティワイ島の近くでモア河東岸のコヤの村、マプマとセグブェマ、は西岸のカンバマ村とまだ密接な関係を持っていた。例えば、カンバマ村の有力者の1人で一時は集落首長になっていた男は、カンバマ村とマプマ村の両方に妻と家を持っていた。この2つの村が行政上の観点からも同一の「地域社会」であったのならば、ティワイ島の所有権と管理運営の問題はかなり容易に解決されたことだろう。しかしこの2つの村は、今では異なる首長区に属しているだけでなく、行政上異なる郡、異なる地方に入っていた（バリは南部州のプジェフン郡に、コヤは東部州のケネマ郡に）。

　1987年10月に、ティワイ島動物サンクチュアリ設置の政府公示を載せた官報が刊行されると、事態は急変した。サンクチュアリ要請書はバリの大首長マゴナと首長区会議によって1984年に提出されていた。そして、この官報公示ではティワイ島はバリ首長区に属するとされていたのだ。この公示が刊行されると、コヤ

の大首長 M.M. カネーは、ティワイ島へのコヤ首長区の権利も公式に認められるのでなければ、この島での自然保護活動と研究活動は停止されるべきである、と私たちに通告してきた。研究キャンプが壊されるだろう、サルが射殺されるだろう、というような脅しが流され始めた。

　従って私たちは、1987 年 12 月初旬にティワイ島でバリとコヤの首長たちの集会を開催するように手配して、この集会でこの野生動物サンクチュアリのための保護評議会（a board of trustees）を作ることを提案した。その評議会は、両大首長を議長とし、シエラレオネ大学と森林局と新しく作られたシエラレオネ自然保護協会(注36)との代表から構成される、としてはどうだろう。そして私たちは、この評議会がこの野生動物サンクチュアリを管理運営し、フィールド・ステーションの活動方針についてニャラ・カレッジと契約を結ぶ、ということを提案した。この集会で、この管理委員会（administrative body）を実現させるようにするために、ビル・アイヘンラウプが両首長区の間の調整係となるということが合意された。とはいえ彼は計画助言者（planning adviser）としての立場では何かしら特定の妥協策を提案することはできなかったであろう。

　1988 年になるとアイヘンラウプは、両首長区を満足させるような管理委員会の設立を進めるのは難しいと悟った。これは困ったことだった。というのは、アイヘンラウプは 2 年契約で来ていて、彼の管理計画は 1989 年 8 月末までに完成することになっていたのだが、現実的な計画を作るのは、両首長区や研究に関与する各大学の合意したティワイ・サンクチュアリ管理組織なしには不可能だっただろうから。従ってアイヘンラウプは、首長区係争の解決にフリータウンの人々からの助けを求め始めた。

　ティワイの輪郭がシエラレオネで見えてくると、また別のいざこざも生じた。私の知ったところでは、ピーター・ホワイトの後継者であるニャラ・カレッジ生物科学教室主任のアブ・セサイは、ティワイでの研究とその資金調達に関して私がいつまでもでしゃばっていると感じていたし、彼はまた、ティワイでの研究の責任が彼の教室からフリータウンの大学中央本部へ移されようとしているのではないか、と心配していた。一方、フリータウンの平和部隊オフィスは、ティワイをシエラレオネでの平和部隊活動の重要な要素であると次第に見始めてきていたが、これは一部にはアン・トッドの仕事が成功したからだったに違いない。これはまた別の厄介な問題を生じさせた。平和部隊の管理者たちは、ティワイに関係している他の人々には知らせずに、そこにさらにボランティアを送りこもうとし

始めたのだ。平和部隊は、ティワイでの活動の管理をめぐるいざこざの解決を熱心に見守っていた。彼らはボランティアたちが誰の指揮下に入るのかをはっきり知る必要があったのだ。

ティワイ島管理委員会（Administrative Committee）

　私は、1988年6月にシエラレオネに行った時、このようないざこざを解決する何らかの手段を見出したいと思っていたし、ティワイでの自然保護活動と研究活動の中での私自身の役割を明確にしたいと思っていた。フリータウンに着くと直ぐに私は、新しい自然保護協会の設立を手伝っていた平和部隊ボランティアのジョン・ウォーと、その協会の会長サマ・バニャとに話をした。バニャの話では、彼はシエラレオネ大学副学長K. コソ＝トマスとの会合を予定しており、この会合で問題は解決に向かうだろうと思っていた。この会合は私がティワイに行って来てからの7月に開催することで合意された。

　この会合は副学長のオフィスで7月5日に開かれ、バニャとウォーと私のほかに、ニャラ・カレッジからのアブ・セサイと自然保護協会と平和部隊との代表が出席した。この会合で私たちは、ティワイ島にフィールド・ステーションと効果的な自然保護地域を設立する方向へ前進するための一番良い手段は、シエラレオネ大学、自然保護協会、農務省、平和部隊のそれぞれの代表とバリとコヤの両大首長と南部および東部州の行政官とから成る諮問委員会を創ることだと結論した。セサイは、フィールド・ステーションはそれ自身独自の管理運営委員会を持つことになろうし、彼自身がその委員長になろう、また、フィールド・ステーション諮問委員会もあるべきで、その方は私がやればよい、と述べた。翌週、私が7月12日にシエラレオネを発つ直前に、2回目の会合が森林局長のオフィスで開かれた。この会合では、諮問機関の推挙は棚上げされて、その代りに森林局長A.P. コロマを委員長とするティワイ島管理委員会を正式に設立することが決定された。

　私はこのような会合の結果にガッカリした。提案されたような委員会はめったに開かれないだろうし、従って、日々の管理運営上の問題を扱う上では役に立たないだろう。そして、首長区を管理主体から外し、ティワイでの活動の管理主体をフリータウンとニャラの「偉い人たち」に持っていく、と私には思われるものにはびっくりした。

　ティワイ島管理委員会の最初の会合はニャラ・カレッジで1988年10月12日

に開かれたが、これはスティーヴン・グリーンも私もシエラレオネに行くことができない時期だった。私たちは出席できなかったけれども、委員長は私たちの大学はこの委員会にそれぞれ1つの議席を持つと宣言した。平和部隊ボランティアのビル・アイヘンラウプがこの野生動物サンクチュアリの総責任者（General Manager）に任命され、この島の中で農耕してもいい地域を決めるように求められた^(注37)。この会合では、ティワイ島をめぐる権限争いがいくつか必然的に表面化した。コヤの大首長カネーは出席を拒否して、この島の所有権問題が納得のいくように解決されるまでは、コヤ首長区はこの委員会に参加するつもりはない、という抗議文を送ってきた。また、セサイは、この委員会にはニャラ・カレッジの彼の教室がそれ相応に代表されていない、と彼の心配事を述べた。第2回の会合は12月9日にケネマで開かれ、今度もハンター・カレッジとマイアミ大学の代表はいなかったし、カネー大首長は出席を拒否した。これら2回の会合にはもう1人重要な人物が欠けていた。それは、バリ首長区を含む地域からの国会議員で、そこの大首長マゴナの親戚のS.S.マゴナである。彼は、森林局長は彼を呼び出して彼自身の首長区にある土地の管理を相談したくはないのだ、と文句を言った。

　この委員会は1992年1月［訳注：1991年の誤りであろう］までにさらに5回開かれた。それは、外国人科学者や平和部隊ボランティアがいなくても、この島を保護したり長期的に研究を助成したりするような、有能な地域管理システムを設立するという点に関しては、ほとんど何も成果を挙げなかった。ティワイの運営資金は、訪問者たちからの少額の収入を別にすれば、ほとんどすべてが依然として合衆国（私たちの大学とニューヨーク動物学協会と平和部隊）から来ていた。森林局の人間（監視員）が1人この島に配置されたこともあったが、数週間後には去ってしまった。ニャラのアブ・セサイはティワイ・フィールド・ステーション運営のためにシエラレオネ大学本部からの財政援助を要請していたが、そのような資金は一度も手に入らなかった。その一方で、この島の使用、特に外国人による使用、に関する主要な決定は、フリータウンの森林局長によってなされ始めていた^(注38)。

　しかしながらこの委員会は、ティワイでさまざまな異なる活動に携わっている人々が出会って互いの関心事に風を通すための枠組を提供はしたし、コヤ首長区の長老たちは徐々に協力的になってきていた。森林局は、グリーンか私のどちらかが出席できそうな時期に会合を予定し始めて、1991年1月に初めてティワイ

島自体で開かれたこの委員会には、私たちは 2 人共出席することができた。その頃までにコヤはこの島への共同権利が認められたことに満足していたので、この会合には 2 人の大首長も、また国会議員 S.S. マゴナも出席した。そして、今後は管理委員会の委員長は両大首長が 1 年交代で務める、ということが合意された。だが、この新しい組織が機能し始める前の 1991 年 3 月末に、シエラレオネ東南部に反徒が侵入して、これが結局ティワイでの研究活動と自然保護活動をすべて終らせてしまったのだ。

崩壊の前触れ

シエラレオネ政府の無能さと、1991 年に始まった反徒の暴動と、それに続いたこの国の東南部の混乱と蛮行への崩壊とは、この国の近年の政治と経済の歴史の中で見ると最も良く理解できる。シエラレオネは、1961 年にイギリスから独立して以来、アフリカで政治的に最も安定した国の 1 つと見られてきた。1968 年から 1985 年まで、シエラレオネは父性主義的で時に権威主義的なシアカ・スティーヴンズ(「パ・シアキ」)に統治されていた。彼がこの地位を維持したのは、D.F. ルークと S.P. ライリーが説明したように、政治上の狡猾さと官職の巧妙な分与とによるものだった[注39]。彼はこの地位を利用して私腹を肥やし、親しい仲間たちを儲けさせたが、その中にはレバノンの有力な実業家もいた。国家経済の発展とか保健や教育などの公共サービスとかにはほとんど注意を向けなかった。従って、1970 年代の石油価格騰貴とそれに伴う輸出商品価格の下落がシエラレオネ経済に及ぼした打撃的な影響に対して、積極的な対策は何もとられなかった。人口が増加したので(1963 年の 220 万人から 1982 年の推定 320 万人へ)大半の人々にとっては生活水準が明らかに低下した[注40]。

1985 年 8 月、健康の衰えたスティーヴンズは、注意深く選んだ後継者、軍司令官ジョセフ・S・モモーに権力を譲った。一党制国家の大統領というモモーの地位は、2 ヵ月後の国民投票によって確認された。対立候補はいなかった。シアカ・スティーヴンズはフリータウンで隠退生活をしていたが、1988 年に亡くなった。J.S. モモーはスティーヴンズから沈滞した経済だけでなく、どんどん大きくなる負債も相続した。1985 − 86 年度にはシエラレオネの輸出収入の三分の二を負債償却に当てなければならなかった[注41]。モモーは経済を改善しようとしたけれども、彼の動きは慎重であり、一部の経済分析家の考えでは、彼は厳しい経済改革によって不利益を蒙るような政策助言者の話を聞き過ぎたのだ。1990 年

までに、国連開発プログラムの算出したシエラレオネの「人的発展指標（Index of Human Development）」は世界のどの国よりも低かった。1人当たりGNPは300ドル、出生時の期待寿命は42歳、成人識字率は13.3%だった[注42]。

　この時期のこの国の経済悪化状態からすれば、政府予算で動いている森林局とシエラレオネ大学の活動が粗末だったのは当然である。経済が崩壊すると、ティワイ・プロジェクトの車輛用炊事用燃料も、その他の必需品も、入手するのがどんどん難しくなった。交換可能通貨の闇市が繁栄し、賄賂と盗みはふつうのことになった。家族はおろか1人の人間が食べていけるだけの賃金を払うまっとうな仕事がほとんどなくなってしまったので、そのような振舞いは広く大目に見られた。従って、不正直な風潮がシエラレオネ全体に広く広がり始めた[注43]。1991年にリベリアから最初の反徒がシエラレオネに入ってきた時、多くの若者が進んで彼らに参加したのは、別に驚くべきことではなかった。

崩壊

　1989年12月にシエラレオネの隣国リベリアで内戦が始まった。リビアで訓練を受けたチャールズ・テイラーの部下が、サミュエル・K・ドウの政府（テイラーも一時はそれの一部だった）を倒そうとして、コートジボアールから侵攻してきたのだ。リベリア経済も失政から崩壊に近く、返済の見込みのない負債を12億ドル抱えていた[注44]。テイラーのリベリア愛国戦線（NPFL）は7月までにこの国のかなりの部分を支配した。NPFLは分派に分裂し始め、プリンス・ジョンソンの率いる1分派がドウを捕えて殺した。そうこうする間に、ナイジェリアが主導しシエラレオネが援助した西アフリカ多国籍軍が介入して、首都モンロヴィアが反徒の支配下に入るのを拒んだ。奇妙なことに、リベリアが混乱に陥っていたのに、シエラレオネでは戦争が国境を越えて来るという怖れはほとんど感じられていなかった。

　しかし、1991年4月に入ると、NPFL兵士によるシエラレオネ東南部への侵入掠奪という記事が国際的な新聞に現われ始めた。この侵入は3月末から始まっていて、はじめは、テイラーの兵士たちが食糧と装備を手に入れようとしたことから主として生じたのだろうと考えられた。だが4月初めまでに、この越境には組織された軍が関与しているように見えて、テイラーが、シエラレオネ政府がナイジェリアのリベリア介入を援助したことに対して報復しているのではないか、と推測された。4月3日にテイラーの軍はティワイの14マイル南のジミーにま

で達した。この時ティワイ島には、アングリア・テレビの撮影隊が、プロデューサーのキャロライン・ブレットと2人のアメリカ人大学院学生、ラットガス大学のチェリル・フィンベルとマイアミ大学のアネット・オルソンと一緒にいた。フリータウンから来た平和部隊職員がこの島へ暴動の知らせをもたらして、外国人は直ぐ引き揚げたほうがいいと告げた。テレビ撮影隊は4月5日にティワイを逃げ出し、取り残されたフィンベルとオルソンは次の日に自力でこのプロジェクトの使い古したピックアップトラックでボー市まで辿り着いた。その3日後、明らかにリベリア人とシエラレオネ人とから成る反徒軍が、バリ首長区の中心のポトルを占領し、ティワイ島への交通を遮断してしまった。次の週には暴動がさらに拡がり、ナイジェリアとギニアはシエラレオネ政府軍を支援するために部隊を派遣した(注45)。

　東南シエラレオネでの散発的な戦闘は数ヵ月続いたが、政府軍は1991年末までにポトル周辺の支配権を取り戻していた。私は12月末にシエラレオネに行き、ティワイ島に行く方法を探ったところ、南部州の首都ボー市で駐屯軍から護衛兵をつけて貰えるならば、おそらく安全にティワイへの日帰り旅行をすることができるだろう、と助言された。私は、ボーで軍司令官から許可と護衛兵を得た後に、1992年1月6日早朝私たちのジープでティワイへ向けて出発した。

　途中ポトルまでに軍の検問所をいくつか通過したが、そこには反徒のものだという新しい頭骨がいくつも飾ってあった。ポトルでは家屋の多くが破壊されており、人影はまばらだった。どこでも家畜は少ししか見られなかった。改めて軍の許可を得た後に私たちはカンバマ村へ車を走らせた。村へ入る前にも検問所で停められたが、そこにも人の頭骨が1つ飾ってあった——13年前に初めて来た時の友好的に迎えられた到着とは著しく異なる到着だった。少々のいざこざの後に村へ入ることが許されたが、そこには分遣隊の兵士が駐屯していた。カンバマには多くの友人と私たちの職員数人が無事に元気でいたので安心した。だが、私たちのキャンプの料理人モハメド・カロンは反徒たちに殺されたし、反徒がこの地域を去る時に幾人かの娘が連れて行かれた、ということだった。村人たちの話では、カンバマは数ヵ月の間放棄されていて、彼らは森の中に散らばって、時には野生のヤム芋などの採集食物に頼ったりしながらやっとのことで生きてきた、という。人々は今カンバマに帰って来てはいるけれども、生活は正常なものに戻っていなかった。村人たちは私に、駐屯兵たちが彼らに食事を作らせるなどのさまざまな雑用をさせる、と不平を言った。

写真 16 1992 年 1 月、略奪を受けたティワイの建物にいるシエラレオネ兵士たち。反徒たちはこの前年にこの地域を通過していって、ティワイ島での生態研究を終らせた。

昼過ぎにティワイ島に渡ってみると、研究ステーションの建物は、戸と網戸がなくなっていたこと以外には、破壊されていなかったが、備品と消耗品はほとんどすべてがなくなっていた（写真16を見よ）。人々の話では、反徒たちはフィンベルとオルソンが去ってから約2週間後にカンバマ村に来たが、その前にティワイの職員たちは高価な備品のほとんどを森の中や村の中に隠していた。反徒たちは、その場所を教えないと殺すぞと彼らを脅して、この備品の大部分を引き渡させたのだという。ところが、この島で狩猟がされた形跡は明らかにほとんどまたは全くなかった。反徒も政府軍も、乏しい弾薬を互いの殺し合いのためにとっておいたのだ。私は、この地域に泊まらないほうがいいと言われたので、おとなしくボー市へ戻った。

　続く数ヵ月の間は、シエラレオネのこの部分にもっと正常な状態が戻っていた。私がティワイに行ってからまもなく、マゴナ大首長がポトルに戻って居を定め、道路運送が次第に回復し始めて、経済活動は復活したし、反徒活動は報告がなかった。4月に、若い兵士グループがJ.S.モモー政府を倒した。27歳のヴァレンタイン・ストラッサー大尉に率いられたこの兵士たちは、反徒との戦いで政府が軍を支えなかったことに幻滅したのだと言って、彼らは反乱を終結させ、汚職と経済腐敗を根絶し、この国を多党民主制に戻す、と公約した[注46]。新政府は、シエラレオネのほとんどの人々に歓迎されたが、ガーナのジェリー・ローリングズの統治を自らのモデルとしているように見え、自らを全国暫定統治会議と呼んだ。

　1992年7月から8月にはジョージ・ホワイトサイズがティワイ島に約3週間行くことができて、野生動物の正式なセンサスを行なった。霊長類などの動物の個体数は1984年と同じかそれより多いことがわかった。そこで、私たちは研究と自然保護のプログラムを復活させる計画を立て始めた。

　けれども、平和は長続きしなかった。反徒の暴動はまもなく復活して拡大したし、新政府は反徒との戦いでは前政府同様無能なことがわかった。ティワイ地域への旅行は非常に危険になった。1993年9月に、カンバマ村の人でティワイ・フィールド・ステーション職員の1人のルセニ・コロマが、ニャラ・カレッジ生物科学教室主任へ、2ヵ月前にカンバマ駐在の12人の分遣隊のリーダーがポトルから来たもう1人の兵士と一緒に島へ渡って「多数のサルを射殺した」というメッセージを伝えた。この報告は書類綴に入れられて、何の処置もとられなかった。コロマはまた、多くの反徒がこの地域の村々を襲って人々を殺した、とも報告していた。1993年10月に私が最後にシエラレオネに行った時までに、バリの

マゴナ大首長とその家族はボーに避難しており、コヤの大首長カネーはもう何ヵ月も彼の首長区から遠く離れたケネマの町に住んでいた。コヤの首長区は大部分放棄されたということだった。首長たちの話では、反徒たちだけでなく政府軍兵士たちも、彼らの首長区でダイヤモンドを掘ったり、コラの実やコーヒーやココアを穫ったり、サルを獲ったりしている、という報告を受けてきた、ということだった。

　1994年と1995年には、シエラレオネの状況はさらに悪くなった。1994年3月にケネマ郡で3人のヨーロッパ人宣教師が反徒たちによって殺害された。1995年1月にニャラ・カレッジが襲われ、構内に住んでいてティワイ島で研究をしたいと思っていたマイアミ大学の大学院生モハメド・バカルは辛うじて死を免れた。2月に反徒はシエラレオネ南部のグバンバマの近くの大きなチタン鉱山を押さえた。そこは1993年には6100万ドルを稼いだところで、これはこの国の公式輸出額の57％に相当した(注47)。4月までに反徒はフリータウンの郊外に迫っていた。今や内陸のボーやケネマに行く安全な手段は空路しかなかった。

　1991年に暴動が始まった時には、反徒たちはリベリアのチャールズ・テイラーのNPFLの分派であると思われていたが、今では彼らは主として、またはすべて、シエラレオネ人であることが明らかだった。そして彼らは、フォダイ・サンコーと呼ばれる男に率いられる革命統一戦線（RUF）と呼ばれる影の組織に合体していた。サンコーは元下級下士官で、1971年にシアカ・スティーヴンズに対するクーデター計画に関与したとして起訴され、懲役7年の判決を受けていた。彼は服役6年で釈放されて、写真家になった(注48)。RUFは、シエラレオネから外国の影響を排除し、多党民主制を回復させる、と言ってはいたけれども、明確に表現した政治目標を公表してはいなかった。しかし、反徒と政府軍兵とを区別することも難しくなっていた。多くの「反徒」は軍の服を着ていると言われていたし、彼らは実際に兵士、または反乱兵、だったのかも知れない。反徒たちは、リベリアでと同様に、訓練された軍隊としてよりはバラバラの武装ギャングとして行動することが多かった。彼らは一般民衆をテロ支配し、蛮刀で村人たちを襲い、男や女や子供の腕や脚を切り落した。このため多くの村人は都市や避難民キャンプに逃げ、その結果、反徒たちは自由勝手にダイヤモンドなどの地方の資源を利用することができて、それによって自活したり私腹を肥やしたりしていた(注49)。

　1995年4月、フリータウンのヴァレンタイン・ストラッサー政府は、エグゼキューティヴ・アウトカムズ社と呼ばれる南アフリカの会社に援助を求めること

によって、反徒の側にぼんやり見えてきた勝利を辛うじて食い止めた。この「雇われ軍」は、ロシア製ヘリコプター・ガンシップを使い、主要道路に武装護送システムを組織して、シエラレオネの主要な町の郊外から反徒を撃退し、一部のダイヤモンド鉱山を再開するのを助けた。エグゼキューティヴ・アウトカムズ社は月300万ドルと推定される代金を政府から現金で受け取ったと言っているけれども、この会社はそれの代りに密約を結んで、子会社ブランチ・エナジー社が多数のダイヤモンド採掘権を手に入れるようにしたのだろう、という報告がいくつもあった(注50)。

　シエラレオネ各地に平和のようなものが戻ると、政府は選挙の予定を公示した。ストラッサーはこの公約を尊重するだろうかという疑念が生じ始めた時、彼は彼の副官役である軍司令官ジュリアス・マーダ・ビオスによって1996年1月16日に打倒された。選挙の第1ラウンドは、反徒の支配する田舎の多くの地域では投票ができなかったのだけれども、2月に実施され、第2ラウンドの投票でアーマド・テジャン・カバーが大統領に選出された。カバーは選出後直ちにRUFのリーダーのフォダイ・サンコーと平和交渉を開始した。サンコーはコートジボアールのアビジャンの豪華ホテルに居を定めていた。そして休戦協定が1996年12月に成立した(注51)。

　このような展開があったので、私たちにとっては、ティワイ島の霊長類その他の動物個体群がひどく狩猟されていなかったならば、この島での自然保護活動と研究活動を再開できるかも知れない、という希望が生じた。1996年12月末に、ティワイの現地管理者（site manager）だったモモー・マゴナ、マゴナ大首長の親類、がこの島に行くことができて、その報告をフリータウンの自然保護協会を経由して私たちに送ってきた。それによると、キャンプ地と観察路は藪のようになっており、島にはたくさんの罠が見られたし、ダイヤモンドを掘った広い場所が1ヵ所あり、採掘者キャンプの近くでは多数の使用された薬莢が見られた。また、彼の出会った数少ない動物はどれも急いで逃げていったが、最近チンパンジーが割った木の実も見た、という。カンバマ村には人々が戻って生活しており、周辺の地域は平穏だという話だった(注52)。この報告を手にして、スティーヴン・グリーンと私は、様子を見に行こうかと話し合い始めた。

　だが、私たちのティワイ復興の希望も、シエラレオネの一般の人々の平和と経済復活への希望も、直ぐに粉砕されてしまった。1997年5月、反徒たちがこの国の北部の町に新しい攻撃を開始し、ケネマではカマジョルと呼ばれる地域民兵

と政府軍との間で戦闘が始まった(注53)。伝統的な地域猟師団体をルーツとするカマジョルは、1994年に政府軍は民間人の安全を守ることができない、または守るつもりがない、ということが判った時に、内陸部各地の町で重要な自警軍となっていたのだ。

1997年5月25日、兵士たちがテジャン・カバー政府に対してクーデターを起こし、大統領はヘリコプターでギニアに逃げた。反乱部隊はフリータウンの大きな刑務所から数百人の囚人を解放したが、その中にはカバーに対する陰謀を企てたとして逮捕されていた兵士たちも入っていた。その中の1人ジョニー・ポール・コロマ少佐が新しい軍議会のリーダーとなった。この新しい支配者たちが最初にやったことの中に、カマジョルへのあらゆる公的地位の廃止とRUFの新政府への参加招請とがあった。反徒軍はフリータウンに入り、何日もの殺害と強姦と略奪がそれに続いた。外国人たちは急いで引き揚げ、外国の大公使館はすべて直ちに閉鎖された。ナイジェリアは政府を支援する少数の派遣軍をすでにこの国に送ってきていたのだが、この部隊は直ちに新政府軍と衝突した。ナイジェリアはリベリアにいた平和維持軍から増援部隊を送り、この部隊は国際空港を占領してそれを封鎖した。クーデター反対を企てたという名目で数名の有力市民が逮捕され、その中に自然保護協会会長のサマ・バニャも入っていた(注54)。

国際社会はコロマの政体を承認することを拒否し、ナイジェリア政府はこの政体に断固として反対した。隣国リベリアでは1997年7月にチャールズ・テイラーが遂に選挙に勝って大統領となり秩序が戻ったので、ナイジェリアはその平和維持軍をリベリアからシエラレオネに移動し始めた。1998年2月、コロマがテジャン・カバーの文民政府に権力を返還するという合意を撤回した後に、ナイジェリア軍はフリータウンを攻撃し、明らかにイギリス人傭兵グループの助力で、コロマの軍議会を追い出した(注55)。3月にカバーはナイジェリア軍によってフリータウンに呼び返されて政府再建に取り掛り、サマ・バニャを外務大臣に任命した。しかし、反徒の活動はシエラレオネ東部の主要なダイヤモンド採掘地域で続いたし、その年の終わりまでにこの国の北部の大半にまで拡がっていた。1999年1月に反徒軍はフリータウンに再侵入した。私がこの本の校正をしていた時、反徒はナイジェリア主導の西アフリカ軍によってフリータウン郊外まで撃退されていたが、この首都の大部分は荒廃してしまっていて、数千人の人々が殺害された。その中には、最初にティワイ島をゲーム・サンクチュアリにすることを示唆してくれたプリンス・パルマーも入っていた。

このような状況にあっては、ティワイ島での研究活動と自然保護活動を再開する見通しは厳しい。たとえ、もっと良い政府がシエラレオネに定着するとしても、また、この国のインフラの破壊がいくらかでも修復されるとしても、そして、平和と安全が田舎に戻るとしても、ティワイ島で行なわれたことが明らかな狩猟のために、この島に生残っているどのサルの行動研究も非常に難しくなってしまっていることだろう[注56]。私たちのプロジェクトを助けてくれた人々の多くは今はこの国を離れてしまったり殺されてしまったりしていたし、ニャラ・カレッジは放棄され遺棄されていた。このことはフィールド・ステーションと自然保護プログラムの復旧と維持を明らかに妨げるだろう。そして、ティワイ自然保護プログラムの重要な一要素である観光が復活するのには非常に長い時間がかかるだろう、ということは確かである。

私たちが本来ティワイ島でやってきたことの多くは、そこに十分に機能している地域社会があることを仮定していたし、その社会には少なくとも普通のレベルの教育を受けていて、自然保護についての考えに対して開かれた心を持つ若い人々がいることを仮定していた。しかし、この動乱の間には、田舎の大部分の地域は大部分放棄されていたし、シエラレオネにはほとんど教育を受けていない若い人々の世代が育ってきていた。何百人もの子供たちがぞっとするような暴力行為に巻き込まれたり、強姦、拷問、殺人、食人をするようにそそのかされたりしてきたのだ[注57]。

ティワイから学んだこと

ティワイでの研究と自然保護のプログラムは、開始後わずか9年の1991年に中止された。この比較的短い時間にそれは成功したと判断するべきだろうか、失敗したと判断するべきだろうか？　熱帯アフリカの僻地で研究プログラムを確立するという点では、ティワイは成功だった。私たちはゼロから始めて、機能的な研究ステーションと研究地域を組織し、運営して、かなりの量の野外生物学研究を達成した。この研究の大部分はアメリカとイギリスの大学院生と科学者によって行なわれたが、もしも多くの研究がシエラレオネ人によって行なわれており、フィールド・ステーションの運営にニャラ・カレッジがもっと積極的な役割を果たしていたとしたならば、このプロジェクトはもっと大きく成功したと見られたことだろう。しかし、私たちのプロジェクトの後期にニャラ・カレッジ生物学教室主任だったアブ・セサイは、シエラレオネの大半の人にとっては野外生物学と

自然保護はほとんど関心がないことなのだ、と私に語った。とはいえ、ニャラ・カレッジ学生への野外生態学実習コースは、ティワイで外国人研究者によって2回実施されたし、ニャラの学生はこの島でいくつかのちょっとした研究を行なってきた。ティワイで野外実習コースを受講した学生の1人モハメド・バカルは、マイアミ大学の大学院博士課程に進学した。彼は動乱がこの島とニャラに及んだ時にこの島で植物生態学の研究をしようとしていたところだったが、合衆国の実験室で博士論文を仕上げねばならなくなってしまった。

　自然保護についても、ティワイは少なくとも短期的には成功だった。1982年と1991年の間にはこの島では狩猟はほとんど行なわれなかったし、農耕はわずかに行なわれていたが森林に悪影響を及ぼすようなやり方ではなかった。自然保護活動は研究プロジェクトの存在によって大いに助けられた。長期の研究プロジェクトとフィールド・ステーションが自然保護活動にとって比較的廉価で効果的な援助だということは、例えばウガンダのキバレなど世界中の熱帯林で証明されてきた(注58)。

　しかしティワイは、私が初めにこの島で期待していたある点からすれば、部分的成功でしかなかった。地域の人々がその運営に深くかかわる形での未来永劫保障された自然保護地域は確立されなかったのだ。この島を放棄せざるを得なかった時点に至るまで、そこの首長区や大学や政府の人々は、自然保護や研究や教育の開始をしばしば非常に協力的に支えてくれた。しかしそれらを開始したのはほとんどが外国の科学者やボランティアであって、彼らへの協力は何らかの対価を伴うのがふつうだった。ティワイでの諸活動に対してシエラレオネの人々に広く見られる（全員にではないが）態度は、「ある範囲内で私たちは貴方たちに協力するし、貴方たちが創ったものの管理運営を手伝うし、私たちにしないでほしいと貴方たちが思うようなことはしないでおくが、それは金銭的または何らかの物質的な見返りがある限りである」というものであった。

　当時のシエラレオネの社会的政治的経済的状況からすれば、また、ティワイ島での自然保護活動と研究活動という考えはほとんど全面的に外部の人々から出たものだったということからすれば、このような態度は別に驚くにあたらない。それに失望するのは、私たちが相手にしている人々も熱帯降雨林の研究と保護についての私たちの情熱を共有している、と期待していることが多いからにすぎない。

　私はティワイのことを地域社会に根差した自然保護活動と記してきたけれども、そこでの活動は地域の人々のではなく外部の人々の関心と行動から育ったも

のであって、従ってそれは地域社会が深くかかわった自然保護プログラムと記すほうがおそらくふさわしいだろう。私は最初からいくつかの理由で、ティワイでは管理運営に地域の人々を参加させようと考えていた。私は、シエラレオネに初めて行った時から、森林局などこの国の政府部局の大半が首都の外では有効に機能しておらず、政府が機能しているところでは、それは人々全体のためよりもそれ自身の構成員のために機能している、ということに気付いていた。私は東アフリカの一部とインドで政府管理型の野生動物保護が比較的うまくいっているのを見てきていたが、中央政府が欠陥だらけのシエラレオネでは、もっと地域中心の管理体制を発起するほうが良いだろう、と決めたのだ。田舎では大首長と首長区会議は一般に尊敬されているし、中央政府と違ってまだかなり権威を持っている、ということを私は知った。ひどく破壊的な風にではなかったが、いずれにせよ、地域の人々がすでにこの島を使用していた。リベリア人猟師はこの島の霊長類にとって脅威だったし、土地の人々はリベリア人にあまり良い感情を持っておらず、彼らの活動を制限することには反対しなかった。

　私たちはティワイ島では自然保護に関して地域社会が深くかかわるアプローチを採ったが、これはそうするのが流行だったからではなく（地域社会自然保護保全が国際的に大流行したのはもっと後のことだった）、私たちにとって重要なものを保護するにはこのアプローチが最も効果的な戦略であるらしいと感じたからであった。しかし、このような地域での自然保護は地域住民の協力と関与がなければうまくいかないだろう、という前提を私たちのように受け入れるということは、自然保護プロジェクトの主目的は人間の福利の改善でなければならない、とか、ある地域を効果的に管理する唯一のやり方はそれを全面的に地域の人々の手に委ねることである、とか言うことと同じことではないのだ。

　ティワイ島で守られる資源——消えつつあるギニアの森林とそこの野生動物の最後のもの——の意味が地域を越えるものであることは確かであり、その資源をそれの本質的な重要性の故に理解したのは、いつでも地域の人々ではなくて外部の人々であった。地域の人々は何かしら現実的な利益——例えば、雇用の機会とか、観光客などの利用者からの直接の収入とか、国際的に関心を惹く活動にかかわることで彼らの村や首長区が得る地位とか——が手に入ることがわかると、喜んで私たちに協力してティワイ島を守った。しかし、このような潜在的利益がなかったならば、ティワイの森林と野生動物は、中央政府とか外部の人々とかからの働きかけなしに長い間生き続ける可能性はほとんどない。ティワイ島での自

然保護活動はほとんどすべてが外部の人によって提案されたものだったし、それの実施は外国人管理人がいないといつでもいい加減になった。同じようなことをマーガレット・ハーディマンが指摘している。彼女が記したのは、シエラレオネ南部でキリスト教布教団経営のセラブ病院によって行なわれた、村人たちの健康改善に村人たちがもっと関与するようにデザインされた公衆衛生プログラムの活動のことである^(注59)。

　セラブ病院の職員は伝統的な産婆（助産婦）と村々の特別保健委員会を通して仕事をしており、この病院からの看護婦が少なくとも月1回これらの委員会と会って、簡単な衛生指導と栄養指導をし、予防接種をした。しかし、このプログラムは外部から来たものであって、ハーディマンは、それは人々の振舞いを永続的に変化させたのだろうか、それはセラブ病院の職員が励まし支え続けなくても効果的であり続けたのだろうか、と疑っていた。

　ティワイは、地域社会を主体にした自然保護の欠陥を他にいくつか教えてくれた。ティワイ島のように狭い地域（5平方マイル）でさえ、いくつかの違う地域社会の活動範囲に入っており、それらの社会は古い結びつきだけでなく古い対立関係も持つので、互いにおいそれと協力しあうとは限らなかった。これらの地域社会は、他の社会が得ているさまざまな利益を自分たちは得ていない、ということに気づくとそれを妬んだ。また、それらは1つの地域社会内の人々同士よりも協力したがらないことがわかった（これは前章でも扱った話題である）。実際、私はシエラレオネの田舎の人々から何度か言われたが、この国では利己主義と相互不信のせいで協同農業計画はうまくいかないだろうという。さらに、シエラレオネのように中央政府が弱体な国においてさえ、大きなプロジェクトは、外国人が関与している場合には特に、中央政府が何かしら関与していなければうまく機能することができない。そもそもシエラレオネにいるためには、私たちは中央政府からの許可を得なければならなかった。そして、ティワイでの活動が国中に知られてくるにつれて、この国で権力を持つ人々や機関が、ティワイで起こっていることに何かしら影響力を持ちたいと思うことが、次第に避け難くなってきた。真の民主体制がほとんどない国では、大きな自然保護活動や研究活動は、権力を保持している人々の中の誰かの庇護がなければ、おそらくうまくいかないだろう。自然保護プロジェクトを計画する際には、このことを理解していなければならない。

　私はまた、アフリカの他の地域でと同じように、ティワイでの経験からもう1

つのことも学んだ。自然保全計画を立てる外国人は、意識的にか無意識的にか、彼ら自身か彼らの団体かにとって将来かなりの利益——彼ら自身にとっての雇用機会か、彼らの団体の仕事の継続か——をもたらしそうな保全計画を立案する強い傾向を持っていた。ティワイでのその適例は、平和部隊ボランティアの作った非常に複雑な構造の管理計画である。その計画には、それの完全な遂行のために必要な訓練と助力は、平和部隊がいつまでも供給し続ける、と記されていた。アフリカの研究ステーションや自然保護地域にとっては、そのように外部の人々に依存することは必ずしも最良の利益ではない。しかし、それは国際的な「開発」に携わる外国の個人や団体にとって利益となるのである——実際には、彼らの目的は途上国が完全に自律を達成するのを援助することを含む、と広く理解されているのに。

最後に、ティワイでの経験は、西欧的態度に基づいた自然保護計画はアフリカの政治的現実の前には無力だ、という事実を浮彫りにしている。私がすでにアフリカとインドでいくつかの政治的動乱を経験してきていたというのに、私と仲間たちは、シエラレオネは国家として機能し続けるだろうし、それの諸問題を何とか解決するだろう、という仮定の上にティワイの計画を作った。人間の行動に非現実的な期待を寄せたために私が経験したやむを得ない失望のいくつかにもかかわらず、私（関係した他の外国人のほとんどもそうだと思うが）はいつも、もし正しいアプローチをとるならば、ティワイで自然保護を成功させることができる、と仮定していた。

だが私は、1993年10月に最後にシエラレオネに行った時に、この国の大半が無秩序な混乱に呑み込まれているのを眼のあたりにして、初めて無力感に陥った。人々は非常に暗い未来観を受け入れたがらないのが普通である。最も悲観的な自然保護論者や環境活動家でさえ、悲惨な予言を述べるのは、主として、そうすることで態度や政策を変化させられるだろうと期待しているからなのが普通なのである。しかし振返ってみると、1980年代にシエラレオネで展開された経済的政治的状況を現実的に読んでいれば、この国が瓦解する可能性は大きいし、自然保護に向ける努力は相当な程度まで無駄になるだろう、と示唆できたかも知れなかった。未来は決して確かではないのだから、将来は悲惨なことになるだろうと言ったところで、すべてうまくいくかも知れないという仮定の上に人々が行動することがなくなることは決してなかったのだ。しかしティワイでの経験は、途上国で自然保護を計画する際に、将来大きな政治的不安定が生ずる可能性とそれ

の潜在的影響とを考慮しないのは、そして乏しい資金を割当てる時にこのことを計算に入れないのは、愚かなことであるということを示唆している。

第5章　オコム：保全の方針が森林の保護を駄目にしている

　船頭はエンジンを切った。私たちは静かに漕いだり流れに乗ったりしながらオッセ河を下り、サルの姿を求めて両岸の林をていねいに見ていった。右岸はオコム森林保護区の端の湿地林であり、左岸は二次林と農地であった。突然、左岸の下生えから大きな声がして、5頭の小型のサルが素早く動いていくのがチラッと見えた。その中の1頭は喉がはっきり白かった。数分後、右岸の密生した下生えからそれに似たサルが1頭跳び出して、こちらからよく見えるところで数秒の間じっと私たちの方を見た。これが、私が野外で初めて見たノドジロゲノンだった。それは1981年1月23日のことで、私は、1972年にウガンダからイングランドに帰る途中にちょっとナイジェリアに寄ってから後では、初めてこの国に戻っていた。動物学者の中には、私が今見たばかりのサルは絶滅したかも知れない、と考えている人がいた(注1)。だが明らかにそれは絶滅していなかったのだ。

　このオッセ河での観察の結果、私はノドジロゲノンの現状について翌年にもっと広汎な調査をすることにした。そしてその調査の過程で私は、ナイジェリア南部での野生動物と森林への圧力が、私が最後にこの国を訪れてから後で非常に厳しくなったことを知った。例えば、ここではサルはシエラレオネでよりもはるかにひどく猟られていた(写真17を見よ)。ノドジロゲノンはまだ絶滅していなかったけれども、もしも自然保護のための資金を少数の重要な地域の森林棲野生動物の保護に集中して廻さなかったならば、ノドジロゲノンも他のいくつかの種も直ぐに失なわれてしまうだろう、と私には思われた。私はこのような観察の結果いくつかの勧告をすることになって、それが結局はオコムに野生動物サンクチュアリを創ることになり、そこでの自然保護プロジェクトを始めさせることになったのだ。しかし、10年もしないうちにこのプロジェクトは、その重点を、野生動物の保護ではなくて、移住農民の経済開発の援助の方に置くようになってきてい

写真17　1982年、オコム森林保護区で射ったばかりのノドジロゲノンを手にする猟師。野生動物サンクチュアリは1986年にオコムに設立されたが、霊長類や他の野生動物の猟は続いた。

た。この移住農民たちが新しいサンクチュアリとそこの希少なサルたちの生存にとっての最大の脅威の1つだったというのに。野生動物保護よりは経済開発を、というこの重点の変化は、オコムを管理する主体である州の森林局によってではなく、外部の自然保護諸団体によって推進された。この章で私は、どうしてこんなことになったのかを説明し、このオコム・プロジェクトにかかわったことから私が学んだ教訓を論じる。

変化した土地に滅びゆくサルを求めて

　私が1981年にナイジェリアに行った主な目的は、オリーブコロブスの生態の野外研究にとってシエラレオネでよりも良い場所がこの国にあるかどうかを見付けることだった。すでにシエラレオネでティワイ島が研究地としてかなり良いことを見付けてはいたのだが、私は、何の施設も設備もなく保護区でもない場所で研究プロジェクトを始める難しさがまだ気掛りだった。

　オリーブコロブスがナイジェリアにも生息しているということを、私は1979年7月に初めて知った。その時私はシエラレオネに行く途中ロンドンの自然誌博物館に立ち寄っていた。この博物館で、霊長類の専門家ダグラス・ブランドン＝ジョーンズが1枚のオリーブコロブスの毛皮標本を見せてくれた。それは1967年2月にポール・グロスというアメリカの宣教師がイダー近くのニジェール河の東のアヤンバ町の近くで採集したものだった(注2)。私はびっくりした。というのは、私は1967年にはアヤンバから50マイル南のンスッカに住んでいたのだし、グロスがこの標本を採集するホンの数ヵ月前に彼と会っていたのだから。ピーター・ジュウェルと私は1966年10月に彼のところを訪れていた。グロスがンスッカの大学の小さな動物園に寄贈してくれた数頭のペットのダイカー（小型のアンテロープ）と1頭のシロエリマンガベイを受け取るためだった。グロスはアヤンバ地域に長年住んでいて狩猟と自然誌が大好きだった。しかし、1966年に私がアヤンバに行った時には、オリーブコロブスの話は何も聞かなかったし、私が読んだどの文献にもこの種がナイジェリアにいるとは書いてなかった。ナイジェリアで政治的危機が強まると、ンスッカからアヤンバ地域（そこは北部地区に属していた）への往来は次第に困難になり、グロスとの接触は失われてしまった。

　オリーブコロブスの個体群の1つがナイジェリアの私がよく知っている地域の近くにいるということを1979年に知って、私は、アヤンバを再訪してグロス一家を捜し、そこでの野外研究の可能性を探る、という考えを抱くようになっ

た。私はまた、ナイジェリアのその他数種の霊長類にも関心を持っていた。シエラレオネとコートジボアールで調査しているうちに私は、オリーブコロブスのほかに、西アフリカの森林のサル類の分布パターンとそのパターンの原因について知りたくなった。こうした野外調査の結果をさらに文献と博物館で追求するうちに、私はナイジェリア産の2種のゲノンに特別に関心を持つようになっていた。この2種はどちらも地理的分布範囲が非常に限られているように思われ、長年の間その姿を野外で見た人は1人もいなかったようであり、少数の動物園と博物館の標本でしか知られていなかった。その1つのノドジロゲノン（Cercopithecus erythrogaster）の標本が野外で採集された場所は、ナイジェリア東南部のベニン・シティ近辺のいくつかの森林保護区だけだった。そこで私は、アヤンバに行ってオリーブコロブスを捜した後で、ベニン・シティに立ち寄ってノドジロゲノンについて調べてみよう、と決心した。もう1つのスレーターゲノン（Cercopithecus sclateri）の探索は後廻しにしなければならないだろう。

　そんなわけで私は1981年1月1日にナイジェリアに戻ってきた。この国は私が1972年に最後にちょっと立ち寄った時から後に大きく変化していた。1972年には石油の世界平均価格は1バレル4.80ドルだった[注3][訳注：ニジェール河口の油田が1956年に発見されて、1973年には日産200万バレルに達していた]。しかし1980年末までにナイジェリアは、高品質の軽原油を1バレル40ドル前後で輸出しており、日産は200万バレルを少し上廻っていた。ナイジェリア連邦政府に入る石油収入は外貨獲得高の90％に昇り、ナイジェリアの外貨蓄積は70～80億ドルと推定されていた[注4]。この新たに発見された富は、大掛りな道路建設計画と農業開発計画の資金となっていたけれども、経済にどっと流れ込んだ金は汚職も急増させてきた。1966年1月以来ナイジェリアを支配してきた一連の軍事政権を引き継いで、1979年10月以降は、民主的に選出されたシェフー・シャガリ大統領の文民政府が権力の座についていた。この政府のメンバーは金銭上の不正をどんどん非難されるようになっていたが、オイル・マネーの流出が続いたので、そのような不正からナイジェリアの人々が受けるはずの痛みは薄められていて、次の軍事クーデターは1983年まで起きなかった。

　1981年に行った時に私が最初に立ち寄ったのはンスッカの大学で、そこでは何人かのかつての同僚に会った。そしてンスッカから乗合いタクシーを4回乗り継いでアヤンバへ行った。アヤンバは私が14年以上前に訪れた町とはまるで違っていた。それはずっと大きくなり、今では、世界銀行に援助された大きな農業開

発プロジェクトの本拠だった。多数の外国人がこのプロジェクトで働いており、そこはバドミントンとスカッシュとテニスのコートやプールのある集会所を自慢していた。グロス一家はまだこの町に住んでいたが、私が着いた時には留守だったので、私は開発プロジェクトのゲストハウスに泊めてもらった。翌日グロス一家が帰って来て、私は彼らのところに2週間滞在し、ニジェール河とベヌエ河が合流するイガラ地方を踏査した。

そしてわかったのは、イガラ地方の数少ない小さな森林保護区が木材業者によってかなり伐採されつつあり、保護区の外に残っていたわずかな森林は急速に農地化されつつある、ということだった。1966年に私がンスッカで研究を始めた時には、ナイジェリアでの森林の管理は4つの地区政府の責任だった。1967年に州が再編成されると、森林保護区の管理は新しい州に移管され、森林利用の監督は全体的にずっと甘くなってきた。それと同時に、爆発的な経済成長が木材需要を増大させてきていた。ポール・グロスの話では、狩猟圧も著しく増大してきたが、それは人口が増加したことと、人々が豊かになったことと、性能の良い銃が入手しやすくなったこととの結果であった。サルたちにとっては、この地域に非イスラム教徒が北部から難民として移住してきたことも大きかった。もとからの住民は圧倒的にイスラム教徒であって、伝統的にサルの肉は食べなかったのだから。

グロスは、オリーブコロブスをもう何年も見ておらず、この地域では絶滅したのかも知れないと思う、と言った。私は、アヤンバ周辺に点々と残っていた森林のほとんどを8日間探し廻った後に、ついにオクラ河沿いの川辺林でモナモンキーとオオハナジロゲノンの混群の中にいる4頭のオリーブコロブスをどうにかチラッと見ることができた[注5]。これがナイジェリアで私の見た唯一のオリーブコロブスになった。アヤンバの周辺で私が出会ったサルたちはどれも人を見ると直ぐに逃げ去ったが、おそらくこれは狩猟で脅かされている結果だったのだろう。この地域を再訪することができ、オリーブコロブスを見ることができたのは嬉しかったけれども、イガラ地方が長期の行動研究に適していないことは明らかだった。

私はアヤンバからンスッカに戻って1泊して、翌日にニジェール河を越えてベニン・シティへ向かった。それにはタクシーを9回乗り継いだが、そのほとんどは恐るべきものであり、特にオニチャからベニンへの狭いハイウェイーでのがそうだった。ベニンは、私が初めてナイジェリアで生活した頃には中西部地区の首

都だったが、中西部地区はその後にベンデル州となっていた。私は市の外れのベニン大学の校地に何とか辿りつき、生物科学教室を目指した。ここで私は動物学の専任講師ピウス・アナドゥに会った。彼はビアフラ分離直前の1967年にイバダンからンスッカに着任していた。アナドゥはイボ族であって、ビアフラ軍に入り、1969年にユムアヒアの戦いで負傷するまで勤務し、戦争が終わるとイバダン大学に戻って小形哺乳類の生態研究で博士になっていた。私はアナドゥの研究室で、私が1960年代に採集した小形哺乳類の毛皮標本を幾点か見付けて、嬉しくてびっくりしたが、それは彼がンスッカの大学から救い出してくれたものだった。

私はアナドゥがオコム森林保護区での研究の可能性に関心を持っていることを知った。この保護区の端はベニン・シティの西わずか15マイルにあり、そこはノドジロゲノンの博物館標本の採集地として知られている3ヵ所の中の1つであった（オコムの位置は24ページの地図3に示してある）。アナドゥの技術助手はこのサルをオコムで見たことがあると保証した。そこで私たちは次の日にこの森林を見に行く計画を立て始めた。

オコムに向かう前に私はベニン・シティ郊外のオグバにある小さな動物園を訪れた。アナドゥの話では、そこにはこの地方のサル類が展示されているということだった。いくつかの小さな檻の中に8種のサルが23頭入っていた。私はその中に2頭の喉がはっきり白い雌ゲノンがいるのを見付けて興奮した。その檻にはオリーブコロブスという名札がつけられていたが、それは間違いなくノドジロゲノンだった（これは何とも皮肉な誤りだった、私がナイジェリアを訪れた主目的はオリーブコロブスを見付けることだったのだから）。ノドジロゲノンの学名の種小名 erythrogaster ［訳注：赤い腹という意味］は、ロンドンの自然史博物館にあるこのサルのタイプ標本の腹部の毛が赤銹色をしているところから来ている。このタイプ標本の採集地は、西アフリカということ以上には判らない。その後にベニン・シティ附近で採集された標本の腹部はねずみ色だったし、オグバの動物園の2頭の雌もそうだった[注6]。このサルの英名としては、「アカハラゲノン」［訳注：和名にもこれが使われてきた］よりも、D.R. ローズヴィアがナイジェリア哺乳類目録[注7]で使った「ノドジロゲノン」［訳注：この英名・和名はこのサルとは違うサルにも使われてきた］の方がずっとふさわしいと思われる。さて、私はこのノドジロゲノンを動物園で見たのだから、この種は絶滅していないということが少なくともはっきりした。私はオコムへの遠足が一層楽しみになった。

写真18 オコム森林保護区を猛進する伐採トラックとそれを避ける野外実習中のピウス・アナドゥ（右前面）とベニン大学の学生たち、1982年。オコムでは択伐が非常に激しいので現在その森には大木が殆ど残っていない。

　オコムについて知りオグバの動物園のサルを見た次の日、ピウス・アナドゥと私は彼のフォルクスワーゲン・ビートル（かぶとむし）でこの森に向かった。

オコム森林保護区

　オコムは、460平方マイル（1190平方キロ＝34.5キロ平方）以上の広さの大きな保護区である。最初にイギリス植民地政府によって1912年に設立され、1935年に拡張されたが、その時に保護区全体の所有権がベニン原住民局（Benin Native Authority）に譲渡された。これは、ベニンの伝統的支配者オバ族を頭とする地方政府の1部門であった。管理は植民地政府の森林部によって監督されたが、職員の雇用は地方政府の責任であり、一方、森林利用からの収益は地方政府と共同借地人たちのものになった[注8]。1966年までに所有権は原住民局を引き継いだ地方議会に委譲され、管理は中西部地区政府の森林局の責任となった。1970年にベンデル州（中西部地区の後継者）がすべての森林保護区の管理をすることになったが、収益の大半はいまだに地方議会のものと考えられた[注9]。

　1981年に私たちが訪れた時までに、この森はどう見ても原始の自然ではなく

なっていた。オコムは20世紀初期からずっとその豊かなマホガニー資源のために択伐利用されてきた。第二次世界大戦後には体系的な輪伐がこの保護区で行なわれてきた（写真18を見よ）。近年はこの保護区の一部地域がタウンジア農法（第2章で記述した）によって伐採されてきた［訳注：19世紀以前にも人手が入っていた証拠がある。152ページ参照］。

アナドゥと私は、オコムに着いてから最近択伐された地域を少し歩いてみた。樹冠は途切れ途切れであり、サルの姿は全く見られなかった。アナドゥはその晩ベニンに帰らなければならなかったが、私は朝早くにサルを捜してみたかった。そこで私たちは、私がニクロワの入植地で一夜を過ごせるような場所を捜した。そこは、オコムでの主要な伐採権所有者であるアフリカ木材・合板会社（AT&P：ユナイテッド・アフリカ社の1部門）のレストハウスだった。その晩ビールを飲みながら、AT&Pのマネージャーたちは私にこの森林保護区の管理の仕方についての心配事を語った。彼らは、何年も前に森林局によって作製されて長い間確立されていた作業計画(注10)に従って伐採しているのだ。彼らが気に入らないのは、それなのに森林局は、この作業計画（50年輪伐が明記されている）で伐採されることになっている林分の伐採を、計画より何年も早く他の業者に認可した、ということだった。かなりの伐採が全く許可なしに行なわれていることも明らかだった。この不当な伐採権の認可に金銭などの恩恵のやりとりが伴っていたことはほとんど確実で、それはナイジェリアの政治経済生活がどんどん無秩序になっていたことに関連していた。

私は次の日の夕方にラゴスからニューヨーク行の便に乗ることにしていたので、ノドジロゲノンを捜すのに使える時間はわずかしかなかった。私は、この森林保護区沿いの河を朝早く小舟で遡上してみるのが一番いいだろうと決心した。私は夜明け前に起きた。しかし、2マイル先の河まで行ってくれるように手配したと思っていた車の姿はなかった。だから私はそこを歩く破目になったし、それから船外エンジン付きの小舟を雇う値段の交渉にも時間がかかった。結局8時ちょっと前に小舟はニクロワ村の岸辺から薄い朝霧に包まれたオッセ河を上流へ向かった。10時頃にイコルの入植地に着いたが、そこまでの間にサルは1頭も見られず、岸近くを移動するサルの声らしきものが1回聞こえただけだった。少し休んでから、ニクロワに戻る途中には違う作戦をとることにした。イコルから数マイル下ったところでエンジンを切り、そこからは流れに乗ったり漕いだりして、ほとんど人の住んでいない河を下った。この作戦は当たって、この章の初め

に記したようにノドジロゲノンを見付けたのだった。

　私はこの珍しいサルを見たことで意気揚々とレストハウスに戻ったが、そこには AT&P の上級マネージャーたちが来ていて、私に 50 ドルに相当する宿泊費を請求した。そうすると私の所持金は残り 10 ドルになってしまう。1980 年代初めにはナイジェリア政府は高い通貨交換レートを人為的に厳しく維持していたから、ナイジェリアでの野外研究は高いものについていたのだ。だが、現地の林産会社マネージャーのユージン・ドグウォーが、私をかわいそうだと思って、ベニン・シティの小さな空港まで私を送ってくれた。そして私は翌朝ニューヨークに戻っていた。

ナイジェリアか、シエラレオネか？

　私は困ってしまった。ナイジェリアに行ったのは主として、シエラレオネでよりも有望なオリーブコロブス研究地があるかどうかを見るためだったのだが、ティワイ島のように良い研究地は 1 つも見付からなかった。ところが、ナイジェリアではノドジロゲノンとそれの生息環境である森林とが危機的な状態にあって、それを保護する計画を立てるためにはもっと広汎な調査が緊急に必要だ、ということが見付かってしまったのだ。私はナイジェリアを再訪して楽しかったし、このもっと広汎な調査はぜひ自分の手でやりたかった。

　ニューヨークに戻った私のところにはニャラ・カレッジのピーター・ホワイトから手紙が来ていて、ティワイ島でのプロジェクトを進めるように促していた。また、マイアミのジョージ・ホワイトサイズとスティーヴン・グリーンも、シエラレオネでの共同研究プロジェクトに参加したがっていた。そこで私は、西南ナイジェリアとシエラレオネの両方でプロジェクトを立ち上げようとしてみるべきだ、と決心した。続く数ヵ月、私は 2 種類の研究費申請書を書くのに掛り切りだった。1 つはグリーンとホワイトサイズと共同のティワイ島の霊長類の群集生態研究プロジェクトについてであり、もう 1 つは西南ナイジェリアの森林調査についてであった。

　この計画を実行することを可能にするためには、私は、1982 年の春学期のハンター・カレッジでの私の授業を休む許可を貰わねばならないだろうし、先ずナイジェリアでの調査をしなければならないだろう、と心に決めた。そしてその間にシエラレオネにはホワイトサイズが行って、ティワイ島の研究地を踏査し、私は 6 月にナイジェリアから移動して彼に合流して、研究活動の開始を手伝う、と

いうことになるだろう。私は、ティワイ島でのオリーブコロブス研究を開始するために、1983年の春学期にも休みを貰わねばならないだろう。このような計画は現実のものとなった。シエラレオネでの研究に対する研究費が国立科学財団とニューヨーク市立大学から、ナイジェリア調査に対する研究費がニューヨーク動物学協会とWWF-USから、それぞれ得られることになったのだ。

西南ナイジェリアの調査

1982年1月、西アフリカの乾季にサハラ砂漠から吹いてくる埃っぽいハルマッタン［訳注：冬季ギニア湾北岸に吹く北東貿易風］の靄に包まれたラゴスに、私は戻ってきた。そしてそれから5ヵ月の間私は、ベニン大学の生物科学教室を基地にしてピウス・アナドゥと協力して、ベンデル州だけでなく近隣のオンド、オグン、リヴァーズ各州の数多くの森林を調査した。移動手段には使い古したフォルクスワーゲン・ビートル（かぶとむし）を使ったが、これは同じ教室で教えているインド人動物学者レジナルド・ヴィクターとジャヤンティ・ヴィクター夫妻が貸してくれたものだった。

この調査でノドジロゲノンは、私のつきとめた数少ない博物館標本の採集地——それはすべてベニン・シティから40マイル以内だった——を含む地域よりもはるかに広い地域に生息していることがわかった。私たちはこのサルをずっと西のオグン州オモ保護区まで見たし、猟師たちによればオモから190マイル東のニジェール河三角州地方にもこのサルはいるという（ただし、私が結局この三角州地方でやっとのことでこのサルを見たのは1989年のことだったが）。

非常に珍しいと思われていたこのサルが広い地域にわたって発見されたのにはびっくりしたけれども、私たちは行く先々で、残っている森林に対する伐採や農地化や道路建設や石油採掘などからのずっしりした圧力のしるしを見た。野生動物（「ブッシュミート」）への野放しのひどい狩猟もあった。政府諸部局と公共サービスはひどいもので、人間生活にとっての多くの重要な領域では賄賂のほうが法律よりも幅をきかせていた。私がナイジェリアに着いた直後のエコノミスト誌にナイジェリアの現状についての記事が掲載されていて、そこには次のように記されていた。「そんなに多くの金とそんなに高い希望とが、どのようにしてそんな無秩序を産み出すことができるのだろうか？　電話とか役人とかはなぜちゃんと機能しないのだろうか？　なぜ、スイッチを入れたり蛇口をひねったり定期便を使ったりしても、明るくなるとか洗濯できるとか旅行できるとかいう確信を

持つことができないのだろうか？　公的私的な状況のほとんどすべてのレベルで人々が賄賂を期待するのはなぜだろうか？ (注11)」この記事の筆者ニコラス・ハーマンは直接の答は何も与えてはいないが、植民地支配と、石油の金から生じた経済の歪みと、人々が国や社会全体によりも拡大家族のほうに深い忠誠心をもつこと、との複合累積効果に言及している(注12)。

　私は、ナイジェリアの経済的社会的生活のこのような明らかな様相からすると、ナイジェリアの森林と野生動物に対する巨大な圧力を緩和するためには、大ざっぱで全体的な勧告をしても大した成果はあがりそうにない、と考えた（そのような勧告はこの20年間に何回となくなされたが、目に見える結果が生じたことはほとんどなかった）。ノドジロゲノンとそれの生息環境とが生き残る確率を現実に改良するために私たちの調査からできる最良の対策は、それがうまくいきそうな特定の地域での具体的な活動についての勧告を明確な言葉使いですることだ、と私は考えた。

　自然保護活動をするのならここだ、とアナドゥと私が結論した地域がオコムであった。オコムでは、他のどの保護区でよりも多くのノドジロゲノンやその他3種の森林性サルが見られ、鳥類も多かったし、猟師たちの話では少数だがチンパンジーとマルミミゾウもいるという。オコムは、アナドゥと私が訪れた森林保護区の中で一番広かったし、攪乱は一番少ないように見えた。この保護区は三方を2つの大河、オッセ河とシルコ河によって囲まれていて、それが盗伐と密猟を阻んでいたし、そこの森林は比較的注意深く管理されてきていた。従って私たちは2つのことを勧告することにした。1つは、オコムの中央部に74平方マイル（192平方キロ＝13.9キロ平方）の野生動物サンクチュアリを直ちに設立して、そこでの狩猟や樹木の伐採やその他の利用を禁止すること、もう1つは、この保護区のそれ以外の部分に長伐期の択伐を再導入すること、である。私たちはまた、中央のサンクチュアリ以外の部分での狩猟をもっと規制することと、この保護区内にすでに存在する農地と入植地が拡大するのを禁止すること、についても論じた。オコムにはすでに多くの移住農民がいただけでなく、州政府は1977年に保護区西部の60平方マイルの土地を、ヨーロッパの技術・資金援助による連邦政府のアブラヤシ農園プロジェクトに99年間貸与することを認可してしまっていた。

　1982年7月に私がニューヨークに帰った後は、ピウス・アナドゥが私たちの仕事を続けたが、それは今はナイジェリア自然保護財団（NCF）と連邦森林省とから支援されていた。NCFというのは、ナイジェリアの自然環境破壊について

一般の意識を高めるために、さまざまな自然保護プロジェクトを奨励し実施するために、そしてこのような活動をする資金を集めるために、1982年に創立されたこの国のNGOである。それの創立者であり理事長であるS.L.エドゥ首長はラゴスの実業家であって、ラゴス商業会議所の会頭やラゴス州保険局（Health and Social Services）の長官だったことがある。彼は、ナイジェリア・オランダ間の貿易促進活動にかかわっていた時に、当時WWF総裁だったベルンハルト公に会った[注13]。エドゥ首長はベルンハルト公に説得されてWWFに参加し、8年間理事を務めた。彼はNCFをWWFの地域版として創立し、それは今日アフリカでは数少ないWWFの公式な支部の1つである。

私たちの勧告は、1983年初めにベンデル州政府と連邦政府とNCFとに提出した報告書の中に記した[注14]。私たちの報告書は、オコムでの自然保護についての詳細な勧告だけでなく、ベンデル州全体についてのもっと一般的な勧告もしていた。この報告書が提出された時には私はニューヨークに戻っていたが、アナドゥがオコムを監視し続けて、州政府が私たちの勧告に従って動くように運動していた。しかし、野生動物サンクチュアリを設立させようとする活動は、経済と政治の情勢変化のために直ぐには進まなかった。

またしても経済と政治の激変

1982年前期に私がナイジェリアにいた間に、原油価格は1981年初めの1バレル40ドルという最高値から28ドルに急落した。先進石油消費国での景気後退もあって、高値は世界市場での石油供給過剰をもたらしていた。石油価格を維持しようとしてOPEC（ナイジェリアもその一員である）は生産制限をすることで合意した。1982年4月までにナイジェリアの石油生産は、1981年初期の日産200万バレル以上（1バレル40ドル）から、わずか日産65万バレル（1バレル28ドル）にまで下っていた。ナイジェリア政府の歳入は、1982年当初の月13.5億ドル以上から、同年4月には月5億ドルにまで落込んだ[注15]。ナイジェリアへの影響はひどいものだった。直ちに政府支出が削減され、長期的には生活水準が低下し、外債が急増した。1人当たりGNPは1982年の860ドルから1986年の640ドルに下り、外債は1980年の89億ドルから1986年の219億ドルに増えた[注16]。消費者物価と失業率が上昇し、幻滅感が広がった、特に、1983年半ばの選挙が不正だったと広く見做された後にそうだった。1983年12月31日にシャガリ政府がモハメド・ブハリ少将の率いるクーデターに倒され、ブハリはこの国を経済崩

壊から救うと約束した。

サンクチュアリの布告

このような変化のために、当然だけれどもナイジェリアの政府は野生動物保護活動に眼を向ける余裕がなかった。それの優先順位は今や以前より低くさえなった。1983年の選挙でベンデル州ではシャガリの党が権力を握り、森林と野生動物の問題を担当する州の農業天然資源省（Ministry of Agriculture and Natural Resources）には新しい長官が任命された。そしてアナドゥは、新長官はオコムについての書類を検討するための時間が必要だ、と告げられた。アナドゥは何らかの変化を生じさせられないかと考えてNCFへ向かった。NCFの科学委員会委員長A.P.レヴェンティス（ナイジェリアの大会社の重役）は、ベンデル州知事に会見してオコムの重要性を説いてみようと言ってくれた。しかし、その会見が実現する前にブハリのクーデターが起きて、ベンデル州には新しい軍人知事が来た。そして農業天然資源省にも新しい長官が任命されたが、彼もまた、自分の省の活動内容を十分に把握するまでは重要な決定をしたくないと言った。

そこで1984年半ばには私は、サンクチュアリについての私たちの提案に関する動きを促進するためには、私がナイジェリアに行かなければならないだろう、と決心した。私は7月にラゴスでレヴェンティスに会い、新しいベンデル州知事とオコムの自然保護について話し合ってくれるように頼んだ。それから私はベニン・シティへ飛んで、そこでアナドゥと一緒に農業天然資源省の長官に短時間会うことができた。彼は私たちの提案に共感は示したが、他の問題に気を奪われているように見えた。重要な林業地域の真中に保護区を設ける決定をするのは気の進まないことだろうし、州知事の同意が必要だろう、ということははっきりしていた。アナドゥは、長官がオコムの自然保護についての考えを自分できちんとさせるまでは知事に直接に要望を出すのは控えた方がいい、と考えた。この思いやりの結果アナドゥは軍人知事J.T.ユセニへの手紙を1985年3月まで出さなかった。

これの直後にアナドゥは、先の文民知事が幾人かの伐採請負業者に対して私たちが厳正保護を勧告した地域のかなりの部分を伐採する許可を与えていた、ということを知った。彼は焦って、レヴェンティスに再度接触し、知事にもっと圧力をかける援助を求めた。レヴェンティスは5月13日にユセニ知事に手紙を書き、さらに直接会ってもくれた。私は合衆国での私たちのスポンサーに接触し、6月

にはニューヨーク動物学協会会長（General Director）ウィリアム・コンウェイもユセニに手紙を書いた。ついに7月25日に、州の特別委員会（Executive Council）がオコム野生動物サンクチュアリの提案を審議し認可して、1985年8月1日発効とした。その月の後半にイブラヒム・ババンギダが宮廷革命で権力を握り、ナイジェリア連邦政府はまたしても主を変えた。

　オコム野生動物サンクチュアリ創設の公式な告知は1986年12月まで刊行されなかった(注17)。この告知では、サンクチュアリの面積は私たちが本来勧告した74平方マイルから26平方マイルに狭められてしまっていた。そして、このサンクチュアリは今や法的存在となったのではあるが、実際にはまだ何も保護されておらず、森林はまだ伐採され続けていた。

オコム保全プロジェクト始まる

　1984年にアナドゥはベニン大学の新しい林学野生動物学教室の主任になっていたが、この教室には研究費も熟練職員も不足していた。私は、オコムでの研究活動と保全活動を活発にしようとして、また、アナドゥの新しい教室を援助するために外部から研究費と専門技術を導入しようとして、ロンドン大学ユニバーシティカレッジ（UCL）生態学自然保護学ユニットのロデリック・フィッシャーと連絡をとって、オコム森林保護区の管理についての共同研究をそのユニットとアナドゥとで行なってはどうかと提案した。フィッシャーは1960年代にUCL自然保護課程での私の先生だったし、私は1970年代後期に南インドのアシャンブ山地についての流産した調査計画では彼と一緒に仕事をしたことがあった。1985年7月にフィッシャーは英国文化協会の援助でナイジェリアを訪れて、オコムにも行ったし、アナドゥとレヴェンティスにも会った。その結果、この森林保護区の管理についての共同研究とこの2つの大学の間の学術交流との両者が提案された。だが、この提案を実現させるための資金は結局得られなかった。しかしフィッシャーはオコムのことを全く忘れてしまったのではなくて、1987年にロンドンで彼の学生の1人をレヴェンティスに引き合わせた。これがリー・ホワイトで、彼は動物学科を卒業したところであって、ガボンで降雨林の哺乳類に対する伐採の影響についての博士論文研究を始める前に、アフリカで働ける野外プロジェクトを捜していた。私は彼には1970年にウガンダで彼が子供の時に初めて会っていた。彼は、私がシエラレオネで一緒に仕事をしていたピーター・ホワイトの息子であって、ティワイ島でのプロジェクトには、大学入学の前年には研究助手と

して、その後はUCLの学生遠征隊の一員として、参加してきていた。

レヴェンティスは1987年8月にリー・ホワイトと会って、彼をオコムでの顧問（コンサルタント）として選任することに決め、これをUCLとベニン大学の共同プロジェクトの第一歩であると考えた。ちょうどその頃NCFは、その年の後半にベルンハルト公に彼らのプロジェクトのいくつかを見に来て貰うことにしていた。ベルンハルト公は1987年10月にNCFの「オコムの森プロジェクト」を公式に発足させて、ホワイトをその最初のプロジェクト・マネージャーとした。私は、ナイジェリアのもう1種の希少な森林性サル、スレーターゲノンを捜す調査を始めるためにちょうどこの国に戻ったところだったので、このプロジェクトの発足に立ち会うことができ、ホワイトにオコムを紹介することができた。

このプロジェクトは初年度は月約1000ナイラ（当時は約250ドルに相当）というわずかな予算で運営された。だがホワイトは熱心で精力的であって、NCFと州と連邦森林省との人間から成る現場チームを使ってサンクチュアリ内部での密猟を何とか抑えこんだ。訪問者（ビジター）のために小規模な施設が作られ、森の生態系についての研究も始められた。研究はUCL学生遠征隊とレジナルド・ヴィクターに指導されたベニン大学の学生たちとの共同研究によって援助された。しかし、サンクチュアリ内での伐採は結局1988年6月まで終わらなかった。

リー・ホワイトは1年後にオコムを去って、ガボンのロペ保護区で博士論文研究を開始した。NCFプロジェクトのボランティア・マネージャーは、UCL遠征隊に参加してきた学生の1人フランクリン・ファローが1年の間引き継いだ。彼は野生動物サンクチュアリでの密猟監視員たちの指揮をとり続けたが、同時にサンクチュアリの外にあるオコム森林保護区の広い地域の管理問題についても研究した。アナドゥと私は、このサンクチュアリとそこの野生動物は、サンクチュアリの外の保護区地域が、木材を安定した収量ベースで注意深く開発することによって森林として維持されるのでなければ、長い間活力を保つことはできないだろうと考えていた。

しかし、この保護区の中の農地は増え続けていた。1950年のオコム作業計画では、タウンジヤ農法によって毎年14ヘクタールを、最高991ヘクタールまで、転換することが提案されていた[注18]。しかし1960年代までに、ナイジェリア南部の森林に広く適用されていたタウンジヤ農法はすでに崩壊し始めていた。それは、新独立国の政治家や政府官吏が、自分の懐を痛めずに、急増しつつあって土地に餓えた人々に農地を与えることができる1つの手段となっており、しかも土

地を譲渡された人々から礼金を貰えることもよくあった。この農地は速やかに植林地化されるというのがこのシステムの本来の意図だったが、それを保証する努力はほとんどなされなかった（写真19を見よ）。タウンジヤ農法が特に大きく広がったのは明らかに1979～83年の文民政府の下においてであり、その時に森林局の計画は大部分が廃棄された[注19]。

　オコムでタウンジアの土地を配分された農民は、そのほとんどすべてが地域の住民ではなくて、ナイジェリアのもっと人口稠密な地方からの移住者で、オコムよりはるかに南と東から来たウルホボ族、イツェキリ族、イボ族の人々だった。一部の農地は政治的恩恵として「週末農家」に譲渡されたが、彼らは遠方の町に住んでいて、その農地には時々やって来るだけで、人を雇って農作業をさせていた[注20]。1987年までにオコムでは毎年500ヘクタール前後が農地化されていた[注21]。ベンデル州森林局長は、その州一帯でのタウンジヤ体系の崩壊に驚いて、それは「森林保護区を結局はダメにしてしまいかねない小農化農耕体系」に退化してしまったと記し、1988年9月には既存の農地以外に森林を新しく農地化することを一切禁止した[注22]。これは移住農民たちから大きく反発され、森林局には方針を逆転するよう政治的圧力がかけられた。この方針は変えられなかったけれども、森林局にはそれを実施する予算がほとんどなかったので、この方針は大体無視された。

　私は1989年7月にレジナルド・ヴィクターと共に再度オコムを訪れた。私たちはフランクリン・ファローから保護区内に農地が広がり続けていることを聞いた。ファローはまた、狩猟は以前より職業的になってきつつあり、獲物の大部分は地元で消費されていない、とも語った。私たちは、現在オコムで確立されているような規模の入植と開発の下では、この保護区を全体として、アナドゥと私が1982年に提案したような収量の安定した木材生産によって管理できる可能性はほとんどない、と結論した。オコムに残っているまだ元気な森林生態系にとっての唯一の希望は、既存のサンクチュアリを、まだ農地化されていない森林が隣りに存在するうちに拡張し、この十分保護された地域（そこを国立公園にすることができれば一番良い）の周囲を、農地化のひどくない緩衝地帯で囲む、ということのように思われた。また、NCFが、専門的なプロジェクト・マネージャーを任命するなどして、オコムにもっとはっきりと長期的にかかわることも重要であろう。私はナイジェリアを離れる前にこのような点についてベンデル州森林局長やNCFと話し合ったが、今はピウス・アナドゥがNCFの事務局長になっていた。

写真19 オコム森林保護区のタウンジヤ農耕地域。農民たちは作物のあとに植林するように想定されているのだが、オコムでは殆ど植林がされず、タウンジヤ地域は永久農地になってきた。

ニューヨークに帰ると私はオコムでの私の観察についてNCFに報告書を書き、その中にサンクチュアリの拡張と資格を持つプロジェクト・マネージャーの任命とについての勧告を記した。

1990年3月、アナドゥは再度ベンデル州の農業長官に手紙を書いて、オコムでの農地拡大と狩猟の増加について懸念を表明し、オコム保護区全体のマスタープラン――特に、その保護区を取囲む入植地での土地利用を安定化させ、保全教育プログラムを確立するようなもの――を作るNCFの計画を記した[注23]。NCFはまた、専任のオコム・プロジェクト・マネージャーとしてシルヴェスター・オルヒエレを任命した。彼はベンデル州出身で、ナイジェリア最初の国立公園カインジ湖でそれまで働いてきていた。彼は4月に着任して、直ちにベンデル州森林局長と、野生動物サンクチュアリの周囲に幅1マイルの緩衝地帯を設定して、その中でのタウンジヤ農耕と伐採を1年以内に中止する、ということについて折衝した。その直ぐ後にアナドゥはベンデル州の軍人知事に手紙を書いて、緩衝地帯はもっと幅広くして、その中での農耕は禁止し伐採と狩猟は10年間で段階的に廃止する、ということは考えられないかと尋ねた。既存のサンクチュアリとそれ

を囲む幅1マイルの緩衝地帯では、その合計面積が、野生動物にとっての長期的な避難所にふさわしいほどの十分な広さにはならない、と彼は記した。アナドゥはまた、この保護区のそれ以外の部分は、そこでの土地利用が、改良された農耕法と林内農耕（agroforestry）との結合によって安定化されるような「サポート地帯」であると考えられる、とも提案した。このサポート地帯はイギリスのODAからの援助で開発されるだろうと示唆された(注24)。

NCFがそれのフィールド・プロジェクトのいくつかの中でサポート地帯を含めて考えるようになり始めたのは、1980年代後半にWWF-UKやODAと深く関係するようになってからだった。NCFは1988年から、ナイジェリア東南部のクロスリバー州に国立公園を創設する計画をWWF-UKと共同で進めてきていた（第6章を見よ）。ODAの自然資源研究所からの1チームが、クロスリバー国立公園予定地一部の周辺の土地利用と農業開発についての報告の中で、1989年に、サポート地帯を次のように定義していた。「現在この公園地域にある程度依存して生活している村落がその中にあるような、この公園を取巻く幅狭い地帯。公園を守るためには、このような地域社会を次第に公園活動に参加させ巻き込むようにできるだけ努力し、その結果、最終的に彼らが公園に依存するようになり、公園を守ることに既得利権を持つようにするということを提案する(注25)」。換言すれば、森林生態系の保護は、保護される地域に隣接して住んでいる人々に焦点を当てた開発プログラムを始める、ということによって計られるであろう、というのである。そのようなプログラムが、今オコムに提案されようとしていた。

「持続可能な開発」がオコムに来る

第3章で、1980年代に自然保護団体と経済開発機関との間に密接なつながりが発展してきたことを論じた。イギリスのODAが、WWFやNCFと協同して、オコム保全プロジェクトにかかわるようになったり、関心の焦点が森林そのものの保護よりもサポート地帯の開発のほうに向けられるようになったりしたのは、別に驚くようなことではない。

ODAは、最初、1987年前半にUCLの生態学自然保護学ユニットから、そこがベニン大学と共同で実施したいと考えているオコムの管理研究への援助について打診されたらしい。ODAはそれに直ぐには反応しなかったのだが、1988年10月にWWF-UKのクリーヴ・ウィックスがリー・ホワイトに、ベンデル州での森林管理についてその改善勧告も含めて報告書を書いて、ODAに提出しないか、

と言ってきた(注26)。ホワイトとウィックスは、ホワイトがオバン山地への調査旅行を終えた後に接触したが、この調査はWWFのクロスリバー国立公園プロジェクトを始めさせることになったものだった［訳注：第6章参照］。

クリーヴ・ウィックスは以前にはナイジェリアその他のアフリカ諸国で英米タバコ会社に勤めていて、農業部門や管理職で働いていた。そして今はWWFに保全・開発の役員として雇われていて、諸開発機関からの資金による保全プロジェクトの作成と管理を担当していた。ODAが、「オコム野生動物サンクチュアリとその周囲の自然保護と森林管理と農村開発の開始を援助するプロジェクトを立案する」ために(注27)、1990年初めにベンデル州に専門家チームを派遣したのは、明らかにウィックスの活動によるものだった。

このODA専門家チームは、ベンデル州は天然林の農地への転換を休止することは本気で考えてはいないと結論し、もっと情報を集めなければ適正なプロジェクトを立案することはできないだろうと述べた(注28)。ODAは、それに続けて航空測量と土地利用図製作に資金援助をしたが、オコムの管理に直接かかわることはしなかった。しかし、サポート地帯での開発を助長することによって自然保護を促進する、という彼らの考えは今やNCF自身の考え方の中に浸透することになってきた。

1991年にNCFはこの自然保護と開発という路線をさらに一歩進めて、WWF-UKと相談して、ラゴスのNCF本部のプロジェクト開発担当者としてイギリス系外国人レイチェル・オクンロラを任命した。彼女は農業開発の分野で育ってきた人であって、その給料はWWFが持ち、その主要な任務（brief）はNCFの野外プロジェクトへの資金計画を開発することであった。このような計画が保護活動よりも開発活動のほうにむしろ重点を置いていたというのは、別に驚くようなことではない。

彼女の活動の最初の成果の1つが、オコムのサポート地帯での試験的研究と実験的研究に対するフォード財団ラゴス事務所からの補助金だった。困ったことに、オコムのサポート地帯は、クロスリバー国立公園計画の場合のように森林保護区の外にあるのではなくて、それと違って保護区内部で野生動物サンクチュアリに隣接する部分の森林のことを指していた。そこでこの時点から、この保護区の大半は人間が定住し農耕して当然な地域なのだという考えが、オコムに関係するさまざまな保全立案者や管理者の中に確立されるようになった。実際に、この保護区の境界内には、それが最初に設定された時から多くの集落があった。そしてこ

れらの集落の人々は、そのままそこにいて保護区内で一定の利用権を行使することが許された——例えば、指定された地域（飛び地）での農耕や、狩猟や漁や林産物（例えば、ヤシの実や葉、籐、屋根葺き用の葉、さまざまな果実）の採集など。しかし、保護区設立の文書には、そのような権利は新来者には認めることができない、とはっきり記されていた[注29]。今や保全論者たちは、自然保護は開発と結合されるべきだという考え方に従って、最近の移住者たちにこの森林保護区内部でいつまでも生活し続ける権利を認めていた。そのような移住タウンジヤ農民たちこそが、オコムで最もひどく森林を破壊しつつあるのだし、彼らの活動をベンデル州森林局自身が制限しようとしてきていたのだ、というのに。

　オコムサポート地帯での試験研究に対するフォード財団からNCFへの補助金の一部は、ベニン大学の社会学者フランチェスカ・オモロディオンによる社会経済調査に当てられた。彼女の調査は1991年8〜11月に行なわれ、4つの入植地に焦点を当てた。その中で1つだけ、イグオワンが森林保護区設立以前からそこにあった土着社会の真の後裔で、他の3つ、アラクフアン、マイル3、ニクロワはどれもが伐採または植林作業の結果として生じたか大きく拡がったかした入植地だった。ニクロワは本来土着の入植地だったが、その住民の大部分は比較的新しく来た人々で、伐採業への雇用かタウンジヤ農耕かに惹かれて来たものだった。

　オモロディオンは、開発研究で今流行っている「参加型」アプローチを採って、村人たちに、自然保護方策が彼らに及ぼす影響を緩和するためにとることのできる方策についての彼らの意見を聞いた。彼らは、キャッサバやトウモロコシの製粉機、良質の飲用水、電気、ヤギやブタの飼育プロジェクト、ジン蒸留器、商売の融資源があったならと言った。オモロディオンは彼女の報告書の中で、このような言い分をもっともだとして受け入れ、また、地力を回復させ木材利用をもっと持続可能にするように、この森林を「回復」するための苗木を供給できる苗圃も提案した。オモロディオンの報告書全体の主眼は、オコムは住民の福利を第一として管理される農地と本来見るべきだ、ということだった。この報告書は、農耕が森林の保護に及ぼす悪影響を緩和する方法を検討するのではなくて、「開発プログラムを広く知らせて、保護区やサンクチュアリという規制が農耕や農業体系に及ぼす影響を減らすのを助けること、が重要なのだ」と論じていた。またこの報告書は、アナドゥと私の提案したサンクチュアリの本来の目的を奇怪な風にねじまげてこうも記した。「多くの村人が、NCFはこのサンクチュアリの野生動物を集めてどこか別のところへ連れていけばいいだろう、と示唆した。実際村人

たちは、NCFがそこの野生哺乳類を収集するのなら喜んでそれを手伝う用意があると言った。参加型開発と保全教育プログラムを通して村人たちの支持が得られるならば、おそらくこれはあり得ることかもしれない[注30]。」

1992年7月にオコムに行くまで私はこの報告書のことは知らなかった。そして、オモロディオンのアプローチがナンセンスとして却下されるどころか、今ではNCFが1人のサポート地帯担当者を雇っていて、彼女の調査した4つの入植地で仕事をさせている、ということを知った。この担当者は、トウモロコシとキャッサバの改良変種を配布し、改良した農法をやって見せ、融資体制の設立を話し合う集会を持ち、養豚養鶏場を計画していた。このような活動の一部は、サンクチュアリの新しい1マイル緩衝地帯の内部で実際に行なわれていた。このような戦略が長期的にどんな結果をもたらすことになるか、という分析はなされてこなかった。

明るい話も少しはあった。この保護区内での伐採活動は下火になっていた。1991年8月にベンデル州は新しくエド州とデルタ州の2つに分割されており、オコムはエド州に位置していたが、この州が1992年2月にすべての伐採を一時禁止し、州政府はこの禁止令が有効な間に、違法な伐採を抑える目的で木材産業を再編成するための特別班を任命していたのだ。オコム・プロジェクト・マネージャーのオルヒエレの話では、サンクチュアリ内での狩猟も減少していたが、彼の考えではこれも一部は外部要因の結果だった。銃と弾薬の値が上昇し、火器所有免許料が上がったのだ。オコム野生動物サンクチュアリに接するアラクフアン村では、森林局の古い一群の建物がレヴェンティス財団の援助でNCFプロジェクト本部として使えるように再生されていた。そこには、保全教育センター、プロジェクト・マネージャーの住居と事務所、学生グループも含むビジターたちのための宿泊設備が含まれていた。しかし、レヴェンティスからの支援を別にすれば、この野生動物サンクチュアリの保護のための外部資金は何ひとつ得られなかった。

私は、この時に見たサポート地帯プログラムから生じると思われる結果が気に掛かったので、A.P.レヴェンティスに手紙を書き、このプログラムは移住農民を援助することでこの森林保護区内の人口を増加させ、そこの森林と野生動物に対する圧力を増大させることになりそうだ、という私の考えを記して、エド州やナイジェリアでの自然保護の必要性という広い見地をとって農地を野生動物サンクチュアリから十分に離れた地域に限定する方策を検討する（例えば、この保護区

写真20　オコム森林保護区内の野生動物サンクチュアリのすぐ北側での新しいゴム農園のための森林皆伐、1984年1月（訳注、本文では1993年2月となっている）。保護区外の多くの地域でもゴムの植林ができたのだが、農園会社にとっては保護区内の政府の土地を借地契約するほうが一般に安いのだ。

の外に新しい入植地を用意するなど）というような、全体的なオコム森林保護区管理計画が引き続き必要なのだと強調した。

　その後にレヴェンティスはオコムに行き、そしてNCFの科学委員会の会合で私の意見について論議した。その結果NCFは、再検討するまではオコムで新しい活動をしないと決定した。NCFの再検討チームは1993年1月にオコムを訪れて、経済活動を支援することで森林生態系を保全しようとするのは危険だ、という証拠を発見した。たくさんの農民が（改良された作物の種子や挿木枝と共に）植えるべき苗木を渡されていたのだが、その大多数が苗木を植えていなくて、農地を失うことになるのがいやだったからと弁明した。融資援助に対して農民グループから出された事業計画のうちで経済的に見込みがあるように見えたのは1つだけであり、それはイボ族の女性グループからのブッシュミートや農産物の商売だった。幸いなことにNCFはこのグループを援助しないことに決めた。オコムの住民たちはサンクチュアリ内での狩猟からの収入を明らかにしようとしなかったので、再検討チームにとっては、野生動物サンクチュアリへの立入禁止から生ずる

損失を補うためにはどれほどのレベルの新収入活動を援助する必要があるのか、を評価するのは難しかった。このチームはいくらか討議した後に、アラクフアン村で改良農法をやって見せるのは、そこがサンクチュアリの1マイル緩衝地帯内部なのだから止めるべきだ、という点で合意した。しかしこのチームは、この保護区のそれ以外の部分の農民たちにはある程度の援助を続けるべきだ、という点でも合意した——そこには次のようなものが含まれよう。2つの公開実験農地への援助、改良作物変種購入に使われるグループ融資計画への援助、裏庭養鶏養兎プロジェクトへの援助、キャッサバ製粉機修理のためのローン。このチームは緩衝地帯での農耕を段階的に廃止することを勧告したが、すでに州政府自身がそれは1991年4月18日までに終了するべきだと布告していたにもかかわらず、それには3～5年かかるだろうとほのめかしていた[注31]。自然保護に手を貸すための開発促進という基本原則がそこにはまだ残っていた。

プランテーションの拡大

オコムの生態系の本来の姿を脅かしていたのは農地化と狩猟だけではなかった。この森林保護区のかなりの部分がプランテーション会社へ次々に提供されたことも、それに劣らず脅威だった。1977年にオコムアブラヤシ会社に認可された60平方マイルについてはすでに言及した。その後に州政府はさらに8平方マイルを現地の木材とプランテーションの会社イヤイ・ブラザーズにゴム植林用に貸与したが、この場所は野生動物サンクチュアリを囲む幅1マイルの緩衝地帯に隣接していた。このような貸与は、ナイジェリアの森林保護区の管理が地区政府から州政府に移管された結果生じた大きな弊害の1つの例である。州レベルでは政府の役人が裕福な個人や会社と密なつながりを持ちがちであって、これが腐敗を助長するのだ、特に、真の民主主義のない場合には。

オコムへの次の打撃は、NCFのサポート地帯開発プログラム再検討の直後にやって来た。1993年2月、野生動物サンクチュアリの北の保護区内の別の8平方マイルの土地で、新しいゴム園のためにブルドーザーが森林を伐採し始めた（写真20を見よ）。これはこの保護区とオッセ河の間にすでにあったゴム園であるオッセ河ゴム農園の拡張となる予定であり、この農園はミシュラン（ナイジェリア）農園グループ（51％）とエド州政府（49％）との共同出資によるものだった。オッセ河ゴム農園はそもそも1981年に文民政府との間でこの計画を話し合ったのだが、1988年までは正式に認可を申請しなかったし、その年には森林局がこの計

画に反対した^(注32)。1991年に、森林局とNCFの両者が反対したにもかかわらず貸与は認可された。貸与条件はゴム会社に極端に有利であって、会社は1ヘクタールにつき20ナイラ（約3ドル）（これは1平方マイル約600ドルに相当）しか払わなかった、ということだ。

　NCFや現地の環境保護運動家たちはこの新しい伐採を止めようとした。NCFはWWF-UKからの資金である経済学者に頼んで、その森林を自然状態のままにして持続可能的に収穫する場合とゴム園にしてしまう場合との経済上の意味について、費用便益分析を行なって貰った。1993年6月にエド州知事に提出された最終報告書は、長期的には天然林を収穫する場合のほうが利益が大きいだろう、と論じていた。残念なことにこの分析は、立派な森林を維持することから生ずる経済上の便益に関して、数多くの非常にいいかげんな、もしくは疑わしい仮定に大きく頼っていた。そのような仮定としては、水源涵養と漁業保護の経済価値の推定、予想される観光収入の推定（年間100万ナイラ）、ODA開発プロジェクトのような「国際移転（international transfers）」の額の推定などがあったし、林産物の持続可能な収穫についての推定には目茶苦茶な過大評価が含まれていた（例えば、貸与の認可されたこの地域で1平方マイル当たり年に7400頭のオオハナジロゲノンと200羽のワシを捕ることができるなど^(注33)）。そこには自然を自然自身のために保護するという積極的な論が何もなかったから、エド州政府がこのようなあやふやな信じ難い推定よりも現実的なゴム園の利益のほうが納得できると考えて、その森林の伐採を続けることを許した、というのはおそらく別に驚くようなことではないだろう。これは、降雨林を保護するために倫理論ではなく経済論を使うのは危険だ、ということを示す好例である。

「便乗者（stakeholders）」のためのマスタープラン

　従って、1993年半ばまでにオコムの将来は次第に暗いものに見えてきていた。NCFは、この保護区への圧力が大きくなってきたことに対応して、この保護区について包括的管理計画を作るという考えを復活させた。オコム森林保護区全体の管理についての「マスタープラン」という考えはかなり以前からあったもので、おそらくその始まりはアナドゥと私が1982年に行なった提言であって、野生動物サンクチュアリの外のオコムの森林地域を持続的収量ベースで管理することと、農園と入植地の拡大を阻止することとを勧告していた。私たちの最初の調査から10年の間にオコムに住む人間やオコムを利用する人間の数は大きく増え

ていて、このことが、保護区全体についての持続可能な森林利用を第一とする実行可能な計画を立てることを非常に難しくしてきていた。

　ラゴスの NCF 本部では、レイチェル・オクンロラに代わって別の外国人ピーター・コーツがプロジェクト開発の担当者になっており、彼がオコムのマスタープラン作製をイギリスの考古学者パトリック・ダーリングと契約した。ダーリングは、この森林保護区の北縁のウド（Udo）の町を囲む大規模な環濠土塁の研究を通してオコムにかかわるようになっていた(注34)。このような古代の防衛構造は西南ナイジェリアに広く見られるものであり、ダーリングはそれの位置と歴史に関する権威となってきた。マスタープランについてのダーリングの仕事の費用は、NGO 合同資金計画と呼ばれるプログラムを通して、明らかに主としてイギリスの ODA と WWF から来たが、そこでは ODA の貢献が WWF のに匹敵していた(注35)。

　自然保護は開発の1つの要素と見做されるべきだという考えが次第に広く受け入れられてきたので、生態学とか野生動物管理とかにほとんどまたは全く経験のない人物が大きな自然保護地域計画を作るということに、開発機関からの資金が国際的自然保護団体を通して流れた、というのはもはや驚くべきことではなかった。そしてこのような背景からすると、ダーリングの最終報告の内容もまた別に驚くようなものではなかった。このマスタープランの最終稿を私は1996年初期にナイジェリアを訪れた時に初めて見たが、それはこの森林の歴史についての完全なまとめを含んでおり、保護区全域を国立公園と（または）世界遺産にすることを勧告していた。それは森林をこれ以上伐採するべきではないと論じてはいたけれども、小農民たちをインフラの開発によって援助することと、この保護区を利用しているすべての人々（「便乗者（stakeholders）」[訳注：漁夫の利を得る者という意味らしい] という流行語が使われていた）の利害を尊重し、衝突する利害の調停をはかる道をさぐることもまた勧告していた(注36)。換言すれば、このプランは森林の保護を複雑な利用システムの中の単なる一要素にすぎないものとしていたのであり、そのシステムの中では、長期短期の利益のためにこの森林を、適法にせよ違法にせよ、利用している人々の権利が、今や公式に認められているのだった。

森林利用の増大と研究の計画

　その頃、私の友人ピウス・アナドゥが NCF の事務局長という立場から退いて

いたので、オコムの管理のどの側面についても私の影響力は低くなっていた。私は、いくつかの熱帯林では活発な研究プログラムが自然保護活動を刺激し支えたことを知っていたので、オコムの保護に関して私が継続して最も貢献できるのは、この森で生態研究を進めようとすることではないか、と考えていた。しかし、オコムは有名な場所ではなく、森林は「原始的」ではなく、動物相も特別すばらしいものではないのだから、特に研究費獲得の競争が厳しくなってきた時代には、研究費調達にとってやさしい場所ではない。それでも私は、結局何とかして、私の学生の1人ローラ・ロビンソンが野生動物サンクチュアリで霊長類の個体数調査をするための少額の研究費を、ロンドンに本部のある絶滅危惧種のための市民トラスト(People's Trust for Endangered Species)から見付けてきた。1993年末の3ヵ月間のこの調査で、このサンクチュアリにはまだ森林性サルすべてのちゃんとした個体群が残っていることがわかったが、サンクチュアリの中で狩猟がまだ行なわれていることも明らかになった。私は1994年1月にロビンソンを訪れ、新しいゴム園のための伐採を目の当たりにして、保護活動を改善するためにプロジェクト・マネージャーのオルヒエレに研究費の一部を廻すように取り計らった。

残念なことにロビンソンがオコムでの仕事をそれ以上続けないと言ったので、私はこの森林での共同研究についてリー・ホワイトと連絡をとり始めた。ホワイトは、1987年に始まったこの自然保護プロジェクトの最初のマネージャーであって、この森のことをずっと気に掛けていたのだ。私たちは2人ともアフリカの森林の長期的な歴史に関心を持つようになってきていたし、この問題はホワイトのガボンでの研究プログラムの中で次第に重要な部分になってきていた。私たちはどちらも他の場所に多くの掛かり合いを持っていたので、ナイジェリアで一緒に仕事をしようという計画は遅々として進まなかったが、ついに1996年に私たちはオコムで出会うことができた。この時までにシルヴェスター・オルヒエレはラゴスのNCF本部に移っていて、オコムのプロジェクト・マネージャーはアラデ・アデレケになっていた。

私は1996年2月末から3月初めに8日間をオコムで過ごした。同行したのはアメリカの霊長類学者メアリー・グレンとその夫の野生生物学者(wildlife biologist)キース・ベンセンであって、リー・ホワイトは2日遅れて合流した。私たちは野生動物サンクチュアリを数回調査したほかに、サンクチュアリの南側と東側に残っている天然林地域のいくつかも訪れた。そこは私が1989年にサンクチュアリに入れるように提案していた地域だった。

調査結果の中には元気を出させてくれるようなものもあったが、そのほとんどは気の滅入るようなものだった。明るい面としては、オコムで知られている4種のサルが、ノドジロゲノンも含めてすべて見られるか聞かれるかした。ゾウとスイギュウの足跡と糞も見られた。鳥はまだ非常に豊富で、大型のサイチョウもふつうだった。その一方で、密猟の証拠はサンクチュアリ内の至るところで豊富に見られた。私たちの歩いたどの小径沿いにも、散弾の空になった薬莢（非常に新しいものも）と猟師たちのアセチレン・ヘッドランプからの使用済みカーバイトの小山とが見られた。銃声が4回聞こえたが、どれも明らかにサンクチュアリ内部か1マイル幅の緩衝地帯からのものだった。私たちが出会ったサルその他の哺乳類の個体数は少なかったし、見たサルはすべてが非常におどおどしていて静かであって、それが狩猟圧増加の結果であることはほぼ確実だった。サンクチュアリ内部での狩猟のこの増加は、この森林保護区（の中の入植地と農園）に住む人の数が増えたことと保護活動が衰えたこととの両者からの必然的結果であったように思われる。州と連邦の森林関係の職員は密猟抑止プログラムに今では参加しておらず、このプログラムは今少数のNCF職員だけによって行なわれていた。交代で一時に最高9人のNCFに雇われた監視員しかそこにはおらず、彼らはサンクチュアリ内を広く歩きまわったり夜間もそこにいたりはしていなかったのだ。

　この時までに、このサンクチュアリの北と西にもとからあった森林の多くは皆伐されてしまっていて、そこにはアブラヤシやゴムノキやさまざまな農作物が植えられていた。このサンクチュアリの東と南には80平方マイル（14キロ平方）以上の天然林がまだ残っていた。しかし、この森林の大部分は野放図な強度の利用によってどうしようもないほど傷めつけられていた。州政府は現場職員を配置していなかったし、NCFの監視員たちは野生動物サンクチュアリの内部にしかいなかったので、この保護区のそれ以外の部分では盗伐や林産物の採取には実質上何の規制もなかった。私たちが出会った伐採者たちは許可証を提示できなかったし、1人の男がエナンチア（Enantia）の樹皮（薬用に利用される）を推定250束も採っていくのを止められなかった。私たちの聞いたところでは、盗伐者のトラックはほとんどが夜間に保護区を出ていくのだが、この森から出る主要道路にある唯一の検問所に配置されているNCF職員は夜間には勤務していないのだ[注37]。

　だが、サンクチュアリの外に残っているこの森林は、ひどく荒らされてきてはいたが、まだ農地農園用に皆伐されてしまったわけではなかった。そして私たち

は、この森林は長期にわたって適切な保護をすれば旧に復するだろうと結論した。この保護にはサンクチュアリとそれに隣接する天然林地域とを国立公園にするのが一番良い、と私たちはまだ考えていたのだが、それは早急にする必要があると思われた。サンクチュアリの外のこの森林にある有用な樹が択伐によってすべてなくなってしまったら、そこを農地や農園にしようという圧力が大きくなるだろうし、そうなったら天然林として残るのはサンクチュアリとそれの緩衝地帯だけになってしまうだろう。たった46平方マイル（11キロ平方）でしかないこの森林では、マルミミゾウやスイギュウのような大型哺乳類の個体群を支えていくことができないのはほぼ確実だろうし、その他に多くの種が次第に失われていくことだろう。

　リー・ホワイトと私は、この森林とそこの野生動物の状態を調査したほかに、野生動物サンクチュアリの中の2ヵ所で土壌断面を調査した。そのどちらでも地表から7～8インチ下にはっきりした炭化・陶器片層があった。この層から上には炭化片はほとんど1つもなかったが、それより下には少なくとも2フィートの深さまで炭化片が散在していた。この証拠から示唆されるのは、オコムには移動焼畑農耕の長い歴史があり、それが発達してかなりの人口密度の定住生活になり、その後に村が崩壊して森林が再生した、ということである。ホワイトはこの炭化片の放射性炭素分析を依頼し、その結果一番上の炭化層は700～750年前のものであることがわかった[注38]。このことはそれ自体魅力的であり、この森林の非常にダイナミックな歴史を示唆するものであるが、それはまた、そのような森林は大きく攪乱された後でも、森林樹種の残存場所がその地域に残されていて、そこへ移住してきさえすれば、再生する能力を持っているということも例証している。

　私たちの滞在が終わる頃に、NCFの新しい技術計画部長（Director of Technical Programmes）のアコ・アマディがオコムに来た。ホワイトと私は、もっと体系的な土壌サンプリングや霊長類の研究も含めた今後の研究についての私たちの考えを、アマディと話し合った。私たちはまた、自然保護の問題や国立公園の問題についても話し合った。しかしアマディはそれほど乗り気ではなかった。彼の考えでは、外国人による研究は、それがナイジェリアの研究能力を（例えば、ナイジェリア人研究者に研究費や装備をもたらすことによって）明らかに上昇させるのでなければ、行なわれるべきではない。彼はまた国立公園という考えには賛成でないように見えた。彼は、私たちの観察結果は勧告という形ではなく報告という形

で文書にしてほしいと言った。私たちはそのようにしたが、NCF からは何の反応もなかった。私は、オコムの保護に最も直接にかかわっているこの団体は、私がオコムに深くかかわることをもはや特に歓迎していないのだ、と残念ながら結論した。

オコムの国立公園は？

1996 年の私たちの観察から、すでにある野生動物サンクチュアリよりも広い面積を天然林としてオコム森林保護区の中に残さねばならないとしたら、急いで活動する必要があるということがはっきりした。マスタープランがすでに作られていたのは心強かったが、このプランは複雑なものだった。それは、さまざまに異なる関心を持つ数多くの人々に、その関心の多くがオコムを商業的に利用することにあっても、一緒に 1 つの共通の管理構造の中で協同することを要求していた。この森林保護区と野生動物サンクチュアリでは以前にはもっと単純な管理構造が必ずしもうまく機能してきてはいなかった。今度の新しい構造を運営するのはそれよりもずっと難しくて経費がかかることだろう。このプランが何とか機能し得るとしたところで、それにはかなりの時間がかかるだろうし、その間にも残った天然林とそこの野生動物はさらに蝕まれてしまうに違いない。そして、もしこのプランがうまくいかなかったならば、この森林とそこの野生動物が完全に失われてしまうだろう、という怖れがあった。

リー・ホワイトと私は、1996 年のオコム調査後に NCF に提出した報告の中で、このマスタープランの欠陥についての私たちの見解を記し、サンクチュアリとその緩衝地帯に隣接する 68 平方マイルの択伐された森林を完全に保護するという問題を論じて、この合計 114 平方マイルの地域を国立公園にするように活動することを要請した[注39]。私は 1989 年に初めてオコム内部に国立公園を作る提案をした。1993 年には、ナイジェリア連邦政府がオッセリバー国立公園という案を考えていることを知ったが、それはオコムと隣りのオンド州にあって 50 マイル離れているイフォン動物保護区とを 1 つの管理構造の下に結合するものだった。この連邦政府の案もダーリングのマスタープランも、オコム森林保護区の全域を国立公園にしようと考えていた。だが私にしてみれば、オコムにはすでに多数の人々が住んでいるのだし、この森林のかなりの部分で高レベルの商業的利用が行なわれているのだから、ナイジェリアがその国立公園概念を変えない限り、それは実施困難な提案であると思われた［訳注：日本の国立公園概念の下では実施可能］。

ホワイトと私が国立公園として提案したもっと狭い地域には、小さなアラクフアン村以外には人間の居住地がなかった。この地域は台地林と湿地林の両者を含んでいたし、オッセ河とオコム河がそこの東縁と西縁で天然の境界線を形成していた。この地域が厳正に保護されることになるのであれば、この森林保護区のそれ以外の部分をダーリングのマスタープランの線に沿って管理しようとすることもまだ可能だろう、と私たちは示唆した。また、そのような管理ではうまくいかないことがわかったとしても、少なくとも最も重要な残された森林地域は保存されることになるだろう、と指摘しておいた。
　私は、1996年3月にナイジェリアを離れる前に、連邦の首都アブジャでナイジェリア国立公園部長のローワン・B・マルグーバに会って、この国立公園の提案について話し合った。私はオコム全体を1つの国立公園として管理する際の費用と非実際性についての私たちの懸念を述べ、もっと狭いがもっと均質で完全に保護された地域という私たちの代案を示した。マルグーバは、彼の部局はすでにオッセリバー国立公園案（オコムの全体とイフォンを含む）を決定したのだと教えてくれたが、この案は予算の締め付けのためにまだ実施できないのだと説明した。
　私は1997年にまたナイジェリアに行った時、オコムの現状について良いニュースと悪いニュースの両方を聞いた。ミシュランの所有するプランテーション会社は、すでに伐開し植樹した7平方マイルのゴム園をさらに拡張しようとしているという話で、そうなるとそれはまさに野生動物サンクチュアリの端に届いてしまう。一方、AT&P伐採会社は結局ニクロワ村から撤退してしまっていたが、そのあとには職を失った人々の大きな入植地が残され、この人々は森林保護区内部で農耕する以外には自活の道がほとんどなかった。サンクチュアリの外に残っている森林では小さな業者による伐採が続いている、という話だった[注40]。しかしその一方では、サンクチュアリそのものの保護は改善されてきたし、現地の有力な諸団体の入ったプロジェクト諮問委員会が作られた、という話も聞いた。ローワン・マルグーバは、いくらかの連邦政府予算が近い将来にオコムの自然保護のために利用できるらしい、と教えてくれた。私はまた、チョウの専門家トルベン・ラーセンが1996年11月にオコムに来て、野生動物サンクチュアリの中でたった5日間に264種のチョウを採集した、ということも聞いた。ラーセンは、ここにはおそらく約670種のチョウがいるだろうし、生物全体ではおそらく50万種はいるだろう、と推定した。彼はこの場所の自然保護上の意義を大きく確認したのだ[注41]。

オコムでは何がいけなかったのか？

　この本で私が繰り返し論じているいくつかの要因が、一緒になってオコムに1970年代と1980年代にやって来て、そこでの自然保護を目指す管理を蝕んだ。

　オコムが初めて森林保護区になった時から50年以上の間は、そこの管理はかなりうまくいっていたように思われる。中央政府と地方政府が協力してそこでの商業的伐採を制御していたし、その結果生じた収入の一部は地域住民へと流れていた。土着の住民はこの森林で林産物を採集したり狩猟したりする権利を保持していた。彼らは、この状態に全く満足してはいなかったのかも知れないけれども、それを受け容れていた。

　1960年代後半のナイジェリアの内戦と新しく創設された州への権限の委譲に伴って、森林の管理に対する中央政府と地方政府の影響力は大きく減退した。1970年代までにこの国の人口は急速に増大しつつあり、石油ブームが巨額の金をこの国の経済に注ぎ込んできていた。森林保護区は、人口密度の高い地域からの移住者たちへの農地の潜在的供給源として、また、林産物を利用したりその土地を農園にしたりすることで利潤を得ようとする事業家たちの対象として、圧力を受けるようになった。だから、政府の影響力が弱くなっていくのと破壊力が大きくなっていくのとは同時だった。1980年代にインフレ経済が崩壊すると、州政府の財源は著しく乏しくなって、限られた予算の大部分は良き時代に作られた大きな官僚組織の維持に廻されて、インフラストラクチャーと通常事業への支出は大幅に落ち込んだ。そして、給料の上昇が生活費の上昇に追い付かなかったので、政府のあらゆるレベルで役人が汚職に走りやすくなった。

　政府の力が減退すると（ナイジェリアだけでなく多くの途上国でもそうなのだが）、外国の援助者たちは次第に多くの援助金を政府ではなくNGOを通して流すようになっていった。これは、ベンデル州政府のように一番良い時でさえ森林と野生動物の管理に予算上相対的に低い優先順位しか与えていなかった政府の問題を一層悪くしただけだった。例えば、1990年代初期までにエド州（ベンデル州の後継ぎ）の森林局には、広く散在する2200平方マイルの森林を管理するための使える車は1台も残っていなかった。

　その頃、国際的な自然保護諸団体は、ナイジェリアのような国々では自然保護は、現地の地域社会と一緒に行なうことによってだけでなく、地域社会の経済開発を助長することによってもまた、最も良く達成されるという見方を採用しつつ

あった。この方針はさまざまな地域の現実をほとんど考慮しない大ざっぱなやり方で適用された。1990年までにオコムの地域住民の大部分は、おそらく、最近この保護区に移住してきた家族のメンバーであった。このような移住者たちをも援助を受ける資格のある定住者として認めるのは、彼らが政府森林局からの圧力の下に保護区を立ち退き始めていたことに水を差すようなものだった。NCFは国際的な自然保護団体の方針の趨勢に影響されて、オコム森林保護区に住んでいる人々に援助を与えたが、その一方で基本的な野生動物保護は強調されなくなった。この趨勢のもう1つの側面は、NCFとWWFによってオコムの管理について助言するために呼ばれた顧問たちは、野生動物よりも人間地域社会開発の問題のほうに関心があった、ということだった。彼らは森林の内部にはほとんど入らなかった。例えば考古学者パトリック・ダーリング（オコムのマスタープランを作るためにNCFとWWF-UKが契約した人物）は、私と数人の同僚が1996年3月にオコムで彼と会った時に、森林と野生動物の保護は彼にとって特に重要な問題ではない、と私たちに対してはっきり言った。ダーリングの意見では、西欧諸国は熱帯降雨林の保護に多くの注意と資金を向け過ぎており、開発問題に対してはそれが少な過ぎるのだ。彼はまた、ナイジェリアはもっと高い人口密度を支えることができると思うし、現在の程度の人口増大は問題ではないと思う、とも言った（1990〜95年のナイジェリアの年間人口増加率は3％と推定されていた[注42]）。

過去20年の間にナイジェリアの降雨林すべてに加えられた圧力は、特にオコムの位置する比較的開発の進んだこの国の西南部では、非常に大きかった。ひどく破壊されることからオコムの生態系を護ることができるような単純で実際的な方策はおそらくないだろう。しかし、私が本章で記してきたような自然保護団体や開発機関の活動の一部は、この森林とそこの野生動物の生存に対する脅威を、緩和してきたのではなく、むしろ強めてきた、と私は考えている。州政府のこの森林を保護しようとする熱意と能力は強化されてこなかったし、その一方でオコム利用者の一部がこの生態系を彼らの目先の利益のために利用するという権利は合法化されてきたのだ。

しかし、オコムでは間違いもあったと思うけれども、価値のあることは何もなされてこなかったと言っては誤りだろう。ピウス・アナドゥ、A.P.レヴェンティス、リー・ホワイト、フィリップ・ホールその他のNCF関係者の努力によって野生動物サンクチュアリがオコムに生まれたのだし、それはかなりの悪条件にもかかわらず現在まで生き続けてきた。しかしこのサンクチュアリだけでは狭い。それ

が厳重に保護され、かつそれが自然保護を第一義とするもっと広い地域の一部とされるのでなければ、オコムの森林がその大型動物種の一部を近い将来に失うことはほぼ確実であろう。

　次章ではナイジェリアでのもう1つのもっと大きな森林保護活動を取り上げるが、そこでは国際的な団体が介入してきたことがオコムでよりももっと人間優先のプロジェクトを生じさせ、自然に対してオコムでと似たような破壊的結果をもたらしたのだ。

第6章　人間優先：クロスリバー国立公園

　私は、石ころだらけの急斜面に転げ落ちないように枝や露出した木の根につかまりながら、若い身軽なガイドのウィリアム・アツムガに遅れないように苦闘していた。まもなくウィリアムは立ち止まって、下方のもつれた木の根と露岩の間にかたまっている6個のゴリラの巣を指差した。根と若木と折り曲げた枝とから成る巣は少なくとも1ヵ月前のものだった。それは1990年1月17日のことで、場所はナイジェリアのクロスリバー州にあるボシ・エクステンション森林保護区の中だった。私たちはもう1人の助手と共に、カメルーンとの国境に近いオブドゥ高原の端にあるアツムガの村アナペから、草地になっている起伏した山地を越えて歩いてきて、その前夜はこの保護区の北部の狭い尾根の上で野営をしてきた。この巣が、ナイジェリアにゴリラがまだ生き続けているということについて私の見た最初の直接の証拠だった。それから4ヵ月以上にわたって私はクロスリバー州北部の山地で多数のゴリラの巣を見ることができた。しかしゴリラそのものは一度も見なかった。私のこの経験はF.S.コリアーの経験と同様だった。彼は1930年代初期にこの同じ森林を訪れて、次のように報告している。「私は野生のゴリラを1度も見たことがなかった。それを見ようと努力すると疲労困憊状態になってしまうだけで、この状態はライチョウ狩猟者の『もう、これ以上はできません、それがイヌワシだとしても』という言葉で最もうまく表現される[注1]」。コリアーはナイジェリア植民地の森林部長であって、彼の報告は1934年に無署名で発表された。彼は、ナイジェリア・カメルーン国境付近のこのゴリラ個体群は、個体数が少ないように思われたし、ゴリラの繁殖率は低いので、「そんなに長くない年月の間に」狩猟によって絶滅する恐れがあると考えていた。

　コリアーがゴリラの巣と食痕を見たのと同じ森林に、60年後にまだゴリラが生存していた、というのは驚くべきことである。しかし、私がゴリラの痕跡を見

たのは猟師たちがほとんど近付けない場所でだけだった、というのは当然のことである。1990年に私はクロスリバー州でWWF-UKと州政府のあるプロジェクトにかかわって森林と霊長類の調査をしていた。その結果は、予定されていたクロスリバー国立公園のオクゥンゴ地区の管理計画を作るのに利用される予定だった。この公園にこの地区を設ける主要な目的の1つは、ナイジェリアに生残っているゴリラ個体群——アフリカで最も北にいるゴリラ——の大部分をやっとついに完全に保護することであった。

私は、ボシ・エクステンション保護区とオブドゥ高原に行くのは、1990年の調査が初めてではなかった。私が初めてそこに行ったのは1966年で、第2章で記したように、その時私はンスッカのナイジェリア大学分校を基地にして博士論文研究をしていた。ンスッカにいる間に私は、オブドゥ高原上とその周辺の森林でゴリラなどの野生動物を研究するという計画を作り上げるのを手伝った。この研究はナイジェリア東部地区政府と協同して計画されたもので、この地域に国立公園を設立しようとする既存の計画の一部だった。オブドゥを国立公園にという案は、私がこの高原に初めて行った年の前年にジョージ・ペトライズの出した報告から始まったのだ(注2)。

ペトライズはミシガン州立大学の野生動物の専門家で、1962年にナイジェリアに来て野生動物保護の問題を検討した。彼はこの国を広く歩き廻り、ブッシュミート売買で野生動物が多く獲られ過ぎていることに注意を喚起した報告を書いた。その頃ナイジェリアには森林保護区と動物保護区のネットワークはあったが、国立公園は1つもなかった。彼はナイジェリアに国立公園システムを作ることを勧告した。彼が国立公園の候補地として推薦したいくつかの場所の中に、オバン山地の低地林とオブドゥ高原があった。

ペトライズの勧告と私自身のオブドゥ高原近くでのゴリラ研究という計画とは、1967年にナイジェリアで内戦が始まった時に葬り去られた。オブドゥ地方は離脱したビアフラ共和国の中にあり、そこでは1970年まで平和は恢復しなかった。内戦に伴って政治的再編成があり、ナイジェリアではそれに続いて大きな経済的変化があった。このような動乱の結果、外側の世界には1981年までオブドゥとオバン山地の自然保護についてはほとんど何も聞こえてこなかった。この年J.B.ホールが、オバン山地の低地からオブドゥの山地高原までの生態的移行の全体を含む国立公園を提案したのだ(注3)。

内戦に伴った再編成で、オバン・オブドゥ地域は新しい東南部州の一部となり、

この州はその後にクロスリバー州と改称された。この州名は、カメルーン西部とナイジェリア東部の山地に発してナイジェリア最東南隅の古い港カラバルの近くでビアフラ湾に注ぐ河の名からとられたものであった。

　この章では、後にクロスリバー国立公園となることになった、ほとんど知られていない森林（地図7を見よ）について、その研究・保護活動の歴史の一部を記述する。そこでは、従来のように管理される国立公園が初めに提案されたのだが、WWFがかかわることによって、公園周辺の人々からの支持に大いに依存するような管理方式の公園を作るという計画に置換されてしまった。WWFの計画は、周辺の人々の経済的発展の支援に関するものであって、そうすれば彼らは公園の森林や野生動物には手を出さなくなるだろう、というものだった。私はこの章で、このようなアプローチが、実現できそうもない豊かさへの期待を生じさせてしまった様相と、ひどい商業的狩猟から野生動物を護る活動を大きくするのにはほとんど全く役立っていないということとを示す。この新しい国立公園の計画立案とその初期の管理運営にかかわった人々の多くにとっては、自然保護よりは金銭のほうが焦点になっていた。そして、金銭をめぐる争いが、結局、自然保護と経済開発を統合するこのプロジェクトを支持すると期待されていたヨーロッパからの資金援助の大部分の撤退を招いてしまったのだ。

オバン山地の無視されてきた森林

　クロス河の南と東に位置するオバン山地は、ナイジェリアに残っている伐採の手の入っていない低地降雨林の最も広い地域を抱えている。この森林は別の広い森林地域イクパンに細々とつながっており、イクパンはカメルーンの有名なコラップ国立公園に続いている。コラップはフィル・アグランドの記録映画「コラップ――アフリカのある降雨林」によって初めて広く知られるようになった。それに対してオバン山地の森林はほとんど知られないままできた。

　オバン山地という名前はその南縁の小さな町オバンに由来する。この地域については、1909年から1911年までオバンに駐在した植民地地区担当官P.アモーリ・タルボットの回想録の中にいくらか記されている。彼は、オバンの町の背後の丘の上から北方を眺めると「さまざまな形状をした、山頂まで森林に覆われた3000フィートから4000フィート（1000～1200m）の山群が見えて、それがクロス河と海との間のこの地方の分水界をなしている」と記している[注4]。

　タルボットは、この山地を平均すると年に1700マイルも広汎に歩き廻ってい

たが、この山塊の中心部には入らなかった。1912年3月、彼の踏査のすぐ後におそらく彼の主張によって、この山地の大部分が森林保護区とされた。彼はこの保護区について、「それはほとんど400平方マイル（約32キロ平方）の広がりの土地であって、政府の要請によって野生の森のあらゆる事物のための聖域（サンクチュアリ）として取って置かれたのだ。私たちはここである夕暮れにゾウの大きな群れに出会った。それは私たちが近付くと音もなく夕闇の中に消えていった」と記した。タルボットは数多くの動植物標本を採集して、それをロンドンの自然史博物館に送った。この博物館にドリル（森林性のヒヒ）の成体の頭骨を初めてもたらしたのは彼だったし、2000種もの彼の植物採集標本の中には彼が回想録を書いた時までに150の新属と新種が発見されていた（彼の名前はこれらの新種に与えられた種小名タルボッティとして永久に残っている）。だが、この地域についてはタルボットの本の刊行後60年の間に書かれたものはほとんど何1つなかった。

　ナイジェリア植民地森林部のD.R.ローズヴィアは、1924年にイギリスから赴任した直後に、オバンを訪れた。彼の回想では、村々で全体的に衰弱した雰囲気が見られたし、村の呪物小屋で幾夜かを過ごしたが、「その俗悪な気味悪さのようなものにはその後30年の間に二度と出会わなかった」。ローズヴィアはこの最初の訪問では「暗く鬱蒼とした広大な森林」に深い印象を受けたが、1946年にもっと経験を積んでから再訪した時には、彼が以前に見た森林の大半は二次林であって、多分100年生だろう、ということに気付いた[注5]。この再訪の時に彼は、そこでの大木はすべて人々が食料や毒物として利用する樹種である（従っておそらく人々によって伐らずに残されたか、植えられさえしたか、であったろう）ということに注目したのだ。このような観察から彼は、この地域には以前は今よりはるかに多くの人々が住んでいたと結論し、村々の「衰弱した雰囲気」はこの地域がカラバルという重要な奴隷貿易港に近いからだろうと推論し、それがこの地方から数百年にわたって人々を奪い去ってきたのだと考えた。オバン地区で奴隷狩りが主原因となって人口が減少したかどうかは証明されていないが、これまで千古不易と見做されていた多くのアフリカの森林が実際には全く若いもので、それが生えている地域はかつては今よりもずっと多くの人口を支えていた、という証拠が増えてきている。WWFがコラップ・プロジェクトの広報文や計画文書でしたような、この森は「6000万年にわたって続いている」という主張[注6]を支持する証拠が全くないことは確かである。

　ローズヴィアでさえオバンの森の奥深くに、またはそこに広汎に、入ってはい

地図7　クロスリバー国立公園とコラップ国立公園の位置と本文で言及したその他の場所との関係。クロスリバー国立公園南部のオバン地区について示した境界は、公園管理計画において提案されたものである。1991年の公園布告に基づく現在の境界は、地図3（50ページ）に示したオバン山地森林保護区の境界と同じである。

第6章　人間優先：クロスリバー国立公園　163

なかったように思われる。彼は、最初の時にはこの地域を3週間歩いて廻ったが、しばしば村に滞在したし、2回目の時は上級役人による「駆け足の特別視察」としてのものだった、と記している。これがオバンの自然保護の歴史で何度も繰り返えされてきたパターンである。ペトライズも1962年に国立公園候補地を調査して廻った時に、オバン山地を国立公園として勧告したにもかかわらず、この森林の周辺部しか見ていなかったように思われる。

オバン山地への徒歩行

私は1966年にナイジェリアに行って研究計画を東部地区の森林局と検討した時、オバンの森林の重要性に気付いた。オバン森林保護区グループ（最初のオバン山地保護区とその後に追加されたイクパン保護区などから成る）は、1445平方マイル（約61キロ平方）の地域で、この地方では桁外れに広い森林地域であった。しかし、この地域はンスッカの私の基地から遠くて、継続的な長期研究をする場所としては不便だった。私が焦点を当てていた小形哺乳類の反復サンプリングのためにはマムリバー森林保護区（第2章を見よ）の方がはるかに行きやすかった。だが私はそれでもオバンからの資料が欲しかった。そしてその機会がやってきた。ピーター・ジュウェルと私は森林局を通して、東部地区政府とカナダ政府の間の技術援助協定の下で仕事をしているカナダのある森林コンサルタント会社が、この森林の資源調査を行なっていることを知った。この調査の背景には、その頃カラバルにほぼ完成しかけていた新しい大きなベニア合板工場があった。この工場を建てていたのは、U.S.合板会社（出資51％）と東部地区政府（出資25％）と現地の木材会社であるブランドラー・アンド・リルケその他数グループとが所有するカラバルベニア合板会社（Calvenply カルベンプライ）だった[注7]。この会社を設立する計画は、ローズヴィア（彼は今はナイジェリア連邦の森林局長であった）と東部地区森林局との勧めで、ブランドラー・アンド・リルケ社が1955年にクロスリバーの森林で始めた伐採事業から成長してきたものだった。カルベンプライの事業計画が始まった時、この工場に原料を供給する予定の周辺保護区についての確かな資源目録はなかった。従って、カナダの会社が資源調査を依頼されていたわけで、それに基づいて持続可能な収穫を計画することができるだろうと考えられたのだ。

私は、クロスリバーの森林を合板に変えるという計画を知って嬉しくなかったが、オバン山地中心部のクワ河源流域へ行く調査隊の1つに同行する機会をカナ

ダ人たちが提供してくれたことは嬉しかった。

　1967年1月8日、私は自分のランドローバーでンスッカからクロス河沿いの港オロンに向かった。現在ではクロス河に橋が掛けられているが、当時はナイジェリア東部各地から直接にカラバルに行く道路はなかった。私はオロンからフェリーに乗って、マングローブに縁取られた広いクロス河の河口を渡り、それからカラバル河を遡上した。カラバルに着いた次の日は森林局の職員と会って調査行の打合わせをした。その晩私はカナダ隊の1人とカラバルクラブに行ったが、そこは植民地時代の遺物で、今でもさまざまな外国人が出入りしていた。その中に隻腕の男チャールズ・クーパーがいて、彼はスコットランドから11ヵ月の自転車旅行で最近カラバルに着いたところだった。私たちは1月10日にカラバルを出てカメルーン街道を走り、クワ河をフェリーで渡ってオバンに向かった。そしてカラバルから50マイルのアキンとオソンバの「双子村」で車を止めて、森林保護区に入る徒歩行を開始した[注8]。

　オバン山地での15日間は忘れることのできない経験だった。私たちは5回のキャンプを重ねてクワ河の源流近くまで入った。後の3回のキャンプではそれぞれ数日間深い森の中に滞在し、カナダ隊のリーダーのジョン・オースチン(「オズ」)が調査隊の指揮をとった。オバンの樹木の多くがそれほど高くはなかったのは意外だったけれども、私たちの歩いた森林はどこも最近に伐採や農耕で乱されてはいなかった。私たちは岩盤を流れる清冽な急流の傍にテントを張った。私は昼間は小形哺乳類用の罠を設置してそれを見廻ったり、カエルを捕ったり、野生動物を捜して森を歩き廻ったりし、夜は夕食後にヘッドランプを着けて樹上のガラゴを捜して歩くことが多かった。しかし、中大形哺乳類を森の中で見ることはほとんどなかった。私は辛うじて数群のサルを見付けただけで、マルミミゾウとカワイノシシとダイカーの足跡は見た。中大形哺乳類がこのように少なかったのは、おそらく、ほとんど規制されていない狩猟の結果であったろう。私たちは猟師や漁師や彼らの野営地に出会ったし、カナダ隊は1人の猟師を連れてきていて、彼は時々サルやダイカーを撃ってきて私たちの夕食にした。

　私たちのオバン徒歩行はおきまりの補給問題にも直面した。出発後数日してオズは私たちの受け取った航空写真が間違ったものだったことを発見した。そのためにロクな地図のない地域で私たちの正確な位置を確認することは不可能になった。また、食糧の半分は置いてきてしまったことがわかった。数日分用の大きなヤムイモを灯油容器と同じ箱に入れて運んだが、この容器は洩れていた。食事の

灯油味はどうしてもごまかせなかった。だが1週間後に新しい食糧が到着した。そして、森林と渓流はいつも魅力的で、特に、全く人跡のなかった最後のキャンプ地はすばらしかった。私は、ペトライズは正しかった、この森林の一部は国立公園として伐採と狩猟から守られるべきだ、と確信して戻ってきた。そしてアニマルズ誌に寄稿してこの問題を論じた(注9)。ナイジェリア内戦のためにこのような計画は何年も棚上げにされたが、この戦争はオバンの森林に一時的な死刑執行延期をもたらした。この戦争の間は伐採計画が中止され、カルベンプライの工場は3年間動かなかったのだ(注10)。

新しい国立公園の計画

1985年10月、内戦終結から15年以上後、ナイジェリア自然保護財団（NCF）と国際鳥類保護会議は鳥類学者ジョン・アッシュとロバート・シャーランドをナイジェリアに派遣して、鳥類の保護にとって重要な意義があると思われる地域を調査させた。彼らが訪れた場所の1つがオバンだった。彼らは11月22日に私が1967年に使ったのと同じ道路を通って行き、続く2日間道路近くでカスミ網による調査をした。彼らが道路近くで見た森林はすべて人手が入っていた。この観察と彼らがこの地域で見た自然保護の状況とから、彼らは次のように結論した。「このかつては広大な低地降雨林だった地域の中に、手つかずの森林は道路から遠く離れた中心部に200～300ヘクタールしか残っていない。それ以外はなくなってしまった（おそらく大半は択伐によってだろうが、植林や農地化のための皆伐もある）か、または私たちが目撃したようになくなる渦中にあるか、であった(注11)」。アッシュは1987年2月にもこの地域をちょっと訪れて、自然保護の展望についてまたも暗い見通しを持って帰ってきて、「最後に残された原生林地域はカラバルベニア合板会社の利権の下にある」と記した。しかしアッシュはこの再訪の後に、少なくとも、残された重要な森林地域を確認するためにNCFがもっと詳しい調査を実施することを勧告し、特に、カメルーン国境とコラップ国立公園に接する森林地域（イクパン）の調査とそこを保護する考えとを提案した(注12)。だが、アッシュはオバンの森林の奥深くまでは入っていなかったので、オバンでの破壊の規模を実際よりも過大評価していたのだ。

この最新の報告に反応して、また、NCFの本部であるWWFがコラップでのプロジェクトを国境を越えてオバン地域にまで拡張することに関心を持ち始めていたので、NCFのフィリップ・ホールはリー・ホワイトに、オコム・プロジェ

クトの管理の仕事からちょっと離れて1988年1月にオバンで詳しい調査をして欲しいと頼んだ。ホワイトはこの調査をカラバル大学の動物学者ジョン・レイドと一緒に3週間にわたって実施した。彼らの発見したことは驚くべきものだった。彼らは、車での調査と広汎な徒歩による調査とを総合して、次のように結論したのだ。この森林地帯の西部の大ブロック（オバン山地そのもの）には少なくとも550平方マイル（38キロ平方）の択伐されていない森が残っていて、そのうち400平方マイル（32キロ平方）は森林保護区内にある。そこの東部のブロック（イクパン）——それはカメルーンに接している——には、かれらの推定では250平方マイル（25.5キロ平方）以上の択伐されていない森林が残っていて、そのうち195平方マイル（22.5キロ平方）は森林保護区内にある。アッシュが記したような強度の森林利用は道路から3～4マイルの範囲内でしか見られなかった。彼らはイクパンのブロックで高密度に大木のあるすばらしい森林を見付けた。彼らはまたここでプロイッスゲノンも見たが、それはこの珍しいサルのナイジェリア初記録で、このサルはこれまでカメルーン西南部の狭い地域（主としてコラップ森林保護区内部）にしかいないと思われていた。ホワイトとレイドは報告書の中で、択伐されていない森林には、そこにすでに伐採許可が与えられていたとしても、直ちに厳正保護地域を設定することも勧告し、コラップで実施されているような、生態系の保護とその周囲の地域の農村開発とを結びつけた保全プロジェクトを始めるように勧告した(注13)。この勧告がクロスリバー国立公園プロジェクトを進めさせることになった。クロスリバーでのその後の保全計画立案にはコラップのプロジェクトの影響が大きかったから、オバンの話を進める前にコラップ・プロジェクトの歴史を手短かに見ておこう。

コラップ、それとアースライフの盛衰

スティーヴン・ガートランは1967年に、ヴィクトリア湖のロルイ島のベルベットモンキー個体群の行動についての論文で、ブリストル大学から博士号を得た。彼はイギリス医学研究会議のポストドクター研究員に採用されてカメルーンに行き降雨林霊長類の研究をした。この研究が彼とカメルーンの長いつきあいの始まりで、それは現在まで続いている。ガートランは今この国の首都ヤウンデからWWFカメルーンの活動を指揮している。

ガートランのカメルーンでの初期の研究はこの国の中で英語を話している西南部に集中していて、彼はそこでトマス・ストルゼイカーに出会った。ストルゼ

イカーは1966年からこの地方で森林性霊長類の研究を始めて、西南カメルーンの多くの森林を調査していた。その中にングチの近くのバニャン・ムボ森林保護区があって、彼はそこで、もっと西のナイジェリアとの国境に「赤い色のサル」のいる森林があるという話を聞いた。彼はその時には西方のその森林に行かなかったし、アカコロブスには一度も出会わなかった。しかし、ストルゼイカーは1970年3月に、アカコロブスの行動を研究するのに適した場所を捜してアフリカ中を調査して廻る途中で、カメルーンに戻ってきた。そして彼は以前に話を聞いたナイジェリア国境の森林に行ってみた。これがコラップ森林保護区だった。それが設定されたのは1937年で、カメルーンのこの部分がナイジェリアのイギリス植民地政府によって統治されていた時代のことだった。

1970年にはコラップは車で行けるようなところではなかった。ストルゼイカーは小舟で沿岸のマングローブ林を抜けてンディアン河を遡上した。彼はこの森に2週間滞在して、珍しいプロイッスアカコロブスが実際に生息していることを確かめた[注14]。ストルゼイカーは結局、彼のアカコロブスの長期研究をウガンダのキバレ森林保護区で行なうことにしたのだが(そこに私はその年の終わりに参加することになった)、彼はコラップで見たことをガートランに知らせて、そこの森林の一部は非常に古いし、そこでは営利的な木材利用は行なわれておらず、いくらか狩猟されているけれども霊長類の個体数は多い、と記した[注15]。1970年6月にはガートラン自身も初めてコラップに行き、やはりアカコロブスを見て、この森林はもっと注目に値するということに同意した。1971年にストルゼイカーとガートランはカメルーン政府に、コラップとドゥアラ＝エデア保護区(それはサナガ河南岸にあって、当時はガートランの研究の中心地だった)とを一緒にして国立公園にすることを提言した[注16]。カメルーン政府はこの提言に直ぐには何も反応しなかった。

1977年にフィル・アグランドが、カメルーンの森林とそこの野生動物について自然保護を目的とした記録映画を撮ろうとして、イングランドからカメルーンにやって来た。ガートランは、アグランドが撮影行に先立って現地に問い合わせた質問に積極的に答えた数少ない人の1人であって、アグランドがドゥアラ＝エデア保護区のティソンゴ湖で撮影を始めたのはガートランの助力によってだった。1970年代にはドゥアラ＝エデアでは銃猟と罠猟が非常に多くなり、石油試掘者たちがこの保護区の中で地震探鉱を始めて、さらなる開発を開始した[注17]。ガートランは、この開発を阻止しようとしてうまくいかなかった時に、彼の主要

な研究活動と自然保護活動の場を 1978 年にコラップに移した[注18]。そしてアグランドもそれについて行った[注19]。アグランドの撮影プロジェクトは 5 年以上に及ぶことになって、その過程でこの映画製作者はコラップに惚れ込んでしまい、そこの将来を守るために何かをしようと決心するようになった。カメルーンの森林への伐採の脅威は大きくなってきていたが、コラップには伐採者たちが容易に入ることはできなかった。また、この保護区の降雨林生態系は非常に多様だったけれども、そこには有用な樹木の数は多くなかった。

しかし、コラップの隔離の日々は終わりに近付いていた。カメルーン政府はこの保護区の南のムンデンバ地域を、そこが沿岸の海底油田とナイジェリア国境とに近いという理由から、開発の目標地として道路建設を優先的に進めていた。ガートランは、コラップが生残るためには、自然保護活動とこの開発計画とを統合しなければならないだろう、と考えた[注20]。そしてガートランとアグランドは 1981 年に、カメルーン政府に新しい提言をして、3 つの森林国立公園——コラップとジャー（南カメルーン）とパンガー＝ジェレム（中央カメルーンの森林とサバンナの境界）——を作るように勧告した。この提言は、これらの国立公園が、そこの森林の周囲に住んでいる人々に代替動物蛋白源を供給して狩猟活動を減少させるような活動を含む農村開発プロジェクトと連携して、創設されることを提案していた[注21]。そのようなプロジェクトを立ち上げるための経費は少なくとも 300 万ドルと推定され、その資金源としては国際的な石油会社と国際開発機関とが考えられていた。この提言は世界保全戦略の進水の 1 年後のことであったが、第 3 章で記したように、この戦略で自然保護と経済開発の統合が IUCN と WWF の公式の方針となっていたのだ。

アグランドは 1982 年に撮影が完了するとイングランドに帰った。彼の友人や仲間たちはカメルーンの森林に対する彼の惚れ込みと憂慮に刺激されて、新しい非営利法人「アースライフ」を発足させ、彼をその理事の 1 人にした。アースライフの主な目的は、最初は、ガートランとアグランドの提言した 3 つの新しい国立公園を作るための資金を募ることだった。アースライフは 1982 年にアグランドの映画の最初の上映の機会を利用して、主としてコラップに焦点を当てたキャンペーンを開始した。アースライフは新しい種類の自然保護団体であると見られたが、それはその理事のほとんどが生物学者や自然保護論者ではなかったからでもあった、ということは疑いない。それを創立したニジュル・タースリーはロンドンの不動産開発業者で、ロンドン中心部の古い建物を買い入れて修復して高値

で売ることによって儲けようとしていた人物だった。彼は後にアースライフの出版物の中で次のように述べた。「われわれはもはやすすけたオフィスから運営するビクトリア時代の制度について古めかしい術語で語っているのではない。今日の慈善事業や非営利団体は本質的に、特定の製品と特定の市場を持つビジネスであって、ますます競争的になる市場で動いているのだ(注22)」。アースライフは、それを運営し自然保護の資金を募るために、イギリスのさまざまな企業に財政援助を要請し、さまざまな富豪や有名人に後援を呼び掛けて支持された。

　1984年にアースライフは子会社バイオリソーシズ（生物資源）を発足させた。それの目的は、科学と事業を連結して、熱帯降雨林の破壊的利用に取って替わる持続可能な利用を開発することである、と明記されていた。それは例えば、すでに農地化された土地のより高度な利用を可能にするような、作物の新変種と林内農耕技術の開発の促進や、森林植物からの新しい医薬の探索と開発などである(注23)。この会社の総支配人には、前章で言及した農業発展マネージャーのクリーヴ・ウィックスが任命された。

　コラップの内部にはいくつかの集落があって、それらは、彼らの農耕・狩猟活動の故に、実効ある国立公園の運営にとっては明らかな邪魔物であると見られた。この公園計画立案の初期に、これらの集落の人々をこの森林の外に移住させることが提案された。そこで、ウィックスとバイオリソーシズ社は移住先の土地の農業適性調査にかかわることになり、また、この公園の近くの既存の入植地の農業生産性を高める方法の研究にも——そうすればこの森林が蚕食される可能性は減るだろうという理由で——かかわることになった。その頃イギリスのODAが、現地で認可されたプロジェクトの経費の50％をNGOが工面したら、残りの50％をODAが出す、という共同基金計画（joint-funding scheme）を発足させたところだった(注24)。コラップ・プロジェクトの農業開発部門が最初に資金援助を受けることができたのはこの計画を通してだった。ウィックスは、この開発は「移住する集落と移住先の地域に元からあった集落との生活水準を大きく上げるように」計画されるだろう、と述べた(注25)。この改善が生じたら、その結果おそらく人口が増えるだろう、ということについては何も言及されなかった。

　ウィックスの言葉は、コラップに近いムンデンバで1985年12月にこの森林の将来について開催された重要なワークショップでのものだった。この会合の参加者は彼らの報告書でカメルーン政府に緊急の問題として国立公園設立を要請した。この報告書は、移住と農業開発を提言したほかに、研究と環境教育と観光施

設との確立も勧告していた^(注26)。

　アースライフは1986年にその頂点に達した。この年それは、「コラップ国立公園維持のための農業緩衝地帯」の開発援助に対する資金提供をODAに申し入れ、また、イギリスの有力な日曜新聞オブザーバー紙に熱帯降雨林とその保護を扱った「楽園は失われたか？」と題する多色刷の特別付録を刊行させた。この付録には、世界の降雨林についての記事のほかに、読者が寄付その他でアースライフを援助できるさまざまな計画や製品についての案内が載せられていた。その年おそく、10月30日に大統領令によってコラップ国立公園が設立された。しかし、アースライフの成功はここまでだった。1987年3月、新しい理事長ピーター・スミスが貸借勘定を検討して資産評価が過大に過ぎると結論した後に、この会社は倒産した^(注27)。

　アースライフの教育部長（Director of Education）ロジャー・ハモンドは、会社の資産の一部を譲り受けるように交渉して、保全教育に重点を置く予定の新しい財団「リビング・アース」を設立した。クリーヴ・ウィックスは、もう1人のアースライフ幹部職員フランシス・サリヴァンと一緒に、WWF-UKに入った。

　WWF（前述のように、国際本部と各国支部の多くは1986年にその名称をWorld Wildlife Fundから「World Wide Fund for Nature」に変えていた）は、コラップ・プロジェクトに1970年代からある程度の支援をしてきていた。今やWWF-UKがODAとの共同基金プロジェクトにおけるアースライフの位置を引き受けて、ウィックスがこの公園のマスタープランに関する仕事を計画準備し始めた。このプロジェクトには1988年にODAが37万8000ポンド（その当時で約68万ドル）の資金を出し、WWFはそれから5年間に39万ポンド（約70万ドル）を集めると約束した^(注28)。プロジェクトが進展するにつれて、GTZ（ドイツの技術援助機関）と欧州委員会（これは1993年に欧州連合となった欧州共同体の行政部門）とからも追加支援が得られた。

　ところで、コラップ・プロジェクトはその始まりから、その自然保護活動の主要な要素として農業と農村の開発を含んでいて、野生動物を狩猟から直接に守る活動には特に高い優先順位を与えられてはいなかった——このプロジェクトを始めさせるようにした人々が最も気にしていたのはこの森林の野生動物だったのだが。開発を優先させれば、現地の人々はこの森林に依存しなくなるだろう、と期待されたのだ。しかし、コラップで狩猟を研究するために来たマーク・インフィールドが1989年の報告書で言ったように、「開発……はゆっくりした過程であり、

その間も狩猟は衰えずに続けられるのだ(注29)。」

1989年に、野生動物保護インターナショナル（WCI）——ニューヨーク動物学協会(現在の野生動物保全協会〔WCS〕)の1部門——が、WWF-UKと協定してコラップ動物相の生態研究プログラムを、アメリカ合衆国海外開発庁からの資金で開始した。ジェイムズ・パウエルがWCIのためにこのプロジェクトを公園の東のングチの基地から統轄した。公園内のイケンジ地区に研究施設と集中調査地域が設けられて、生物相調査が始められた。パウエル自身の研究はマルミミゾウの生態についてのものだったが、直ちに密猟の問題が明らかになった。パウエルの報告によると、1990年9月－12月の期間だけに公園内で27頭のゾウが殺されたし、調査プロジェクトのメンバーが集中調査地域の外で仕事をしようとすると密猟者たちに威嚇された。この地域の中でも多少の密猟は起きていた。WCIのメンバーや学生たちは、まさに公園内に住んで仕事をしていたので、自然保護プロジェクトに対する敵意感情の恰好の標的だった。集落の移住の問題をめぐっての緊張も大きくなっていった(注30)。

パウエルは、コラップでの調査結果をこの地方全体という広い見地の中で見ることができるように、近くの他の森林で比較調査を始めていて、その中にングチの東のバニャン・ムボ森林保護区が含まれていた。コラップでの調査研究プロジェクトをめぐる緊張が大きくなるにつれて、WCIは活動の重点を次第にバニャン・ムボに移し、結局1993年には研究はそちらに移されてしまった(注31)。

WCIが撤退した後は、コラップ国立公園の野生動物についての体系的な研究はほとんどなかったようであって、そこの動物相の現状と密猟対策活動の程度とは不明である。私が1996年3月にングチに行った時には、コラップでの密猟は減ってきたと聞かされたが、この公園の北部地区への監視員は全員が公園から10マイルも離れたングチの町を基地にしていた。私の聞いたところでは、南部地区では状況はもっと良くて、そこに行った人のほとんどが今では何かの動物に出会っているらしいという(注32)。

コラップでは、野生動物の保護は高い優先順位を与えられてきてはいなかったようだが、少なくとも植生と小形動物は、カメルーンの他の森林を急速に侵食しつつある大きな伐採圧を免れてきた。カメルーンは1989年に52万5187トンの木材（その80％は丸太）を輸出した(注33)。そして私は1996年に、マレーシアのある会社がコラップのすぐ東北の地域に入ってきてめったやたらに木を伐っていることを知った。

WWF がオバンに来る

1988年1月のホワイトとレイドの楽観的なオバン調査報告は、直ぐに NCF から WWF-UK に廻されて、さらに調査が計画された。今度の調査を行なったのは、WWF のフランシス・サリヴァンと NCF のイブラヒム・イナハロだった。この2回目の調査に基づいて国立公園プロジェクトの一次案が作られたが、それはコラップで行なわれていたプロジェクトの線に沿って構成された(注34)。オバンを国立公園にというこの提案がなされた大きな理由は、オバンとコラップという連接した公園が、アフリカで最も重要な生物保護区の1つとなるというだけでなく、1つの地域協同プログラムの基盤ともなる、ということだった。というのは、そのような地域間協同は欧州委員会などの開発援助供与機関によって奨励されていて、国境を越えたプロジェクトのためには特別な基金が用意されていたからであった。ウィックスは1988年5月にガートランと共にナイジェリアに行って、クロスリバー州と連邦森林局の役人たちとこの提案について話し合った。この両政府はこの提案に原則的に賛成し、1988年8月にもっと具体的な資金計画についての仕事が始まった。

オバン・プロジェクトのこの二次案は、イングランドでジュリアン・カルデコットによって起草された。カルデコットは、マレー半島の森林で1979年から1981年に行なったブタオザルの行動生態学的研究で博士になった人物で(注35)、博士論文を書き終えた後はマレーシア東部のサラワク州でヒゲイノシシの生態と人間の狩猟パターンの研究をして4年間を過ごした(注36)。その研究の大半は上バラム河流域で行なわれたが、彼は1986年にアースライフからこの地域の危機に瀕しているスマトラサイ個体群の調査について研究費を得た。アースライフの崩壊が間近い頃にカルデコットはそこの専任職員となり、彼の調査は上バラム地域全体についての保全計画立案作業へと発展した。彼は上バラムの森林の持続可能な利用についてマスタープランを書いたが、サラワク州政府は結局それを斥けて、そこの重要な地域に伐採権を認可してしまった(注37)。

オバンについての最初の提案を受けて、そのパイロット・プロジェクトにイギリスの WWF と ODA が合同で資金を出すことになり、その資金によってカルデコットが1988年9月に WWF のオバンプロジェクト・マネージャーとして任命されることが可能になったのだ。この地域の重要性とそこでの保全問題の複雑さとからすると、その計画が非常にすみやかに作られたことと、それがこの地域に

ついての予備知識をほとんどまたは全く持っていなかった人々によって作られたことと、は驚くべきことである。

　カルデコットは、彼の著書『保全プロジェクトのデザイン』の中で、クロスリバー国立公園プロジェクトの1993年までの歴史の一部について記した。このプロジェクトはその発端から、経済学に基づいた合理的な観点を保全に関してとっていた。「ナイジェリア連邦とクロスリバー州は、将来の経済的利益、例えば観光や研究からの収入という形でのものや洪水や漁業への被害を回避することによってのものを得るために、天然林の保護に投資するべきである。この森林を保全するか破壊するかから生ずる費用便益の大きさは不確定なのだから……外部の資金供与者は……この公園へのナイジェリア連邦とクロスリバー州の投資を援助するように求められて当然であった[注38]」。この計画によると、予定された公園の近くに住む人々にはその森林を保護するような動機がもたらされることになっていた。サポート地帯というものが考えられたが、これは、その森林に（例えば、狩猟とか林産物採集とかによって）経済的にある程度依存していると判断される人々がいるところで、この地帯では、農業生産性を高め、経済開発を促進し、人々の森林資源への直接依存度を減少させる、というようなプロジェクトが開始されることになっていた。そのようなプログラムは公園への圧力を軽減し、人々に公園を守ることへの既得利権を与えるだろう、とそこでは論じられた[注39]。

　オバンのマスタープランを作るための資金は、ODAとWWFからだけでなく、欧州委員会によってブリュッセルで運営されている欧州開発基金からも得られた。このプランに必要な情報を得るために、1989年前半にカルデコット指揮下の委託調査団が調査を実施したが、その重点は、サポート地帯での土地利用と農業開発手段との検討と補給・管理の問題とに置かれた。公園そのものの生態について野外調査を行なったのはゴーツ・シュアーホルツ（カナダの野生動物生態学者）1人だけで、その調査は短期のもので、森林保護区の縁辺部を主として見ていた。予定された公園の中心部であるクワ河源流、私が1967年に訪れた地域に行った人は1人もいなかった。

　このような経過で1989年末にでき上ったオバン・マスタープランは、表面上はナイジェリア連邦政府に向けて書かれていたが、実質的には欧州委員会へのプロジェクト資金申請書だった。このプランは経済開発活動を専ら問題にしていて、そこに展開された7ヵ年計画には、サポート地帯の農業化や村人たちに財政的インセンティブをもたらすようなさまざまな仕組み（例えば、農業や小企業活動

に向けて個人に貸付ける国際的資金（a revolving credit fund）とか、村の開発プロジェクトや教育プロジェクトに補助金を出す村落保全開発資金（Village Conservation and Development Fund=VCDF）とか）の設立が含まれていた。このVCDFには7年間に170万欧州通貨単位（ECU）（1990年1月には1 ECUは1.21ドルに相当した）が必要と見込まれていた。しかし、このマスタープランで計上された最大の費目は、中核管理チーム（外国人コンサルタントのグループで、このプロジェクトの管理運営——財務、研究、公園の保護、サポート地帯の開発、要員の訓練など——について助言することになっている）への561万ECUという報酬になっていた。公園の保護について直接に言及しているのは、この98ページものマスタープランの中でたった1つの短いパラグラフだけで、これはレインジャー監視員部門によって行なわれることになっていると記されていた[注40]。このオバン・マスタープランはその結論で、森林周辺で生活している人々の収入が増えるとその森林への圧力は大きくなる、というのが一般的だと認めているが、オバンのサポート地帯に提案された特別な経済的インセンティブは自然保護を助長することができるだろう、と論じていた。

ナイジェリアのゴリラ保護活動の始まり

1988年末にオバン・プロジェクトが始まりつつあった時、私は稀少な森林性のサル、スレーターゲノンの現状を調査するためにナイジェリアに来ていた。その数ヵ月前に私はオバンに関心があることをWWF-UKに書き送っていたが、とうとうジュリアン・カルデコットから返事があった。そして私たちはクリスマス直後にカラバルで会って、このプロジェクトについて話し合うことにした。カルデコットはその頃までに、クロスリバー州森林局が州北部のオブドゥ地方の自然保護地域に対して積年の提案を持っており、そこは野生動物保護に関してオバンよりも重要だと考えている、ということを知っていた[注41]。彼はWWFを説得して、それの国立公園マスタープラン作製プロジェクトを拡張し、資金の一部をオブドゥ地域にも向けていた。そして、私がこの地域の調査をすることに関心があるかも知れない、と考えたのだ。

ペトライズは1962年のナイジェリア訪問後にオブドゥを国立公園にすることを強く主張していたが、その公園の主要な目的は、ナイジェリア独自の山地生態系と共に、そこに住むゴリラの個体群を保護することにある筈だった。彼は、オブドゥのウシ牧場にある快適なリゾートホテルは、何時の日か観光客がそこか

ら野生ゴリラ観察に挑むことができるかも知れない格好の基地だろうと感じた。この牧場はオブドゥ高原の大部分を占めており、この高原は海抜およそ1500～1650メートルのゆるやかに起伏した台地で、カメルーンのバメンダ高地に続いている。この高原は主に草原に覆われていて、牧場ができるずっと前からフラニ族の遊牧民によって毎年火入れされていた。しかしこの高原は雨が多く（年間3500ミリ以上）、そこの自然植生は伐採や頻繁な火入れがなければ山地林だったことはほとんど確実だろう。この森林は、今ではかなり品位が落ちてはいるものの、高原上の川沿いに帯状に多数まだ残っている。

　オブドゥのウシ牧場は、獣医のマカロックとかいう人が1949年にこの高原を訪れて、この草原にはツェツェバエがいないことに気付いた後に、ナイジェリア東部地区の植民地政府によって開発された。牧場が公式に開設されたのは1951年で、1955年には高原への急斜面を登る道路が完成した[注42]。1959年に牧場の本部にホテルが建てられ、1966年までに、特にナイジェリア南部低地の高温高湿から逃げ出したがっていた外国人たちの間で、人気保養地になっていた[注43]。

　オブドゥ高原の南と西の下には林冠の閉じた森林がある。この森林のゴリラについての最初の報告は1931年のジェームズ・アレンによるもので、彼は1930年2月に1つの群れを3日間追跡した[注44]。1932-33年にはイヴァン・サンダースンがカメルーン国境の向うで数頭のゴリラを採集し、また、明らかにナイジェリアから捕ってこられた子供の雌をペットとして5ヵ月間飼っていた[注45]。1934年に本章の冒頭で引用したコリアーの報告が出版された。続く20年の間は、明らかに第二次世界大戦のためもあって、ナイジェリアのゴリラについてそれ以上ほとんど何も聞こえてこなかった。しかし1955年と1956年に、ナイジェリア東部地区の森林局長エリック・マーチがオブドゥ地域を訪れてゴリラについて情報をさらに集め、ゴリラ保護のための野生動物サンクチュアリ計画を立てた。彼は、おそらく100～200頭のゴリラが残っているだろうと推定した[注46]。その結果1958年に、オブドゥ高原の直ぐ西の険しい山地の森林が、ゴリラ・サンクチュアリとして役立つことができる保護区として官報に公示された。これがボシ・エクステンション森林保護区だった[注47]。1964年に東部地区政府が、隣接するボシ森林保護区とオクヮンゴ森林保護区をボシ・エクステンションと一緒にして1つの動物保護区にする、という提案をしたが、これが公式に設立されることは決してなかった。

　1966年に私が初めてナイジェリアに着いた時、私の指導教員ピーター・ジュ

写真21　1966年11月のオブドゥ高原調査。左から2人目がピーター・ジュウェル、右から2人目がアリクポ・エター。ゴリラ個体群保護のために設立されたボシ・エクステンション森林保護区は背景の高い尾根のうしろ側にある。

　ウェルは、出版されたばかりのペトライズの報告書を1部持っていて、私たちは研究計画を立てる際にそれを参考にした。その際に私たちはまた東部地区森林局の許可と協力も求めた。私の哺乳類研究は主として政府の森林保護区で行なう予定だったからだ。そこの人々は非常に協力的だった。そして、彼らはオブドゥに動物保護区を設立することに特別に関心を持っている、と教えてくれた。このことから私たちはその地域に森林局のアリクポ・エターと一緒に様子を見に行くことにした（写真21を見よ）。エターはミシガン州立大学で林学と野生動物管理学を学んできており、そこでペトライズに会っていた。
　そんなわけでエターと私は、1966年11月3日、オブドゥ牧場ホテルに着いた翌朝、冷涼な霧の中を馬に乗って出発し、ボシ・エクステンション保護区の外縁に到達した。日帰りの予定だったので、ゴリラがいる証拠をちゃんと捜す時間は

第6章　人間優先：クロスリバー国立公園　177

なかったが、そこの林縁で私たちはヒョウの足跡と思われるものを見たし、格好の野営地になりそうな場所を見付けた。私たちは、この地域の野生動物、特にゴリラのもっと完全な研究をする計画について熱っぽく語り合った。そして私たちは、ナイジェリア大学とロンドン大学ユニバーシティカレッジからの学生の合同遠征隊を組織して、エターと私の指導の下に1967年7月〜9月にオブドゥにやって来よう、と計画した。この遠征隊はこの高原と隣接する森林とについて生物の調査研究を行なって、保護される地域についてもっと明確な勧告をする予定だった。

ジュウェルと私は1967年5月19〜22日にオブドゥ高原を再訪して、この遠征隊について最終的な手配をした。この牧場のイギリス系支配人ウォリー・クランフィールドは、雨が非常に多いという天気の問題を別にすれば、何も問題はないだろうと語った。私がトム・ストルゼイカーのカメルーンでの研究のことをクランフィールドから初めて聞いたのはこの頃だった。ストルゼイカーは1966年12月にオブドゥ牧場に来て、この高原からカメルーンのタカマンダ森林保護区へと歩いて下っていって、そこで霊長類の調査をしてマヴァ地域で新しいゴリラの巣を見付けていた[注48]。

しかし、私たちのオブドゥ遠征は実施されることがなかった。1967年5月26日にヤクブ・ゴウォンの統率する連邦政府がこの国を12の新しい州に分割すると布告した時、高まっていた政治的緊張は頂点に達した。それまでの東部地区の中のカラバル地方とオゴヤ地方は東南部州（その後にクロスリバー州と改名された）ということになった。第2章で述べたように、東部地区の軍事政府はゴウォンに反抗して、5月30日にビアフラ共和国として連邦から脱退すると宣言した。その日に、ビアフラ共和国の軍政長官オフィスの保安部代表からンスッカの私に連絡があって、「この国の現在の混乱状態からして、貴下の申し出られたオブドゥ旅行は今はお勧めできません」と言ってきた。

7月7日にビアフラ戦争が始まって私たちの計画は終止符を打たれた。そして、続く10年の間オブドゥに注意する人はほとんどいなかった。外の世界では多くの人々がナイジェリアのゴリラは絶滅したと考えていた。例えば、アフリカのゴリラのすべての個体群の現状について概観した1978年のある論文は、ナイジェリアには定住しているゴリラがいるかどうか疑問だとした[注49]。しかし、1979年にユネスコのあるグループがオブドゥを世界遺産の1つとして推薦し、その直後にナイジェリア連邦政府はクロスリバー州政府に「ゴリラ捜索作戦」を始める

ように促した^(注50)。1967年に私とオブドゥ調査を計画したアリクポ・エターが、今クロスリバー州の森林局長だった。彼は、棚上げにされていたオブドゥ動物保護区案を展開する第一歩として、また、ゴリラについてもっとよく知るための活動の第一歩として、オブドゥの町の野生動物保護署を担当する上級野生動物管理官を置いた。この管理官がアメリカ合衆国での研修から帰ってきたばかりのクレメント・エビンだった。

絶滅したゴリラの「再発見」

このオブドゥ野生動物保護署の職員は1980年代初期に、ボシ・エクステンション森林保護区の調査でゴリラの生活痕跡を発見した。また彼らは、これまで報告のなかった場所、オブドゥ高原の西南約20マイルのムベ山地でもゴリラがいる証拠を明らかにした。この山地の麓のカニャン入植地を通ってイコムの町とオブドゥの町を結ぶ新しい道路が最近完成していた。この道路は、これまでほとんど知られていなかった辺鄙な地域を新しく開いた。1983年、カニャンの猟師ジョージ・オチャ・アバンが、母ゴリラを射殺してつかまえた幼いゴリラを、オブドゥの町のエビンのところへ持って来た。このゴリラはカラバル動物園に送られて盛大な祝典が行なわれ、その場で州の自然資源長官はアバンの「愛国的行為」を、彼が保護動物を殺していたにもかかわらず、称賛した^(注51)。このゴリラの幼児(長くは生きていなかった)はクロスリバー州に興奮を巻き起こしたが、それは、この有名なひどく怖れられた動物がこの地方にまだ生存していることをそれが全く明らかに証明したからであった。

エビンは、これに続いてNCFに報告書を提出して、オブドゥ地域での広いサンクチュアリの必要性と徹底的なゴリラ研究の必要性について論じた^(注52)。この直ぐ後にNCFは、ナイジェリア全体にまたがる野外調査と自然保護プロジェクトについての大きなプログラムを展開させ始めた。この調査の背後の推進力はNCFの科学委員会委員長A.P.レヴェンティスであって、彼がオコムにもかかわっていたことは前章で記した。この調査の中に、鳥類保護にふさわしい地域についての鳥学者ジョン・アッシュとロバート・シャーランドの前述の調査があった。彼らは、オバン地域の森林(表面的にしか調査しなかった)よりも、クロスリバー州北部の森林の自然保護地域としての可能性のほうに強い印象を受けて、ボシ、ボシ・エクステンション、オクワンゴの3つの森林保護区とオブドゥ高原とを含む国立公園を直ちに創設するように勧告した^(注53)。

NCFはアッシュに1987年にもクロスリバー州に2度来て貰うように手配した。アッシュはこの2回の来訪で、クロスリバー州政府がオブドゥ地域とボシ-オクヮンゴ地域の保護を改善する動きをまだ1つもしていなかったことを発見し、また、オブドゥ高原に点々と残っていた森林が農地化と火入れによってひどく傷められていることに気付いた。低地の森林では狩猟活動がひどくて、哺乳類の個体数が非常に低いレベルにまで減少してしまっていることも知った。しかしアッシュはまた、これまでナイジェリアからは知られていなかった稀少な鳥も幾種か見た——イボノドキ、ズアカハゲチメドリ、シロハラヒタキムシクイ。そして彼は、ゴリラがこの地域にまだ生き続けているという多くの情報を、ムベ山地近くのカニャンとアフィリバー森林保護区西北部山地の麓のブアンコルとの両地の人々から得た。アフィ山地にゴリラ個体群が生残っているという証拠は特に驚きだった。というのは、そこのゴリラについて発表した報告はこれまで1934年のコリアーのものしかなくて、彼はその中で次のように言っていたからである。「アフィの森で1927年にボジのある猟師が手負いにしたゴリラに襲われて怪我をした時、その地域の人々は、このゴリラはウンバジの方の山地から来たものであって、ボジ・グループにはゴリラはいない、という見方をしていた[注54]。」ただしコリアーは、アフィ山地と「ウンバジ」（ボシ・エクステンション保護区近くのブマジ集落グループ）との間は20マイルもあって、ずっと前から人間が入植していて森林を伐採してしまっていたのだから、アフィにはボシのゴリラ個体群とほとんど関係のない個体群が住んでいるのかも知れない、と推測していた。

　アッシュは、1987年の調査後の報告書で、クロスリバー州北部の森林とそこの野生動物とを救うための自然保護活動の重要性について再度論じて、この地域には国立公園という地位が求められるべきであると繰り返した。彼はまた、カニャンとブランコルのゴリラには特に注意を払うように勧告し、それの現状を調査し保護策を講ずるよう要求した[注55]。アッシュの勧告の結果、レヴェンティスは、もっと徹底的なゴリラ調査を行なうことができる人々をイングランドで捜し始めた。ロンドン大学ユニバーシティカレッジのロデリック・フィッシャーは、レヴェンティスにケンブリッジ大学のアリグザンダー・ハーコートを引き合わせた。ハーコートは、ルワンダのダイアン・フォッシーの研究地でヴィルンガ火山群のマウンテンゴリラの長期研究を行なったことがあり、ヴィルンガとウガンダのブウィンディの森との両地でゴリラ個体群の調査をしたことがあった[注56]。ハーコートとレヴェンティスは1987年末の乾季にナイジェリアのゴリラの調査を始める

ことで合意した。その一方でNCFはカニャンのゴリラについてもっと知るために、その専門員の2人、ジョン・ムシェルブワラとイブラヒム・イナハロ、をそこに派遣していた。7月に行ったムシェルブワラはゴリラの巣を見ただけだったが、8月にイナハロはとうとう1つの群を見た^(注57)。イナハロはカニャンの猟師たちと話し合って、NCFがこの地域でプロジェクトを始めるまで一時的に猟を休むことに同意させた。彼は2人の猟師を監視員として雇い、NCFは地域社会が代替蛋白源と改良農業技術を開発するよう援助する、と提案した。これがカニャン・ゴリラ・プロジェクトの始まりだった。

ハーコートは調査を1987年12月から1988年1月に妻のケリー・スチュアート（彼女もヴィルンガ火山群でゴリラの研究をしたことがあった）とイナハロと一緒に行なった。彼らは、巣と糞という証拠によって、ムベ山地のほかに3つの地域でゴリラがいることを確認した。それはアフィ山地とボシ－オクヮンゴ森林保護区とオブドゥ牧場周辺の2地点とであった[注58]。ハーコートたちは、ムベとアフィを中心にした調査に基づいて、ナイジェリアのこの部分には150頭のゴリラが生き残っているのではないかと推定した。しかし彼らは、ゴリラの生息環境は農地化によって脅かされているし、ゴリラ自身も出生率を上廻るような割合で猟師に殺されている、と記した。彼らは、ゴリラを保護し地域を発展させると思われた自然保護策を勧告した。それは、ゴリラの殺害を禁じている現行法を周知させきちんと施行すること、個々のゴリラ個体群の分布範囲の中核部にあらゆる種類の狩猟を禁止した厳正サンクチュアリを官報公示すること、現地の人々の間に自然保護意識を促進すること、ゴリラ中心の観光事業を（ルワンダでの経験に基づいて）樹立すること、であった[注59]。ハーコートは、この地域全体の全面的禁猟とか国立公園設立とかには賛成しなかったが、それは、そのような措置は商業的狩猟からかなりの収入を得ている現地の多くの人々を疎外しかねない、と思ったからだった。

NCFの実施したこの新しい調査は広く知られて、ナイジェリアのゴリラはついに広い関心を呼ぶようになり、ニューヨークタイムズ紙の一面記事にまでなった[注60]。NCFは、アッシュの置いた土台の上に、1つの自然保護プロジェクトをムベ山地でカニャンを基地として開始した。これはイナハロとハーコートの勧告の一部に答えるものでもあった。このプロジェクトは1988年9月に2人のアメリカ人ボランティア、エリザベス（「リザ」）・ギャズビーとピーター・ジェンキンス、の運営の下に始まった。

私がWWFのオバン・プロジェクト・マネージャーのジュリアン・カルデコットに会うためにカラバルに着いたのはこの直後だった。カルデコットの提案は、クロスリバー国立公園をオブドゥ地域にまで拡張する計画のために、私がゴリラそのほかの霊長類の保護の必要性について研究をすることで貢献してくれないか、というものだった。彼が、2人でこの地域をちょっと見に行こう、と言ったので、1988年12月の最後にカルデコットと私はクロスリバー州北部に向けて出発した。私たちはカニャンのNCFゴリラプロジェクトに立ち寄ってからオブドゥのウシ牧場を訪れた。私たちはそこでアナペ村から来た1人の男に会ったが、彼はボシ・エクステンションの「ブラックブッシュ」と彼が呼んだ場所のゴリラのことをよく知っていた。私は、オブドゥに戻ってきたことと1966年に初めて考えた研究をする機会がついに来たこととの両方で興奮していた。しかし私は、カルデコットが説明してくれたこの自然保護（保全）プロジェクトの、開発と経済学とを重視するアプローチには悪い予感がした。だが、このプロジェクトは私が参加してもしなくても進行するだろうと思ったので、参加すればこのプロジェクトの進行に影響を及ぼす機会くらいは少なくともあるかも知れないと考えて、私はこの霊長類調査研究を行なうことに同意した。

1990年のゴリラ調査

　本章の初めに記したように、私は1990年1月に初めてボシ・エクステンションでゴリラの巣を見た。続く5ヵ月の間、私は助手のポール・ビソンとドミニク・ホワイトと共に、ボシとオクヮンゴとムベ山地の森林とオブドゥ高原を調査した。私たちは、霊長類や大形哺乳類の個体群の現状を推定しようとしただけでなく、自然保護の問題と観光事業の可能性も検討した。その間に、リザ・ギャズビーとピーター・ジェンキンスは、この公園予定地内とその周囲のすべての集落で猟師たちに組織的な質問表形式の面接調査を実施して、地域の野生動物についての彼らの知識と彼らの狩猟実践との両者について情報を集めていた。

　私たちの調査に応対した現地の上級役人はクレメント・エビンで、彼は今はクロスリバー州の国立公園・野生動物開発プロジェクトを担当していた。エビンの目標は、ボシ－オクヮンゴ地域を国立公園の地位に格上げすることだけでなく、その公園にムベ山地を組み入れることだった。ボシとオクヮンゴの両保護区はすでにその境界が定められていたが、ムベ山地を組み入れるためにはそれの境界を、自然保護の問題とカニャンなどの集落の既存の土地利用との両方を考慮して、新

しく定めなければならなかった。また、アフィリバー森林保護区の隔離されているゴリラは、国立公園に含まれる予定になってはいなかった。彼らのことはまだほとんどわかっていなかったし、そこの森林が野生動物保護地域の提案の対象とされたことはこれまでなかったのだ。それでもカルデコットは私たちの調査にアフィのゴリラを含めるように要請した——それを最優先にするようにとは言わなかったが。

　私たちの調査の結果の中には意気の上るようなものもあったが、その大部分は気の滅入るようなものだった。ボシ保護区とオクゥンゴ保護区の中心部と険しいムベ山地とアフィ山地には、農耕とか伐採とか山火事とかによる近年の攪乱の徴候を全く見せていないすばらしい森林が何カ所もあった。その一方で、どの森林もその周辺部はこのような要因のどれかによって蚕食されていた。クロスリバー州のこの部分はオバンよりも乾季が長くて、従って森林は山火事の害を受けやすかった。

　大形動物は、NCFのプロジェクトがうまくいって狩猟活動が抑えられていたムベ山地を別にすれば、非常にわずかしか見られなかった。私たちはこの5ヵ月の間にゴリラの巣群を47カ所で見付けたが、ゴリラそのものは、ビソンがそれらしいものを遠くから一度見ただけで、見ることもはっきりした声を聞くこともなかった。ゴリラの巣群のほとんどはムベ山地とアフィ山地で発見され、ごく一部がボシ・エクステンション森林保護区で発見された。オクゥンゴ森林保護区ではたった1つの巣群しか見付からず、それはカメルーンのタカマンダ森林保護区から遠くないそこの東部山地にあったので、私たちは、オクゥンゴのゴリラはおそらくタカマンダを中心とする個体群の一部であろう、と結論した。ゴリラのいる証拠が見付かった地域は大部分が険しい地形であって、森林内に個体数調査のための観察路を作ることはほぼ不可能だったので、ゴリラの個体数は発見した巣から推定するしかなかった。1990年にはナイジェリアに110頭のゴリラがいた、というのが一番もっともらしい推定だが、全部で75頭にすぎないこともあり得ると私たちは考えた。

　この地域の森林で私たちが出会ったサルの個体数は、私がこれまでに訪れたアフリカのどこの森林でよりも少なかった。ドミニク・ホワイトと私は116日の野外調査で協力して約300マイルの林内の小径をゆっくり歩いて調査した。その間にゲノン類の声は52回聞いたが、その姿をはっきり見たのは1回だけ——ムベ山地でのオオハナジロゲノンの1群——であった。野営地でサルを見たこ

とが2回あった。面接した猟師たちは誰もがヒヒに似た大型で地上性のドリル（「keshuom」）のことを知っており、私たちは時々落葉層にそれが採食しながら通っていった跡を見た。しかし実際にこの動物を見たのは、特にそれを見るために経験の深い猟師と出かけたジェンキンスだけだった(注61)。

　猟師たちは面接で霊長類の個体数が減ってきていることに同意し、この減少の主原因として狩猟を挙げるのがふつうだった。彼らが名前を挙げたサルの中の2種、クラウンゲノンとホオハイイロマンガベイ、は、ナイジェリアのこの部分ではすでに絶滅したように思われた、ただし隣接するカメルーンのタカマンダの森にはまだいるかも知れないが。こうした暗い話の中に1つ明るい話があった。私たちはボシ・エクステンションの山地でプロイッスゲノンの声を何回か聞き、猟師に殺されたこのサルの死体を見た。これは、これまでカメルーンとビオコ島の山地林からしか知られていなかったこの稀少な種の、ナイジェリアからの初めての確実な記録だった。

　ムベ山地は別にして、私たちの行ったところではどこでも猟師の証拠が豊富に見られた——野営跡、踏み跡、罠、散弾銃の薬莢、アセチレン・ヘッドランプ用カーバイドの滓の山。私たちは、ボシ－オクゥンゴの森での狩猟の多くが商業的なものだ［訳注：自家消費用ではない］ということを発見した。猟のパターンはふつう次のようだった。猟師たちは小グループで森の奥深くの半永久的な野営地に入る、そこには小屋があって彼らはその小屋から何回か数日にわたる略奪行に出掛ける、殺した動物の死体は燻して、猟が終わったら市場に持って行く。私たちの拾った使用済み薬莢から判断すると、ほとんどの猟師は小獣用（サルを含む）の弾薬を使用していた。猟師たちとの面接でもチンパンジーとゴリラはたまにしか殺されていないことが確認された。ふつうの猟師はライフルを持っていないので、ライフル猟向きのスイギュウとゾウは、少なくとも私たちの調査の時には、めったに殺されていなかった。実際、私たちはオクゥンゴ森林保護区の各所でマルミミゾウが多いことに気付いたし、ホワイトと私は1度彼らに直接に遭遇した。

　わたしたちの観察結果の中で非常に心配だったことの1つは、オブドゥ高原での森林破壊の程度だった。1950年代にウシ牧場の発展に伴って人々が牧場で働くために家族ぐるみで高原に移住してきた。しかし、高原の人口が拡大するにつれて、牧場のもたらす幸運は、そこが提供する雇用機会と一緒に低下した。人々は家族を養うために次第に農耕生活に転向した。高原上の川沿いの森林や高原周辺部と高原上に点々とあった山地林は農耕に最適な土壌を提供していたから、こ

れらの生物学的に魅力ある森林（写真21に示した）にはどんどん圧力がかかってきた。これらの森林は、農地にされる以外に薪燃料にも利用されたし、毎年の草原の火入れによっても傷められていた。エルグッドは1965年にこのような問題を予見しており、ホールは1981年にこの危険な森林破壊の趨勢を観察していた(注62)。アッシュとシャーランドは1985年11月にここを訪れた後に、「牧場本部から10キロ以内で攪乱されていない森林を見付けるのはおそらく不可能だろう」と記した(注63)。私が1990年にこの高原を調査した時までには、攪乱されていない森林はほとんどどこにも残っていなかったし、多くの川沿いには樹木が大部分なくなっていた。この高原には約1400人の人々が住んでいて、当然だが、ゴリラがこの地域をまだ利用しているという証拠は全くなかった。高原上の入植地のいくつかでの老人たちの話では、1960年まではよくゴリラを見たが、牧場が発展するとゴリラは高原を利用するのをやめてしまった、ということだった。

　高原の森林破壊とほぼ同じくらい心配だったのが、オクヮンゴ保護区内にあるオクヮとオクヮンゴという2つの「飛地」村（地図7に示されている）の大きさであった。この飛地はこの森林保護区が公示された時にすでに集落が存在していた場所であって、そこの村人たちはそこにそのまま残って農耕生活をすることが許されていた。この飛地には今2500人以上の人々が住んでいる、と私たちは推定した。この2つの飛地は、西方の村々や道路の終点と保護区の中を通る1本の小径でつながっており、この小径は東方へオブドゥ高原直下のカメルーン国境にあるバレゲテという名の入植地へと保護区の中を延びていた。オクヮとオクヮンゴの農地は周囲の森林保護区へじわじわと拡がり始めており、村人たちは保護区の中で狩猟をしたりさまざまな植物（の部分）を採集したりしていた。これらの集落がそこにそのまま残って大きくなり続けたら、オクヮンゴの森は南北2つに分断されて、そこの野生動物が次第にいなくなるだろう、ということは明らかだった。

　このような観察に基づいた私たちの最終報告書での主要勧告の1つは、ボシーオクヮンゴ地域が効果的な国立公園であろうとするのであれば、オクヮとオクヮンゴの諸集落をこの森林の外に強制疎開させなければならない、というものだった。私たちはまた、ムベ山地とオブドゥ高原をこの新しい公園の一部とし、この高原での大規模な農耕と無統制な火入れをそこの森林消失が不可逆になる前に中止することも提案した。そして、公園全体についてはゾーニング・システムを提案し、ムベ山地と2つのボシ保護区とオクヮンゴ保護区東部とを自然保護と観光のための厳正保護区とし、オクヮンゴ保護区西部の「伝統的利用ゾーン」では一

部の植物生産物の採取を引き続き認めることを提案した。また、オブドゥ高原の生態系を安定させるために、ウシの頭数制限や菜園経営の奨励や一部住民の移住などの特別な方策も提案した。ゴリラを見るのは非常に難しいので、観光プログラムの重点はゴリラを見ることにではなく、野営地と簡単なレストハウスをつなぐ小径のネットワークで降雨林の中を歩くことに置くことも提案した。私たちはその一方で、ゴリラの生態と行動についてもっと研究することを勧告した。そのような研究活動が長い目で見ればそこに来る人たちがゴリラを見られる可能性を増すことになるだろう、と私たちは考えた。私たちはまた、アフィリバー森林保護区西北部山地の孤立したゴリラ個体群を保護するために、そこに野生動物サンクチュアリを作ることを勧告した。

　私たち野生動物調査チームの勧告は、予定されたクロスリバー国立公園の北部地区開発マスタープランに付録としてつけられた[注64]。この北部地区を一括する名称をどうしようかと考えて、このマスタープランはそれを、そこで最も広くて中心部にある保護区の名をとって、オクゥンゴ地区と呼ぶことにした。クロス河南側のオバン森林保護区グループがこの国立公園のオバン地区の中心ということになる。このマスタープランでは、オバンでと同様に、オクゥンゴ地区を囲むようにサポート地帯が提案されていて、すでにいくつかのコンサルタント・チームがこの地帯での経済開発問題を検討すべく雇われて、さまざまな農業開発プロジェクトを提案していた。

　このオクゥンゴ・マスタープランは、それとは別に出されたオバンのプランと同様に、WWFによってナイジェリア連邦政府とクロスリバー州政府と欧州委員会（EC）とに提出された。またしても、このマスタープランは公園設立援助についてのECへの資金申請書として作られていた。オバンのプランの場合と同じく、その支出の大半は公園のまわりの開発プロジェクトと外国人コンサルタントとに行くことになっていて、公園そのものを保護するために必要な金の大半はナイジェリアが工面することになっていた。オバンのマスタープランは7ヵ年で合計1843万欧州通貨単位（ECU）（そのうち308万ECUはナイジェリア政府が出し、残りはECが出すことになっていた）の支出を要求していたが、オクゥンゴ地区に提案された予算は7ヵ年で2100万ECU（そのうち236万ECUはナイジェリアが出す）だった[注65]。オクゥンゴのサポート地帯プログラム（回転貸付資金を含む）の費用は467万ECU（そのうち75万ECUはナイジェリアが出す）と見積もられ、そのほかに186万ECUが村落保全開発基金（Village Conservation and Development

Fund) に配分され、144万 ECU がオクヮとオクヮンゴの集落の移住費として計上された。地区本部に事務所、宿泊施設とビジターセンターを建設するために168万 ECU、管理運営に助言するコンサルタント・チームのために 170万 ECU、が計上された。公園監視員にナイジェリア連邦政府が払う給料は7年間で129万 ECU に相当すると推定された。このオクヮンゴとオバンのマスタープランは、そのような経費(合計すると年に約560万 ECU〔700万ドル以上〕になる)を将来外国援助がなくなった時にどうやって維持することができるのか、ということについてはほとんど触れていなかった——債務・自然保護スワップ(debt-for-nature swaps)の探究を示唆してはいたが。

　なぜこんなに巨額の支出が提案されたのだろうか？　このプロジェクトに参加して初めてわかったのだが、巨額な予算は、長い目で見てそれが自然保護に役立っても役立たなくても、それにかかわったヨーロッパとナイジェリアの計画立案者たちにとっては、利益をもたらす可能性があったのだ。彼らは、大きな金額を扱う計画を問題にする時ほど彼らの組織の中で名声を得るのだし、その計画が実現すればその計画の資金の一部は、彼ら自身がその中で働いている組織を通って流れるか、彼らの入っているコンサルタント・グループに支払われるか、ということに大体なっていたのだ。これは、競争的市場でのビジネスとしての現代自然保護というニジェル・タースリーの観点(本章の前の方で触れた)の現実化である。

クロスリバー国立公園の誕生——すぐに問題が起こった

　1990年9月までに、オバンとオクヮンゴ両地区についての WWF のマスタープランはでき上っていた。だが、このプランが効力を生ずるためには、また、主要な資金が獲得されるためには、まず国立公園と何らかの管理組織の萌芽とが作られていなければならなかった。公園を作るのは比較的簡単な問題だった。というのは、ナイジェリアがイブラヒム・ババンギダの高度に中央集権的な軍事政権によって支配されていたからである。1991年10月に大統領令が公布されて、クロスリバーなどいくつかの国立公園が設立された。急いで公園を設立しようということで、この公園の境界は既存のオバン森林保護区群およびボシ—オクヮンゴ森林保護区の境界と同一のものとすると定められた。このような境界はすでに法的に規定されていたから、いくつもの森林保護区を1つの国立公園として再定義することには大きな難点は何もなかった。しかし、この便法はマスタープランで

勧告されていたいくつかの重要な地域をこの公園から排除してしまった。それは、オクヮンゴ地区でのムベ山地とオブドゥ高原、およびオバン地区でイクパン地域の北にあってオバン中央山地とカメルーンのコラップ国立公園とを結ぶものになると予定されていた「地域社会共有林」の主要部分である。これらの地域を既存の地権者たちを疎外せずに国立公園に含めるためには、長期のおそらく困難な折衝が必要だっただろうし、それらを含めるために新しい境界の専門家による測量も必要だっただろう。ECからの資金が出る前に、進んで正式の境界測量に金を出したり保護区外の土地を連邦政府に譲渡する折衝をまず行なったりすることは、誰もやらないと思われた。その結果、生物学上決定的に重要な3つの地域がクロスリバー国立公園から除かれてしまった。こんなことが許されてしまった理由の1つは、このような余計な土地を含めようとして公園の設立が妨げられると開発援助資金の出るのが遅れる、と考えた者が公園計画立案者たちの中にいたことだったのではないか、と私は疑っている。もしそうだとすれば、開発資金を確保しようとする衝動が、この地域の自然保護という本来の目標の一部——ユニークなオブドゥ高原の保護とナイジェリアに残っているゴリラの大部分の保護とオバン山地をコラップ国立公園と連結すること——を踏みつけにしたことになる。

　カルデコットは、クロスリバー国立公園計画作業の完了を見届けて、1990年10月にナイジェリアを去った。WWF-UKはその後3年間に彼の後任としてプロジェクト・マネージャーを何人か次々に任命した。一方、諸自然保護団体とナイジェリア連邦および州の政府と欧州委員会とは、2つのマスタープランの多くの費用を要する複雑な提案の実施について論議しており、そこには新しい多面的な組織構造を作ることも含まれていた。私が1992年1月にカラバルを訪れた時には、WWFの新しいプロジェクト・マネージャーはニック・アシュトン＝ジョーンズであり、ニューギニアと南アフリカでプロの農園マネージャーをやってきた人物だった。私が知ったところでは、彼は公園のサポート地帯の人々の福利増進を最優先にしており、そのような発展がなければ自然保護活動は成功できないだろうと考えていた。オバンとボシ－オクヮンゴの森林は今は国立公園になっていた（一切の狩猟が法的に違法とされた）のだが、密猟防止活動と研究活動の優先順位は低かった。この森林の密猟者たちは攻撃的であり十分に武装しているのがふつうだったにもかかわらず、新しく採用された監視員部隊は武器を持たされていなかった[注66]。そして研究は、この公園が完全に制度化されてから初めて許される贅沢と見做された。

村人たちは、国立公園ができて彼らが伝統的にオバンとオクゥンゴの森で利用してきたものの一部が使えなくなると知って、心配するようになってきた。この人々やもっと遠くからの多くの人々は、長い間ほとんど統制されることなしに、森林保護区の中で狩猟をしたり、さまざまな植物生産物を採取したりしてきたのだ。WWF はカルデコットの在任中に、村人たちとのコミュニケーションを改善し、彼らが気にしていることの一部に対応するための方法として、このプロジェクト地域で村に連絡補助員を置くことを始めていた。このパートタイムの連絡補助員は村人の中から村会議の推薦に基づいて任命され、公園のプロジェクトをその村の人々に説明して、疑問点や問題点をプロジェクト職員に持ち帰って報告する、というのが仕事だった。アシュトン＝ジョーンズはこの制度を拡大し、その結果として 1992 年 4 月までに連絡補助員の数はオバン地区で 45 人、オクゥンゴ地区で 25 人になっていた[注67]。

　地域住民の間には、1989 年に初めてコンサルタントや政府の役人が真新しいランドローバーでこの長らく無視されていた地域に姿を見せて、情報を集めたり、発端から特に開発に重点を置いてきたプロジェクトについて語ったりし始めて以来、大きな開発援助が計画中だという期待が高まってきていた。1990 年初めに私がオクゥンゴの調査に出発するに際してクレメント・エビンと話した時、彼は、村人たちと補償問題については話し合わないようにすることが大切で、そうでないと、実現困難な期待を抱かせてしまう怖れがあるからだ、と強調した。従って私は調査の間に、この公園プロジェクトから村人たちに何かしら特別な利益が生ずることになっている、ということはほのめかさないように気を付けた（私の調査の主な目的は動物についてもっと知ることだ、と話した）。しかし私は、私もほかの多くのコンサルタント（その中には開発問題にしか関心のない者もいた）と同じ途を歩いていることに気付いた。仕事の目的について何かしら明らかにしないで仕事をする、ということは誰にもできないことだった。そしてこうした訪問の積み重ねが必然的に、沈滞した田舎に発展をもたらすことになる外国の大きな「プロジェクトとかいうもの」への希望を生じさせる結果になった。

　1991 年の連絡補助員の任命が、コンサルタントたちの訪問のこうした効果につけ加わった。それと同時にマスタープランが発表されて広く知られ始めたので、何億ナイラもの開発プロジェクトと貸付資金という話は秘密でも何でもなくなった。そして国立公園が公示され監視員部隊が展開されて、理論的には公園法が施行された。1992 年に連絡補助員プログラムが拡大されたことと相俟って、この

ようなことが、この公園は村人たちの生活水準を大きく改良しようとしている、という期待を広く生じさせることは避けることができなかった。

このような大きな期待が崩れ始めるのに時間はかからなかった。ヨーロッパからの主要な資金はまだ1つも出ていなかったので、村の開発に使う金も公園の保護に使う金もほとんどなかった。アシュトン＝ジョーンズは、管理方針についてWWFと意見が合わず、1992年5月にこのプロジェクトを去った。彼の後継者は連絡補助員プログラムを廃止した。

オバン・プロジェクトの崩壊

ナイジェリアでは新しいクロスリバー国立公園の野生動物がほとんど保護されていなかったのに、ヨーロッパでは保護資金の調達について折衝が続いていた。ジョナサン・アダムズとトマス・マックシェインは、アフリカでの自然保護の方針についての著書『未開のアフリカという神話』の中で、欧州連合の自然保護・開発プロジェクト立案過程は霧に包まれており秘密主義的だ、と記した。欧州連合は（その前身の欧州共同体と同じく）、ヨーロッパの市民たちの関心に応えて、自然保護に多大な資金を投じてきたけれども、この資金は、アダムズとマックシェインの言葉によれば「アフリカでの自然保護と開発をうまく進めるためにではなく、ブリュッセルの官僚とECコンサルタント会社との仕事を確保するために」デザインされたように見える構造(注68)を通して支出されている。クロスリバー国立公園の場合には、ECやヨーロッパのさまざまな組織や団体とコンサルタント会社との間の契約の根拠として使うことができる最終的なプロジェクト文書ができるまでに、マスタープランでの提案についての議論と再検討がブリュッセルのEC本部で延々と行なわれた。WWF-UKのクリーヴ・ウィックスはブリュッセルでのこの議論に密接にかかわっていたらしい(注69)。

オバン地区マスタープランは1989年12月にナイジェリア連邦政府によって受け入れられていたけれども、オバン山地プログラム契約についての文書作製がブリュッセルで完了したのは、やっと1992年3月のことだった。この文書は、クロスリバー国立公園オバン地区はヨーロッパの1つのコンサルタントチームとの管理契約の下に開発され、この契約は欧州開発基金（EDF）とドイツの開発信用機関（KfW）とによって共同出資される予定、と提案していた。一方、オクワンゴ地区開発の次なる段階はイギリスのWWFとODA、および熱帯林保護を特に目的とした欧州委員会の基金によって出資されることになっていた。オクワ

ンゴへのこの出資は、コラップへの支援も含むまとまりの一部になる筈だった。WWF-UK は、オクヮンゴの管理には積極的にかかわり続けることになっていたけれども、オバンでは管理から手を引いて研究と教育のプログラムにだけかかわり続ける予定だった(注70)。

オバンの契約はそれから競争入札にかけられたけれども、KfW はこのプロジェクトに出資するとまだはっきり約束してはいなかった。KfW は、ナイジェリアへのこれまでの借款の返済が滞っていることと、オバン地区の境界がマスタープランの勧告の通りに公示されなかったことの2つを問題にしていた。また、KfW の出資金を、ナイジェリアの国立公園当局が管理するのか、欧州委員会のナイジェリア事務所が管理するのか、についても意見が合わなかった(注71)。このような問題があったにもかかわらず、EC は 1993 年 10 月にオバン管理契約の相手としてイギリスのコンサルタント会社であるハンティング・テクニカル・サービスを選定し、WWF はオバンの生物調査担当者としてドイツの生態学者クラウス・シュミットを任命した。これらの専門家は 1994 年初めにカラバルに到着し始めたが、資金の出るのが遅れていたために彼らの仕事は徐々にしか始まらなかった。EDF からいくらかの資金は出たので、少なくとも外国人コンサルタントの給料だけは何とかなったが、KfW からの金は出ていなかった。この KfW 資金がこのプロジェクトの多くの活動、特にサポート地帯開発プログラムの費用に当てられると想定されていたのだが。

1995 年にシュミットの下のオバン研究プログラムはいくらか仕事をした(注72)。トルベン・ラーセンはチョウの調査をして 600 種近いチョウを採集し、オバン山地にはおそらく 950 種前後、クロスリバー国立公園全体には 1000 種以上のチョウがいるだろう、と推定した。これはアフリカで1つの産地から報告された種数としては最高だった(注73)。しかし、オバン山地の中心部であるカラバル河とクワ河の源流域を踏査した科学者は明らかに1人もいなかったし、コラップに隣接するイクパン地域でアカコロブスを捜そうという活動もなされなかった。このプロジェクトの人々は誰一人として、稀少なプロイッスアカコロブスのいることがコラップの自然保護プロジェクトを始めさせる重要な要因だったこと、そしてそれが次にはオバンの自然保護プログラムを始めさせたこと、を知らなかったようだった。それとも、彼らはこのことを知っていたのだが、こんなサルにはほとんど関心がなかったということか。

1995 年半ば、まだ KfW の資金が出ていなかった時までに、カラバルではオバン・

プロジェクトの今後について重大な懸念が生じていた。その時、このプロジェクトへの限られた外部援助に致命的な一撃が下った。1995年11月、ナイジェリア政府は秘密裁判の審議に従って政治活動家ケン・サロ＝ウィウァと8人の仲間を処刑した。それに対して国際的に強い抗議が生じて、ナイジェリアは英連邦から資格停止されてしまった。欧州連合は、ナイジェリア軍事政権に制裁処置をとっていることを示せという公的圧力の下でいくつかのプロジェクトへの援助を中止した。オバンのプロジェクトは、財政上管理上のもめ事を抱えていたから格好の標的であって、それへのEDF援助は中止されてしまった。ハンティングコンサルタント社とWWFの研究プログラムは終わりになり、1996年1月までに外国人コンサルタントのほとんどはカラバルを去った。今は、この公園を辛うじて維持するためのナイジェリア連邦予算しかなく、それはクレメント・エビンの手中にあり、彼が今この公園の税支配人になっていた。サポート地帯開発活動に使える資金は全くなくて、この地帯に住んでいて彼らに新しい繁栄が来るはずだと信じさせられてきた人々は、今や国立公園に対して完全にそっぽを向いてしまった。

クロスリバー国立公園の現況：密猟は続いている

1997年1月にクロスリバー州を訪れた時、私はオバンでどんなことが起こっているのかを知ろうとした。そして、私が1967年1月10日に通った道を、カラバルからアキン－オソンバへ、それからオバン山地の森林の周辺部へと辿り直してみるのがいいのではないか、と考えた。この計画をクレメント・エビンに話したところ、彼は乗気ではなくて、それを公式に支援しようとはしてくれなかった。彼の言うところでは、アキンでは公園プロジェクトに反対する感情が高まってきており、それはこの公園がもたらすだろうと人々の期待していたことがほとんど何も満たされてこなかったからである。実際、村人たちは、アブラヤシの実生を少々配布された以外には、具体的な活動をほとんど目にしてこなかった。その一方で、この公園が公示された時に伐採権は取り消されてしまったのだが、このことが地域の経済におそらく悪影響をもたらしたのだろう。以前には大きな伐採事業の一部が雇用機会をもたらし、地域のマーケットに現金をもたらし、森林を農地化してきた。特に村の首長たちはこのような機会から利益を得ていた。というのは、彼らは人口過密なアクワイボム州からのイビビオ族移住農民に農耕権を貸与することができたからだった。このような移住農民は今では公園の管理にとって厄介な問題になっていた。彼らの多くはもとの森林保護区の境界の内側で、つ

まり法的には国立公園の内部で、農耕しているのだから[注74]。

外国人がどんな形にしろ公的な立場でアキン村を訪れたら、満たされなかった期待を呼び戻して公園に対してさらに文句を生じさせることになるかも知れない、とエビンが言ったので、私は1人の観光者として私的にそこに行くことにした。1月16日、私はタクシーを雇って、カラバルのパンドリルス霊長類リハビリテーション・プロジェクト（以前にカニャンのゴリラ・プロジェクトで仕事をしていたギャズビーとジェンキンスが運営しているプロジェクト）からのサム・エターと一緒に、アキン村への道路を北へ向かった。30年前にはアキンへは、クワ河をフェリーで渡ってから、オバンを通ってカメルーンへ抜ける山あいの曲りくねった狭い泥だらけの道（「MCC道路」）を行ったのだが、今ではクロス河［訳注：クワ河の誤りだろう］には橋が掛けられており、道路は舗装されていた。前に来た時には各所で森林が道路ぎわまで来ていたが、今は道路の両側はすべて畑と農園だった。ガタガタ揺れるタクシーで2時間、私たちはアキン村に着いた。P. アモーリ・タルボットは1909年にアキンのことを「美しい紫の山々の麓に抱かれた小さな場所」と記した[注75]。この村はもちろんタルボットの時代より大きくなってはいたが、周囲の環境は今でも魅力的だった。

私たちはアキンで村外れの新しい国立公園事務所に寄った。この建物は、公園ができる前にこの地域で盛んに仕事をしていたシロムウッドという伐採会社が建てたものを手直ししたものだった。私たちは、ここに駐在する20人の公園職員の中の2人に同行してもらって、MCC道路をマンゴ村まで数マイル戻り、それからシロムウッド社の古い伐採道路を西北に森林へ向かった。1967年にも私たちはやはりアキンから南に行って、それから車を置いて徒歩で森林に入ったのだったが、当時はこの道路のところまで森林が茂っていた。今は畑の間を3マイル走らなければ二次林に行き着かなかった。私たちはそこにタクシーを待たせて歩くことにした。そこからの泥道には新しいタイヤの跡があり、道端には最近伐採された樹木の山がいくつもあった。45分ばかりで私たちはイメー川のそばに来たが、そこは私が1967年に森林資源調査チームと一緒にオバン山地での第2夜の野営をしたところだった。その時、この森林から私が受けた印象は、ひんやりとした暗いものであって、最近に人手が入った形跡は全くなかった。今、この森の林冠は択伐で孔だらけで、イメー川に近づくと岩上を流れる水音だけでなく車の音と人声も聞こえてきた。道路の前方に3人の男がいるのが見えたので、同行した公園監視員が大声をあげると、そのうち2人は大きな包みと1人の男

を残して逃げ去った（写真22を見よ）。その包みを調べると、1匹の生きたカメ（hinge-backed tortoise）と数個の燻した動物体（サル1頭、サルの頭2つ、ダイカーの頭1つ、小さなセンザンコウ1頭、小形食肉類2頭）が入っていた。逃げなかった男は、アクワイボム州から来たと言い、この包みは自分のものではないと主張した。

　エターと私は、この男をさらに問いただす監視員たちを残し、カメを森に放してやろうと手に持って、車の音を追った。イメー川を渡ると直ぐに対岸で伐採道路の続きに出た。そこにはトレーラーを索いた1台の農業トラクターがあって、7人の男が路上で働いていた。そのトラクターはアクワイボム州政府のものだった。この男たちに尋ねると、彼らはアクワイボムから来て、伐採中の木を集めにもっと奥まで行くところで、このトラクターは彼らのボス（どうもオバンの町に住む元大学教授らしい）がアクワイボム州で借りてきたのだ、と言う。男たちは、ここが国立公園だとか伐採が違法だとかいうことは知らなかったと主張した。

　もうほぼ1時になっており、タクシーは1日だけの約束で雇ってきたので、私はここで引き返すことにした。そして、アキン村の公園事務所に私たちの見たことを報告してから、カラバルへ戻った。私が目のあたりにしたことは、悲しいことではあったが、驚くようなことではなかった。クロスリバー国立公園には公園監視員部隊が存在しているけれども、公園設立以来ずっと野生動物保護には低い優先順位しか与えられてこなかった、ということを私は知っていたし、私以外にも同じような密猟の証拠を目撃した人々がいたことも知っていた。1994年8月にリザ・ギャズビーはアキンからイメー川まで歩いて、幾人ものイビビオ族の猟師や漁師に出会い、カラバルに戻るタクシーでは5袋の燻したブッシュミートや数匹の死体と乗り合わせた[注76]。1995年11月にクラウス・シュミットは公園当局に、彼の調査スタッフは1994年と1995年に公園内に26回調査に入ったが、伐採・狩猟・農耕のいずれかのしるしを見なかったのはそのうちたった1回だけだった、と報告した[注77]。

　従って、この国立公園のオバン地区では、密猟は公園設立以来ずっと衰えずに、公園当局の知るところでありながら、続いてきたものと思われる。私の訪れたアキン村の公園事務所は3ヵ月間機能してきたし、そこは私が活発な伐採と狩猟の証拠を見た場所から数マイルしか離れていないのだ。

　私は1997年1月にカラバルを離れる前に、この話にさらに事実を追加する人にもう1人出会った。若いアメリカ人観光客キム・ドラスラーはナイジェリアに

写真22 1997年1月にオバン山地で遭遇した男の放り出していったブッシュミートの包みの内容を調べるクロスリバー国立公園監視員。左側はサム・エターで、足元に生きた森林性のカメがいる。半裸の男は、森に逃げ去った2人の男と一緒にいたのだが、自分はこの内容物とも密猟とも全く関係がないと主張した。

来る前にこの公園の話を聞いて、それを自分の目で見たいと思った。1996年12月に彼女はタクシーでオバンの町まで行き、国立公園の職員に接触したところ、その1人が彼女を公園のへりにある野営地に連れていってくれた。そこには数人の男がいて、そのうち3人は猟師で、1人はカメルーンから来ていた。ドラスラーはそこに4泊したが、猟師たちは毎晩公園内で捕った動物を持ち帰ってきた。最後の朝にカメルーンの猟師は死んだ雌ドリルとそのまだ生きている赤ン坊を持って帰ってきて、赤ン坊は町で売るつもりだと言った[注78]。クロスリバー国立公園へのふつうの観光客を、公園の職員が、公園内で公然と危機に瀕している動物を殺す猟師たちと一緒のところに泊るよう案内した、ということは、当時の公園当局が野生動物保護に強い関心を持っていなかったことをはっきり示すものであり、公園計画を支配してきた開発指向アプローチを雄弁に告発するものである。

　クロスリバー国立公園オクヮンゴ地区のほうは、オバン地区が1996年に苦しんだような突然の外部援助撤退を経験しなかった。WWF-UKは1998年まで

第6章　人間優先：クロスリバー国立公園　195

オクヮンゴに小人数の外国人顧問を置いて公園開発活動を援助したが、この活動は1994年から欧州連合の408万ECUの補助金によって支持されていた[注79]（これは最初のオクヮンゴ・マスタープランで提案された7ヵ年1864万ECUよりもずっと少ない）。そうであっても、オクヮンゴの森での違法な猟の取締りが急いで必要だとはほとんど扱われてこなかった。私の学生ケリー・マクファーランドは、1993年末に以前のオクヮンゴ森林保護区の真中を歩いて通り抜けたが、哺乳類には1頭も出会わず、密猟のしるしは数多く発見された。1994年6月と7月にWWFの要請で行なわれたオクヮンゴ地区プロジェクト再調査は、「国立公園監視員は全く確信なしに仕事をしており、動機も訓練も不十分である。しかし、サポート地帯で農業開発援助と運転資金貸し付けをする現在の活動はうまくいっている」と結論した[注80]。私は、1996年2月にこの公園のオクヮンゴ地区本部を訪れた時に、1人の上級監視員に自然保護スタッフの配備について尋ねた。彼の話では、監視員たちは公園のまわりの村を基地にしていて、昼間に集落から（銃は持たずに）巡回に出掛けて夜には集落に戻ってくるという。明らかに、それでは公園の奥深くまで巡回することはできないし、重要な密猟者をすべて検挙することはおろか、彼らを思いとどまらせることすらほとんど不可能だろう。WWFのプロジェクト・マネージャーは、もっと長期の巡回を計画しているところだ、と私に言ったけれども、これは私たちがWWFに次のように報告してから5年以上も後のことだったのだ。「密猟の取締りが、オクヮンゴ地区の管理では最優先とされねばならない。職員たちは高度に動機づけされ、十分に訓練され、十分に装備される必要があろう」[注81]。

　オクヮンゴ地区本部の建物は1988年にやっと完成したが、それは公園から3マイル離れたブタトン村にあり、そこには作物の新品種を展示する農地も設けられてきた（写真23を見よ）。そして、この公園の中央部からオクヮ村とオクヮンゴ村を移住させる話は実質上何も進んでいなかった。1996年7月に私がカラバルにある公園の総支配人のオフィスの外で見た次のような掲示は、オクヮンゴでは保護活動に対立するものとしての開発活動に重点が置かれていることを示していた。「クロスリバー国立公園のオクヮンゴ・プログラムは、人々の方を向いた開発活動と自然保護活動での大きな動きをもう1つ開始した。このプログラムはオクヮンゴ、オクヮI、オクヮIIの地域社会移住問題についての4日間の会議を成功裡に終了した」。この掲示は、移住が今でも考えられていることを示していたが、何らかの合意が得られるにはほど遠いということも示していた。この地域

写真23 クロスリバー国立公園オクヮンゴ地区のブタトン村本部の作物展示農地、1998年撮影。この本部の看板は野生動物保護に触れていない。

社会の代表グレゴリー・ムブアは次のように言明したと報じられた。「飛地村の社会は移住に協力的だが、この問題には慎重に対応するべきだ。彼（ムブア）によれば、『私たちは自分たちの故郷に誇りを持っており、飢餓や戦争や疾病から逃げてきた難民たちと同じように扱われるのはいやだ』という。だから、人々を不要な苦難にさらすことになるような事態は受け入れられないだろう」。

　1998年1月に公園管理の問題についてクレメント・エビンと話し合った時、彼は、サポート地帯開発プログラムは失敗だったし、それは、公園当局が実現可能なものよりもずっと多くの物質的援助をもたらすだろう、という期待を人々に持たせてしまった、ということをはっきり認めた。彼は、野生動物の保護活動のほうをもっと大きく優先させることが必要だ、ということに同意して、いま監

視員たちの装備としてライフルを持たせるようにしようとしているところだ、と語った。

伐採の脅威が大きくなる

クロスリバー国立公園の創立は、1つの重要な点で森林保護を改善してきた。公園の公示は、オバン森林保護区群という広い地域全体での営利的伐採許可の取消しを伴っていたのだ。この行為は外国人顧問を必要としなかったし、金は払われなかったが、伐採業者たちには別の保護区での伐採許可が提供された。オバンの森での小規模な伐採は続き、中形大形動物は無差別に狩猟されているけれども、森林そのものは今のところ大きな破壊から守られている。しかし、機械化された大規模な伐採がオバンに戻ってくる可能性があるという怖れが大きくなりつつある。

クロスリバー国立公園の指定に続いて、この公園の外に残っているこの州の森林、それは今やこれまで以上に強い伐採圧にさらされようとしていたが、の管理を改善する計画がイギリスのODAからの立案チームとクロスリバー州森林局(その後まもなく森林開発局と改称)との共同で作られた。クロスリバー州の森林は3900平方マイル（約100キロ平方）と推定され、そのうち約1390平方マイル（60キロ平方）が国立公園の中にあり、965平方マイル（50キロ平方）が州政府の森林保護区の中に、1545平方マイル（63キロ平方）が地域社会共有地にある。この共有林では州政府が理論的には樹木の皆伐とか土地の営利的利用への再配分とかに対してある程度の統制ができるが、それ以外の点ではこの森林は村地域社会が主として管理していて、伐採業者に借地権を与えてもかまわない(注82)。

ODAの検討後にクロスリバー州政府は新しい伐採許可を認可した。認可された業者の中で、この州に新しく来た1つの会社が従来の伐採会社よりうんと多くの資源を手に入れた。この新来の会社はウェスタン・メタル・プロダクト社（WEMPCO）で、本社はラゴスにあったが、オーナーは香港の中国人である。トタン屋根（roofing sheets）の製造で主に稼いできたこの会社が、クロスリバー国立公園に近い5ヵ所の森林保護区で合計209平方マイル（23キロ平方）の森林で伐採する許可を得たのだ。許可された場所の中で一番広いものは、公園のオバン地区に隣接するクロスリバー南森林保護区にある。WEMPCOはまた、多くの村の共同体と彼らの共有地で木を伐る権利について協定を結んできてもいた。WEMPCOはその協定の一部として、診療所や学校を建て、大学生奨学金を出し、

サッカーのチームを援助する、と言ってきていた。

　きわめて不穏なことに、WEMPCO はイコムの町の近くのクロス河畔に合板ベニア工場を併設した大きな製材所を建設してきた。この工場は、1992 年に開始されたと思われる計画に従って、1996 年に完成した。建設費 500 万ドルと言われているこの工場は、WEMPCO が伐採許可を得た 5 ヵ所の森林保護区のどれからも 25 マイル以内で、この国立公園のオバン地区とオクヮンゴ地区の中間、という戦略的な位置にある。

　ナイジェリア連邦政府は今ではこのような伐採プロジェクトに対して環境への影響のアセスメントを要求している。WEMPCO の計画についてもアセスメントが行なわれて、それはこの事業は環境に悪影響を及ぼさないと結論した。しかし、ラゴスのあるコンサルタント会社が利益めあてに行なったこのアセスメントは、ひどくお座なりのものだと見られており、おそらく WEMPCO の要求にあわせて作られたものだろうし、製材工場が完成した後で提出されたのだ。ナイジェリア連邦環境保護局（Environmental Protection Agency）は、現地の環境団体連合からの強烈な抗議をうけて、WEMPCO の伐採事業の開始を許可せず、自らでこの伐採計画のアセスメントを進めている。だが、木材処理工場の操業は認可されたので、WEMPCO はこの工場に供給するために各所の村や盗伐者から木材を買い集めてきていた。この会社は、彼らに電動鋸（チェインソー）等々の援助をしてきたと言われているし、その一方では、この州の環境保護主義者たちを脅したり、その一部の人をでっち上げた容疑で裁判沙汰にしたりしてきた[注83]。

　クロスリバー州での伐採の拡大強化から表面化してきたのは地域社会共有林への明らかな脅威である。広大な共有林が、カメルーン国境沿いにあってカメルーンのエジャガム森林保護区に隣接しており、クロスリバー国立公園オバン地区のイクパン地区に続いていて、この地域はこの公園の一部とするように勧告されていたのだが、それはまだ公示されるまでに至ってはいなかった。もし、この共有林が伐採によってひどく傷められるということになったとしたら、そこが将来この公園にとって意味のある構成要素になるということはほぼなくなってしまうだろうし、カメルーンのコラップ国立公園とオバン山地の森林とをつなげている森林は途切れてしまうことになるだろう。そして、ナイジェリアの環境保護主義者たちが怖れているのは、地域社会共有林と森林保護区とを利用しつくしてしまったら、WEMPCO などの大きな営利的伐採業者は、国立公園そのものを、この州ではそこに最も商品価値のある樹種が残っているので、脅かすことになるだろう、

第 6 章　人間優先：クロスリバー国立公園　199

ということである。すでにクロスリバー州の人々の中には、州は公園の土地を連邦政府から取り返すべきだ、と言っている人たちがいるし、こうした発言の背後には伐採業関係者がいるのではないかと推測されている。オバン地区では、1989年にWWFのプログラムの始まった時から政府にも地域の人々にも期待されていた大規模な開発プロジェクトが完全に失敗したので、このような発言は広く支持を得ることができた。

代案はあったのか？

ジュリアン・カルデコットは、クロスリバー国立公園マスタープランが完成してから、欧州委員会その他の資金提供者によって実行資金が支出されるまでに、ひどく時間がかかったために、この公園プログラムの価値についての信頼性はこの地域で失われることになった、と正しく述べていた^(注84)。しかし、このように時間がかかったのは、この計画が新奇で複雑で高額であって、ヨーロッパの官僚的な認可過程を遅らせるという決定的要因によって、事態をさらに悪化させてきたからに違いない。また私の見るところでは、WWFのこの国立公園プロジェクトのデザインで何より重要な問題は、それが、アースライフを創った人々の主張した考え方——自然保護はビジネスとして機能するべきだ——を意識的または無意識的に追求している外部の人々によって立てられた、ということであった。

初めはナイジェリア東部地区——後にクロスリバー州——の政府は1950年代から、オブドゥ高原の少なくとも一部とそれに隣接するボシ－オクゥンゴ森林保護区群を含む動物保護区または国立公園の提案を考えてきた。しかし、この考えに十分な関心を寄せたり、それを実現するに足る予算を支出したりする積極的な施政はなかった。オバン山地についても、そこを訪れた多くの外国人科学者によってそこを国立公園にするように提案されてきた。しかし、地域の伐採関係者にとってのオバンの森の潜在的価値は、この提案が州政府からほとんど支持されないということを意味してきた。

WWFが登場して大規模な自然保護・開発プロジェクトについて語り始めると、状況は劇的に変わった。そのようなプロジェクトは多くの関係者を満足させるように思われた。WWFにとっては、このプロジェクトは、自然保護を経済開発と結びつけるという1970年代後期に採用された方針に従うものであり、欧州委員会からの大きな財政支援を約束するものであって、この委員会は特に国境を越えた広域プロジェクトを支持するという見解を表明してきていた。WWFは、当時

その他の大きな国際的に活動している自然保護団体と同様に、対外援助供与者との大きな契約でその本部の運営経費のための多額の間接経費を期待することができて、それによって自分の組織を運営し職員を雇う助けにしていた。このプロジェクトはまた、それの仕事に雇われるナイジェリアや外国のコンサルタントにとっても、明らかに利益になるものだったし、そのようなコンサルタントの一部は大英帝国海外開発自然資源研究所（U.K.Overseas Development Natural Resource Institute）——このプロジェクトのもう1つのスポンサーであるU.K.ODAの分枝——で働いていた。そしてクロスリバー州政府は、大きな対外援助プロジェクトが、開発によって州民たちが受けるであろう利益とは全く別に、この政府のひどく必要としているある種の資源をもたらしてくれるだろう、ということを理解していたはずである。このような人々はすべて、どんなプロジェクトが始まるにしても、それができるだけ大きく多額になることに関心があった。換言すれば、彼らは大きな「便乗者（stakeholders）」だったのだ。

その結果、このプロジェクトに関係した人々の多くは、クロスリバー州に国立公園を作ろうとした本来の理由の一部を見失っていた。公園計画立案者たちは他の自然保護・開発プロジェクトに見られる現象に影響されてきていたが、そこではプロジェクトは主として開発プロジェクトとして機能することになっていることが多くて、自然保護という目的はそれに従属させられていた[注85]。クロスリバー州では、森林とそこの動物たちをその固有の価値の故に保護するという関心は大して重要ではなくなってきていた。私は、このプロジェクトにかかわっている間に、この公園の設立とその管理計画に携わっている役人やコンサルタントの中には、単に自然そのものを楽しむだけのために公園の奥深くに入っていく、ということに強い興味を示したことのある人はほとんどいない、という事実にしばしば愕然とした——「降雨林への観光客」はそうしたいと思っているだろうと予想されているというのに。

このプロジェクトがますますはっきりと人々とその経済的発展を強調するようになっていったことからすると、狩猟を取り締まったり、一部重要種についての研究を強く奨励したりする活動が真剣になされてはいなかった、というのは別に驚くべきことではない。私は1996年2月にオクヮンゴ地区に行った時に、ある生物調査チームに出会って、彼らはチョウ類を採集し哺乳類、特にスイギュウの証拠を捜している、と聞かされた。この後者の事実にはびっくりした。というのはスイギュウは林縁に、例えばこの公園の北縁沿いの森林と草地が接するとこ

ろに最も典型的なのだし、オクゥンゴではスイギュウが優先的に保護される動物とされたことは決してなかったのだから。この調査チームは、ゴリラには特に注意を払っていない、と語ったが、そもそもこの地域に国立公園をという最初の本来の動機はゴリラの保護だったのだ。私が知り得た限りでは、その本来のボシ・エクステンション・ゴリラ・サンクチュアリでのゴリラの現状について少しでも知ろうとした人は、1990年にドミニク・ホワイトと私が最後に訪れてから後には、1人もいなかった^(注86)。

　ナイジェリアのように効率的な進歩への障害が多い国での先駆的プロジェクトを、後知恵で批判するのは誰にでもできることだろう。では、それよりもよい結果を合理的に期待できるような、それとは異なるプロジェクト・デザインはあり得たのだろうか？　私は、このクロスリバー・プロジェクトのデザインについての話を初めて聞いた時から、巨額の金と開発とが重視されていることに疑念を感じていた。私は、おそらく一部にはこの地域でのそれまでの自然保護計画のことを知っていたので、また、ティワイやそのほかの西アフリカでの経験があったこともあって、既存の構造の上にそんなに多くの金を費やさずにできるようなアプローチで非常に高い狩猟レベルを下げることに重点を置くアプローチの方が良いと思った。

　そのようなアプローチをとったとしたら、そのための資金はどうやったら工面できただろうか？　WWFが1988年にクロスリバー国立公園プロジェクトを始めてから1996年末までに外国からこのプロジェクトに投じられた資金の総額を推定するのは難しいが、私の推測ではそれは800万ドルをかなり上回るだろう（その大部分は外国人マネージャーとコンサルタントへの報酬と装備費に使われた）。その代りにこれだけの金を信託基金に投資していたならば、そう多くはないが安定した収入を永続的に得ることができただろうし、その収入を使って持続的な教育活動や密猟対策活動や既存の保護地域の管理の改善をすることができただろう。また、クロスリバーでは国と州の政府が少なくともオバン地域については萌芽的な国立公園計画をすでに持っていたのだから、もしも、国際的自然保護団体やコンサルタント会社の富と力を増すことではなくて、自然を効果的に保護することのほうが第一に優先されていたのであれば、既存の計画と組織構造の上に徐々に段階的に計画を作り上げていくのが最も賢いやり方だっただろう。そのような段階的アプローチのほうが持続性を約束するものであることは確かなのだが、徐々の比較的小規模な活動が考えられてきたようには思われない。

私の知る限りでは、ヨーロッパからの開発資金を信託に預ける仕組は現在はない。これは残念なことだが、信託基金だけがクロスリバーのような場所での自然保護を支える可能性のある唯一の選択肢ではない。自然保護団体を通して比較的少額の金（年に数十万ドル程度）を募ったり、この支援を維持したり、会社事情に応じて資金援助を更新したりすることで、かなりのことができるだろう。また、外国人スタッフを長期間雇う必要はないだろう。外部の専門家には定期に来て助言してもらえばよい。

　私は、自然保護にはそのような小規模で段階的なアプローチの方が意味があると見ているのだが、クロスリバー州に国立公園を設立するのは、もしWWFのような団体が積極的に関与することがなく、多額の開発資金が地平線上にあるという保証がなかったら、もっと難しかっただろう、ということは認める。伐採許可を取り消すことができる、と州当局に納得させたのはおそらくこの「ニンジン」だったのだろう。

　オバン山地の森林を脅かしてひどく傷めていた伐採に対する許可を取り消したことは、おそらく、クロスリバー国立公園の告示が自然保護に及ぼしてきた最も積極的な結果であろう。この告示はまた、いくらかの連邦政府資金を公園管理に使うように州に持ってくることにもなった。しかし国立公園ができても、少なくとも1997年までは、オバンでの狩猟が大きく減ることには少しもならなかったし、伐採がすべて終わりもしなかった。伐採圧はオバン周辺のいたるところで高まりつつあり、国立公園だからといってそこが長期にわたって保護されるだろうという保証は少しもない。一方、オバン山地周辺の人々は、自然保護プロジェクトによって大きな希望を持たされ、それからそれを粉砕されてしまったので、これからはWWFプロジェクト開始以前よりも自然保護の提案に対して冷淡になるだろう、ということはほぼ間違いない。

　この公園のオクヮンゴ地区では状況は少しましで、小規模な開発プロジェクトと保護活動と生物調査とが並行してWWFの援助の下に1998年まで続いていた。しかしオクヮンゴでも、密猟の取り締まりはいい加減だという徴候はたくさんあった。例えば、私は1998年1月にオブドゥ高原の公園境界近くで野営した時に、針金罠で捕った動物をたくさん持って公園から出てくる猟師たちに出会った。また、私は1991年1月にこの高原の下の公園の森林内で3日間を過ごしたが、その間に私が観察した哺乳類は1頭のムササビだけであり、罠は林内に多数あった[注87]。オクヮンゴでも、公園周辺の人々はオバンでと同様に公園の職員に明らか

な敵意を示していたが、明らかにそれは彼らの期待していた物質的利益が何も来ていないからである(注88)。

　従って、クロスリバー国立公園プロジェクトの成果は、それに費やされた金額の多さに比べて小さなものである。この地域の森林に最初に国際的な自然保護の関心を呼ぶことになった霊長類の中で、ゴリラの将来は確かではないし、アカコロブスの現状は全く不明である。この公園では狩猟がほとんど規制されずに続けられているので、この森林(WWFはそれのことを「アフリカで最も重要な生物保護区」と呼んだことがある)は、次章で記すガーナの森林と同じような、野生動物が何一ついないところになりつつある。

第7章　ガーナの空っぽの森

　1995年12月25日午前7時、前夜にガーナ産のブランデーでクリスマス・イブを祝ったマイケル・アベディ＝ラーテイと私は、スヒエン河畔の野営地を出て、助手の狩猟監視員2人と一緒にニニ＝スヒエン国立公園に入った。この日は、この公園の中心部の森林に覆われた山地に霊長類観察用の特別な観察路を伐り開く作業を完了させる予定だった。私たちは、3日前にこの森林に入って以来、1頭のサルも、またリスより大きなどんな哺乳類も、見たり聞いたりしてこなかった。ただし、アンテロープとゾウの足跡はほんのわずか見られたが。クリスマスの日にはリスと鳥と1匹のヘビ（green tree viper）に出会っただけだった。そしてそれから8日間、私たちの観察路や猟師の踏跡を静かに歩いている間に、サルに気付いたのはたった2回しかなかった。1回は野営地からそう遠くないところでサルの声を聞いた。2回目は踏跡をゆっくり歩いていた時だった。林冠を私たちの方へ移動してくるサルの声がした。私たちは下生えの中にしゃがみこんで、3種のサルの混群を何とか垣間見ることができたが、1頭のキャンベルモンキーが私たちを見付けて警戒声を挙げたので、明らかに人間を怖れた群れはアッという間に散り散りに逃げ去った。スヒエン河の近くには何本もの大きなアイアンウッドやマホガニーの木があり、この森は私が西アフリカで見てきた森林の中でも最も印象的なものの1つだった。しかしこの森には、猟師たちのお気に入りの獲物である中形の動物（サルや小型のレイヨウやホロホロチョウなど）の多くが実質上1匹もいないように思われた。

　私たちはこの調査の間に多数の古い罠といくつもの密猟者野営地跡を見付けたが、その野営地は明らかに、籐やチューウイング・スティック（chewing sticks）の採集だけでなく狩猟もする男たちによって使われていた。クリスマス・イブには、まだ焚火のくすぶっている非常に新しい野営地跡を見付けたが、その

写真24　西南ガーナのスヒエン河、1995年の私たちの野営地の近く。この右岸がニニ＝スヒエン国立公園で、左岸がアンカサ資源保護区。

まわりには空の猟銃弾薬箱と数羽の鳥（サイチョウも1羽入っていた）と1頭の小型のモリセンザンコウの死体とが散在していた。このような森林の猟師たちは、哺乳類の数が少なくなってくると、サイチョウなど大型の樹上性の鳥を獲り始めるのがふつうである。そのような「空っぽの森」についてはケント・レッドフォードが論じており、彼はアマゾン川流域の数多くの地域で、生活上の狩猟と商業的狩猟の結果、猟獣の個体群が減少したり消滅したりしてきて、ナチュラリストたちの評価する種多様性を欠いたひどく崩れた生態系が生じてきた様子を記した[注1]。

　私はこの章で、開発の拡大に抗してガーナの森林とそこの野生動物を護ってきた活動の歴史を略述し、この活動がこの国の政治経済勢力から影響を受けてきた様子を記す。また、私が森林性サル個体群の現状を明らかにするための一連の調査の中で、どのようにして1995年末にニニ＝スヒエン国立公園にいることになったのかも記述する。これらの調査は、野放しの違法狩猟が野生動物に破壊的な影響を及ぼすことを明らかにし、アカコロブスの1つの地方型がおそらく絶滅してしまっただろうと示唆した。私は、ガーナ経済の回復と時を同じくして、外国のコンサルタントたちや組織（例えばIUCNや欧州連合）がビアとニニ＝スヒエンの森林国立公園の管理改善計画にかかわるようになってきた様子についても記す。

これらの計画は、前述したナイジェリアでの計画と同様に、多くの経費を要する自然保護・開発統合プロジェクトを要求してきた。その立案が始められた1989年と結局プロジェクトが開始された1997年以降は、国立公園などのガーナの森林の野生動物を保護するための特別な活動は何もなされなかった。その立案の過程では、私がナイジェリアで見たのと同じように、ガーナの森林公園に対する圧力の多くは、そこに定住している人々からではなく、移住してきた人々から来ているという事実の持つ意味に特に関心が払われることはなかった。コロブスなどの野生動物が姿を消しても、彼らを保護するのに役立つ安上がりで単純な方法は無視されて、外国人コンサルタントに結構な給料を払うことになる大型で経費のかかるプロジェクトを立案することが関心の中心だった。

ガーナの森林保護小史

アベディ゠ラーテイと私が1995年のクリスマスを過ごしたニニ゠スヒエン国立公園は、コートジボアールとの国境からそう遠くないガーナの西南隅にある200平方マイル（23キロ平方）の降雨林保護地域の北半部である。この森林の南半部はスヒエン河によって国立公園から隔てられていて（写真24を見よ）、アンカサ資源保護区と呼ばれており、以前はアンカサ猟獣生産保護区として知られていた。この両地域はかつては1934年設立のアンカサリバー森林保護区であって、今のように特別な野生動物保護地域になったのは1976年のことで、1974年にビアに別の森林国立公園が公示されたのに続くものだった。当時はエマニュエル・アシベイがガーナの狩猟・野生動物局長であって、野生動物保護の問題を、この国の北部のサバンナ地帯でだけでなく南部の森林地帯でも改善しようと努力していた[注2]。

ガーナの森林と野生動物を保護する方策を実施する必要があるということは、アシベイがそれを始めるに至るまでの何十年かの間に次第に明らかになってきていた。西アフリカのこの地方の森林地帯には何百年か前から人間が住んでいて[注3]、焼畑農業を営んでいた。18世紀初期に、アカン語族の1グループであるアサンテ（またはアシャンティ）族が政治的に支配的になった。ヨーロッパ人はその頃までに200年以上の間この沿岸の人々と盛んに交易を——金や象牙や奴隷——してきていた。アサンテ族の支配していた領域は金を豊富に産出したので、この沿岸は「黄金海岸」と呼ばれた。19世紀初期までに、この沿岸ではイギリスが外国の交易勢力として支配的になり、アサンテ族は内陸にまで広くその勢力を確

立していた。この二者の間の緊張は、特にイギリスが1807年に海外奴隷貿易を禁止した後には、大きくなった。アサンテ族の経済と農耕システムは、シエラレオネのメンデ族のそれと同じく、奴隷制度に大きく依存していたので、海外奴隷貿易の廃止はその経済の一部を崩壊させ、余った奴隷の処分を一層難しくした。イギリスがアサンテ族との交易を武力で解決しようとし、アサンテ族は海岸へのヤシ油の移動を制限したので、さらに摩擦が生じた。そして、アサンテ族とイギリスとの戦いは1807年に始まり、アサンテ族が最終的に敗北したのは1900年だった——ある筆者によれば、ヨーロッパによる征服に対するアフリカで「随一の最も長い」軍事的抵抗だった[注4]。平和が成立すると、黄金海岸植民地保護領の開発が始まった。

降雨林の伐採［訳注：初期には有用樹の択伐だけで皆伐はなかっただろう］は1800年代からガーナの海岸近くではいくらか行なわれてきたが、それは筏流しの可能な河の近くに限られていた。イギリスの植民地統治は内陸部への鉄道と道路をもたらし、経済は発展した。カカオ栽培が拡がり、金鉱の機械化につれて坑木の需要が増加した。これは森林伐採を増大させたけれども、20世紀前半には伐採はあまり機械化されておらず、農地化と結びついていない時にはひどいものではなかった[注5]。

植民地統治は、道路と鉄道だけでなく、土地利用計画と無住森林地域での森林保護区設定ももたらした。早くも1887年にラゴスの植民地行政府のアルフレッド・モロニーは、西アフリカのすべてのイギリス領地に森林保護条令が必要であると論じていた[注6]。黄金海岸植民地では、1909年に森林局が作られ、森林保存の基本プログラムは1919年に始められて1939年までにほぼ完了していた。保護区が、水源涵養のために、村人への林産物の供給を確保するために、「林産物と農産物の増大を助ける」ために、特に設定された[注7]［訳注：その頃には野生動物のことは考えられていなかった］。近年の記述の中には、森林を保護区としてとっておいた本来の主目的は、木材の開発利用の主導権を植民地政府が握るためだった、と言っているものがあるけれども、この見方を支持する証拠はほとんどない。森林地帯の住民の多くは、伝統的な森林利用権の一部が制限されることになるので、最初は保護区を作ることにかなり抵抗した[注8]。しかし、この敵意は年月と共に衰えた。人口が増加し農地が多くなると、保護区外の森林の大半は失われ、保護区の恩恵がより良く理解されるようになった[注9]。

第二次世界大戦は黄金海岸の保護区内外の森林への圧力を増大させた。ドイツ

軍の活動が北アメリカとスカンジナビアからイギリスへの木材供給を妨げ、これが西アフリカの木材への需要を大きく増加させた。黄金海岸植民地では製材所と機械化された伐採と搬出が急増し、木材の輸出は 1939 年の 1 万 8806 立方フィートから 1956 年の 700 万立方フィートにはね上がった(注10)。

　黄金海岸は 1957 年に熱帯アフリカのイギリス領植民地の中で最初に真の独立を（英連邦の 1 つの「自治領」として）達成し、1960 年にクワメ・エンクルマ大統領の下にガーナ共和国と宣言した。エンクルマ政府は、多数の伐採許可をガーナ人所有の小企業にばらまき始めて、残っている森林への圧力をさらに強めた(注11)。伐採の規模が増大し、最も辺鄙な地域の森林まで道路が開かれたので、森林動物を食用に捕る活動も次第に拡大した。森林保護区は森林利用と樹木伐採を規制するように計画されてはきたが、それの目的は手つかずの自然の保護であるとは見られてきていなかった。そして植民地時代には、狩猟を規制したり、明らかに稀少動物種保護だけの狩猟法を強化したりすることは、ほとんど何もされてこなかった(注12)。私は第 4 章でアンガス・ブースのオリーブコロブスの研究について記したが、彼は 1950 年代初期にガーナでの調査の際に森林性霊長類に対する狩猟の影響を目の当たりにし、その 1 種アカコロブスは、それとその生息環境とを保護するために特別な方策をとらなかったら、「近い将来に」おそらく絶滅するだろうと示唆していた(注13)。

　ガーナの野生動物保護の展望が改善されたのは 1965 年のことで、1960 年に森林局の狩猟部（Game Branch）に入っていたエマニュエル・アシベイが、森林局から分離された新しい狩猟・野生動物局の長として任命された時だった。1968 年に、IUCN の種生存委員会と国際国立公園委員会との副委員長カイ・カリー＝リンダールがガーナを訪れて、野生動物の保護とこの新設された組織とについて政府に勧告した。彼は後の報告書でいくつかの森林保護区での狩猟の禁止を勧告した(注14)。その直ぐ後に、ガーナ西部の住人ソニア・ジェフリが、木材搬出道路がコートジボアール国境近くの以前は辺鄙だった森林に大規模な農地化と強い狩猟圧をもたらしてきた様子を、生き生きと記述した。ジェフリはオリックス誌上で、禁猟の森林・動物保護区をいくつか設立すれば、そこで動物たちが増えて周囲の地域へまた広がることが可能だろう、というカリー＝リンダールの要求を繰り返した(注15)。この森林・動物保護区という概念が、ガーナで発展することになった「猟獣生産保護区」という制度の背後にある考え方だったように思われる。

ジェフリは、そのような自然保護活動は解決までに多年を要するいくつもの難点をはらんでいる、と見ていたけれども、森林国立公園最適地を捜す捜査は1970年代初期に始まった。そして最終的にビア流域南森林保護区が選ばれたが、それは一部には、狩猟・野生動物局で働いていた平和部隊ボランティアのマイケル・ラックスが、そこにはアカコロブスが比較的多いが、最初に公園候補地とされたその近くのクロコスア山地森林保護区ではそれはもはや見られない、と報告したからだった(注16)。ブースなどの人々による報告書では、ガーナの降雨林の霊長類の中でアカコロブスが伐採と狩猟のどちらにも最も影響を受けやすい、と強調されていた。だから、ガーナで最初の森林国立公園の選定は、一部には、このサルを保護するためになされたのだ。これは、カメルーンのコラップ国立公園の設立に際してそこにアカコロブスのいることが影響したことに似ていて興味深い。

　こうして1974年に120平方マイル（18キロ平方）のビア国立公園が公示された（地図8を見よ）。ビアの設立のための援助は、おそらくIUCNの中でのカリー＝リンダールの地位とガーナへの彼の勧告とのために、IUCNとWWFの両者からすぐに出された。このWWF－IUCNプログラムの下で1975年にスイスの生物学者クロード・マルタンがビア公園の上級管理者（Senior Warden）として任命された。

　クワメ・エンクルマは1966年の軍事革命で廃位されて、ガーナは短期間の文民統治の後に、1972年の革命で権力を握ったI・K・アケアムポン将軍の軍事政府の下に入った。この政府は特別に腐敗していると見られていたが、1977年に木材会社に説き伏せられてビア国立公園の面積をたった30平方マイル（8.8キロ平方）に減らしてしまい、それ以外の地域はいわゆる猟獣生産保護区にしてしまった(注17)。国立公園なら一切の利用開発が禁止されるはずだが、生産保護区では収量一定に制御された伐採が許されていた。そこでは少なくとも最初には狩猟が禁止されていたのだが、この政府は長期的にはこのような保護区のことを狩猟動物（食用と遊猟用）の生産場所であると見ていた(注18)。

　ビアの本来の姿に対するこのような初期の脅威にもかかわらず、国立公園として残った部分での野生動物保護は比較的良好だったように思われる。アシベイとマルタンはアメリカ人グループによる霊長類研究を奨励し、そこにはメレディス・ラックスとマイケル・ラックス（ゲノン類とアカコロブスを研究）、ダナ・オルソン（クロシロコロブス）、シェイラ・ハント＝カーチン（ダイアナモンキー）が含まれていた。

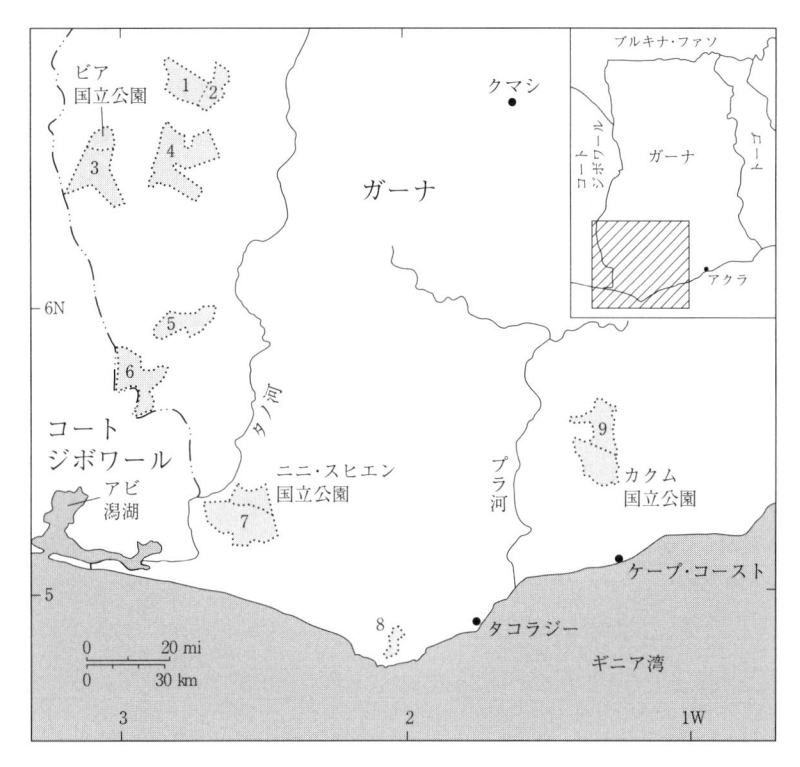

地図8 ガーナ西南部。本文で言及した国立公園と森林保護区と資源保護区を示す。1、スビム森林保護区 2、アユム森林保護区 3、ビア資源保護区 4、クロコスア山地森林保護区 5、ヨヨ森林保護区 6、ボインリバー森林保護区 7、アンカサ資源保護区 8、スリーポイント岬森林保護区 9、アシン・アタンダンソ資源保護区

残念なことにこれらの研究は1977年で終わり、その成果はまだほんのわずかしか発表されていない[注19]。

ビアに対するこのような圧力は、それほどは伐採に脅かされておらず野生動物を保護し得るような別の森林地域を捜させることになった。その結果、クロード・マルタンが1976年にアンカサリバー森林保護区を調査して、そこを国立公園として保護するように勧告した[注20]。アンカサには商品価値のある樹種はほとんどないように思われたし、その頃までにそこで計画された数少ない開発は険しい地形によって阻まれてきた。アンカサの保護はガーナの公園システムにもう1つのタイプの森林、湿潤常緑林を追加するもので、ビアの湿潤落葉林を補完することになった。しかし、ニニ＝スヒエン国立公園として完全に保護されたのはアン

カサの一部だけで、この森林保護区の南半分はビアの前例に従って猟獣生産保護区とされてしまった。

ガーナの状況の悪化

順調だったガーナ経済は、1970年代後期までに、政府の腐敗と失政と世界的石油価格昂騰とによって大混乱になった。木材輸出伐採量は増え続けたが、ココアの生産（経済の大黒柱）は1972年と1978年の間に61％落ち込んだ[注21]。ひどい燃料不足で、長距離の旅行は困難になり高価になった。この危機で自然保護予算は大きく削減された。狩猟・野生動物局のファイルには、その頃の状況を示すアンカサ担当官の1979年の四半期報告がある。彼は、3月には、装備不足が保護活動を阻んでいると報告し、近年のアサンテ族農民の流入で農地が増えて、森林は保護区の境界ぎりぎりまで破壊されてきている、と記した。6月には、保護活動のための火器が今すぐ必要だと指摘し、9月になると、燃料危機の結果輸送が難しいと苦情を言っていた[注22]。

ガーナ経済は徐々に安定し、1981年12月31日のジェリー・ローリングスの2度目の反政府軍事革命後に改善された。この年の早くにスティーヴン・ガートラン（当時は国際霊長類学会の自然保護担当副会長だった）が、アシベイの招請でガーナを訪れて、ビアとアンカサを中心に森林性霊長類保護の問題を検討した。彼はこの訪問の後の勧告で、アンカサ猟獣生産保護区とニニ＝スヒエン国立公園とは1つの国立公園に統合するべきだ、と提言した。彼の考えでは、生産保護区という地位はアンカサの生態系を伐採や潜在的には狩猟からの害を受けやすい状態に放置し過ぎるのだ。ガートランはまた、外国の科学者にビアでの霊長類研究の可能性をもっと利用するように勧め、学童向けの自然保護教育プログラム開発に外部からの援助が見られるべきだ、と勧告した[注23]。

しかし、ガートランの報告は森林性霊長類の現状については警告していなかったし、彼の勧告はほとんど実現されなかった。ビアとアンカサに保護地域を創る際に重要な役割を演じたエマニュエル・アシベイは、1980年12月に新しいガーナ森林委員会（Forestry Commission）の理事長（Chief Administrator）に任じられていたので、野生動物保護に以前ほど直接にはかかわらなくなっていた。1989年に、彼は森林委員会を休職してワシントンの世界銀行に行ってしまった。

1980年代の大半はビアとアンカサは無視されていて、そこの話はほとんど何も聞こえてこなかったが、1988年にケンブリッジ大学の学生隊がアンカサとニ

ニ=スヒエンの鳥類の調査を実施した。スヒエン河畔を基地にして観察できた稀少な生存が危ぶまれている鳥としては、ムナジロホロホロチョウやキイロヒゲヒヨドリなどがいた。だが、この遠征隊の報告には、密猟者の痕跡が数多く見られたことと、霊長類の個体数が「驚くほど少ない」ことが記されていて、1ヵ月以上の期間に見られたのは、たった2群のダイアナモンキーと1群のクロシロコロブスだけで、アカコロブスは全く見られなかった(注24)。これと対照的なのが1976年のマルタンの調査で、アンカサでたった14時間半の間に7群のダイアナモンキーと3群のクロシロコロブスに出会い、アカコロブスの声を1度だけ聞いたという(注25)。しかし、おそらくアンカサはそれから1988年までの10年間きちんと保護されてこなかったのだろう。

ガーナは森林の保護と開発の統合を図る

1990年までに、ガーナ経済は回復しつつあり、熱帯降雨林の運命に対する国際的関心が大きくなり、開発援助の金がかなりの量で自然保護プロジェクトに流れ始めてきた。この年、オックスフォード大学の環境・開発学群（Environmet and Development Group、EDG）に勤めている経済学者ジョシュア・ビショップが、欧州委員会から資金を得た狩猟・野生動物局とのコンサルタント契約の下に、ガーナを4回訪れた。彼の主要な目的は、ビアとアンカサの管理運営を、特に地域社会保全（保護される地域を「農村の経済開発の過程および地域社会の生活」に統合すること）に注意しながら、改善することを考察することだった(注26)。このプロジェクトは、EDGのスティーヴン・コブがゾウの保護への関心から1989年にガーナに行ったことから始まったものだった。ビショップは合計36日間ガーナにいたが、その間ほとんどの時間をアクラとクマシ［訳注：要するに都市部］で過ごした。ただし、1990年6月にはアンカサとビアの端まで何回か行ったが。その他に、アクラのガーナ大学レゴン校のヤー・ンチャモア=バイドゥによって、アンカサの近くの2つの村とビアの近くの2つの村の人々に、野生動物と自然保護への彼らの態度について面接調査が行なわれた。しかし、公園と森林保護区の内部を調査する活動は何もなされなかったように思われる。EDGの最終報告は、1992年に狩猟・野生動物局と欧州委員会に提出され、346万ECU（約460万ドル）を要する3ヵ年プログラムを勧告したが、そのうち130万ECUがコンサルタントに、24.5万ECUが地域社会開発に向けられることになっていた。欧州委員会はこの報告を即座には受理しなかったが、それは明らかに地域社会開発の部分が不十分

だと考えたからだった[注27]。従って、狩猟・野生動物局はジョン・グレインジャーの助けで1993年に提案の改訂版をこしらえた。グレインジャーはIUCNのコンサルタントで、世界銀行の資金による大きな森林資源管理計画（Forest Resource Management Programme）の一部として、保護地域管理計画の開発についてこの局と作業していたのだった。この改訂最終案は1995年7月に欧州委員会によって承認されたが、それは3ヵ年で460万ECUの支出を勧告するもので、そこでは地域社会開発費が65万3500ECUに増額されており、学校やヘルスセンターの建設費を含んでいた[注28]。

一方、ガーナの森林保護のための開発資金はアメリカ合衆国においても捜し求められていた。1989年に、USAIDが、中西部大学連合（the Midwest Universities Consortium for International Activities、MUCIA）に、ガーナの中部地区政府の作ったあるプロジェクトに技術援助をしないかと言ってきた。このプロジェクトは、観光の振興によってこの地区の経済を発展させようという考えを中心にしていた。このプロジェクトの主な要素は、ホテルとビーチリゾートの開発、海岸の古い砦の補修復原、既存の2つの森林保護区、カクムとアシン・アタンダンソをエコツーリズムに利用できる国立公園へ格上げ、の3つだった[注29]。カクムは、主としてマルミミゾウの比較的健全な個体群がいるという理由で、動物保護区か国立公園にしてはと過去に考えられたことがあった。

1991年までに、この新しい公園の立ち上げに技術援助をする予定のアメリカの団体は、MUCIA経由でワシントンの保全インターナショナル（Conservation International、CI）になっていた。この年にカクム（80平方マイル、約14キロ平方）が国立公園として、アシン・アタンダンソ（54平方マイル、約12キロ平方）が猟獣生産保護区として、公示された。この2つは隣接しているので、一般には1つの自然保護地域「カクム」と見做されている。1992年にCI会長ラス・ミッターマイアーが、カクムでの霊長類保護の必要性を評価調査？してくれないか、とトム・ストルゼイカーと私に言ってきた。そして私たちは1993年の3月と4月にこの森林で調査を行なった。

ストルゼイカーも私もカクムについてはそれまで聞いたことがなかった。この場所は、ガーナの霊長類についてのさまざまな報告でも、西アフリカで優先的に保護するべき森林のリストでも、特筆されてきたことがなかったのだ。しかし、私たちが見たCIの計画書には、カクムには9種の霊長類がいるらしいと記されていた。私たちの最初の調査では、13日の調査期間に48時間森の中を歩いたが、

写真25　カクム国立公園の中の広い空地。過去の伐採の結果である。1993年撮影。地表は外来の雑草 Chromolaena で覆われていて、それが樹木の再生を阻んでいる。この草の覆いをやっと抜け出した若木をゾウが食べて、この空地での森林の再生をさらにおくらせている。

たった5種の霊長類しかいないという証拠しか直接には得られなくて失望した。それは、ショウハナジロゲノンとキャンベルモンキーとオリーブコロブス（3種とも小型であって、人手の入った森林に典型的なサル）と夜にヘッドランプの光で見られたポットーとコビトガラゴである。クロシロコロブスがカクムにいるという信頼できそうな話もいくつか聞いた。ダイアナモンキーもいるという人が少しいたが、これはあまり信用できなかった。私たちのガイドも私たちが話を聞いた他のナチュラリストたちも、この森でアカコロブスやマンガベイやチンパンジーを見たことがなかった（この3種はビアとアンカサでは過去にいたことが報告されている）。私たちが出会ったサルたちは非常にシャイであって、彼らが狩猟されてきたことを思わせた。また私たちはこの森林そのものがひどく択伐されてきたことにも気付いた（写真25を見よ）。私たちはこの自然保護地域の中心部には野営地や調査された小径を見付けることができなかったので、調査は周辺部に限られた。そこで私たちは、公園の中心部に入る小径とそこでの野営地を捜し観察路を伐り開くように手配して、その年にまた来て調査ができるようにした。私たちはまた、ガーナ西南部の他の森林でも調査を行なって、アカコロブスとマンガベイ

とダイアナモンキーの現状を明らかにするべきだ、とも勧告した。というのは、この3種のどれでもガーナ西部とコートジボアール東部の個体群はアフリカの他の地域のものとは異なる亜種だからである。それは、ウォルドロンアカコロブス（Procolobus badius waldroni）とシロカンムリマンガベイ（Cercocebus atys lunulatus）とロロウェイダイアナモンキー（Cercopithecus diana roloway）であって、私たちのカクムでの経験やガーナのナチュラリストや狩猟・野生動物局職員との会話からすると、この3亜種は絶滅の危機にあると考えられた[注30]。

　私は1993年8月にガーナに戻ってさらに調査を行ない、ストルゼイカーが11月に続いた。カクムでは2つの観察路が用意されており、その1つはこの森林の西縁に近いアンティクワーに、1つは公園中央のオブオ河近くにあって、私はそこで慎重に調査を行ない、3月と4月に出会ったのと同じ3種のコロブスを見ただけでなく、クロシロコロブスの声も聞いた。ストルゼイカーは11月にオブオで同様なことを観察し、クロシロコロブスの1群をやっとのことで見た。しかし私たちは2人とも、アカコロブスとマンガベイとダイアナモンキーはどれも見たり聞いたりしなかった。私たちはアンカサとビアにも行ってみた。私はアンカサで3日間に1群のキャンベルモンキーを見たほかに、3ヵ所でサルの声を聞き、そのうち1ヵ所ではダイアナモンキーの雄の特徴的な声を聞いた（私はティワイ島でこのサルの声を知っていた）。ストルゼイカーはビアで5日間に5群のサルにしか出会わず、どの場合にもサルの姿をはっきり見ることはできなかったのだが、ショウハナジロゲノンとキャンベルモンキーの特徴的な声を聞いた。また、彼は一度遠くでチンパンジーの声を聞いた。監視員たちはクロシロコロブスとダイアナモンキーを時々見るとストルゼイカーに告げたけれども、誰もアカコロブスやマンガベイについては知らなかった。ビアとアンカサでストルゼイカーと私は密猟の徴候を多数発見した[注31]。

　もっと広い調査

　ストルゼイカーと私は自分の調査結果にショックを受けた。それは、ガーナ特産の森林性霊長類3亜種が絶滅に近いと示唆しており、私たちはウォルドロンアカコロブスがすでに絶滅しているかもしれないと危惧し始めた。私たちは保全インターナショナル（CI）に対して、ガーナ西部で他の森林も含めた数ヵ月規模の調査を行ない、特産霊長類の現状をもっと良く確かめ、彼らを保護するために取ることができそうな対策を決めること、を最優先課題にするように勧告した。ス

トルゼイカーは1993年11月の調査の際にアクラでUSAIDの担当者とこのような調査の必要性について話し合い、私たちはどちらもそれについて監視管理部長（Cief Game Warden）のジェリー・パンガスと話し合った。

私たちの勧告した活動にCIやUSAIDが資金を出さなかった時、ストルゼイカーはその頃スイスのグランドのWWFインターナショナルの事務局長になっていたクロード・マルタンに1994年4月に手紙を書いて、ビアとアンカサの監視員にボーナス報奨金を払うのに使うことができるような、年1万ドルの緊急基金を創設することを提案した。私たちはこれら自然保護地域の監視員が士気をなくしており薄給であることに気付いてきていて、有罪判決につながる逮捕に対して監視員にボーナスを払うと彼らの仕事ぶりが改善されるのではないかと思われたのだ。これは、ECによって考えられているような、もっと大きくて包括的な自然保護プログラムが効力を生じ得るまでの、非常手段として提案された。マルタンはこれにかなり前向きに反応したが、それにはこのボーナス制度がどのように運用される予定かを説明するパンガスからの手紙が必要だ、と彼は言った。私たちはCIを通してそのような手紙を手配しようとしたが、それは出そうもなかった。

一方私は、ほかにイニシアティブをとる人がいないので、ガーナ西部の森林の広汎な調査を計画し始めた。この調査は結局1995年7月と8月に、ジョージ・ホワイトサイズ（ティワイ島の頃からの私の仲間）とガーナ自然保護協会のブライアン・ディッキンスンとガーナ狩猟・野生動物局（今は野生動物局と改名していた）のマイケル・アベディ＝ラーテイとの協同で実施された。この調査は、ホワイトサイズと私がディッキンスンと一緒に始めて、私がベニンとトーゴで別の霊長類調査を行なうためにいなくなった後は、ホワイトサイズがアベディ＝ラーテイと一緒に完了させた。

1995年7月と8月のこの調査は、ガーナの森林野生動物の現状についての私たちの心配を大きくしただけだった。この調査では、ビアとアンカサにまた行ったほかに、ニニ＝スヒエン国立公園とアユム、ボインリバー、クロコスア山地、スビム、ヨヨの各森林保護区を訪れた。これらの森林保護区（地図8に示した）を選んだのは、最も危機にあると思われたサル——アカコロブス——が博物館標本として過去に採集されたことのある場所に近いからか、森林局職員がそこはサルを見るのに良い場所だと言ったからか、どちらかの理由によった。

ホワイトサイズとアベディ＝ラーテイは、アンカサ資源保護区（Resource

Reserve）とニニ＝スヒエン国立公園との境界をなすスヒエン河（写真24を見よ）の近くで、ダイアナモンキーの1群を見て、その雄の声を聞いた。それ以外には、この広汎な調査で認められたサルは、ストルゼイカーと私がカクムで見た種だけだった——ショウハナジロゲノン、キャンベルモンキー、オリーブコロブス、クロシロコロブス。どこでも、アカコロブスやマンガベイやチンパンジーは見られず、声も聞かれなかった。ただし、ホワイトサイズはアンカサ保護区の中のンクヮンタという入植地の首長から、アカコロブスではないかと思われるサルの話を聞いた。エデレ・クヮオというこの男は猟師であって、最近マンガベイを見たことがあるとも言った[注32]。

この調査で訪れた森林のすべてで、銃猟や罠猟が野放図に行なわれているという証拠が見られた。そして、ガーナ森林局は森林保護区を農民による蚕食から守ることには明らかに成功してきたけれども、保護区の多くでは択伐量が多すぎていたし、盗伐の証拠が見られた場所もあった。森林局は、イギリスのODAによって1985年から支援されているプロジェクトでは、これまでより慎重な管理システム、長期持続可能な収穫を可能にするように計画されたシステムをその森林保護区について始めようとしてきていた。この新しい管理システムでは、伐採間隔が25年から40年に延長され、個々の林分の伐採時期が指定され、一部の（特に山地の）地域は伐採されないサンクチュアリとされている[注33]。私たちはこのシステムの悪用をいくつか見た。それは私たちの調査の時には現実のものとなっていたように思われた。例えば、クロコスア山地森林保護区の一部でG.A.Pという名の会社が伐採しているところに遭遇したが、その地域でのこの会社の伐採許可は1年前に期限が切れていた。またビア資源保護区ではミム木材会社による大規模な違法伐採を目撃した。私たちはこのような違反をクマシの森林局に報告した。

アンカサ——最後の希望？

ガーナでストルゼイカーとホワイトサイズと私が訪れた森林すべての中では、アンカサ／ニニ＝スヒエン地域が、降雨林生態系とその霊長類の長期的な保護にとって最も希望がありそうに思われた。そこは、私たちが訪れた森林地域すべての中で最も人手が入っていなかったところで、アンカサ部分ではいくらかの択伐が行なわれてきていたが1975年に停止されたし、ニニ＝スヒエンでは近年には択伐は全く行なわれてこなかった。ここは私たちがダイアナモンキーを発見できた唯一の場所であり、アカコロブスがまだいるというかすかな可能性（ンクヮ

ンタの首長がホワイトサイズにした話によれば）が残っていた唯一の場所であった。1988年のケンブリッジ学生遠征隊はアンカサが鳥類にとっても重要な場所だということを見ていたし、ガーナ森林局の植物調査はそこが稀少樹木の種数という点でとびぬけていることを示していた(注34)。

　アンカサの重要性が明らかになったので私は、もう一度アカコロブスなどの霊長類を捜すために、またそこの保全計画を立てるのを手伝うために、1995年末にまたこの森に行くことに決めた。私は、ホワイトサイズやケンブリッジ遠征隊と同じようにスヒエン河畔で野営し、そこからこの章の初めに記したようにマイケル・アベディ゠ラーテイと観察路を伐り開いた。私たちは、この森林での12日間に出会った唯一のサルの群れの中にダイアナモンキーを見ることはできたけれども、アカコロブスの姿や声は見付けることができなかった。さらに、ンクゥンタ村のエデレ・クゥオに改めて聞いてみて、彼はアカコロブスをよく知ってはいないのだ、と私は確信した——例えば、彼はアカコロブスの特徴的な声のいくつかをテープで再生して聞かせても、それがわからなかった。私は、アカコロブスはこの森にはいないのだと結論し、しばらく前からいなかったのではないか、と疑い始めた(注35)。1976年にマルタンはアンカサでサルの群れに17回出会ったと報告したが、その中でアカコロブスが入っていたのは1群だけであり、それも見たのではなく声を聞いただけだった。マルタンにンクゥンタ村の首長（1995年にいた首長の父親）が話したところでは、「アカコロブスは15〜20年ばかり前にはいなかったのだが、象牙海岸からこの保護区に入ってきた」という(注36)。そんなことはありそうもないし、1976年にアカコロブスの声を聞いたという報告はいくらか疑わしいと見るべきである。というのは、アカコロブスの声のレパートリーは複雑であって、その中には他の動物の声と混同されやすいものがあるからだ。

　1995年クリスマス調査の時、マイケル・アベディ゠ラーテイと私は、ニニ゠スヒエンの中を北に向かって行くと、いくつかの小さな踏跡が次第に太い踏跡に合流して明らかにこの公園の北の端へ向かっている、ということに気が付いた。これは、北の端の地域も調べるべきだという私の考えを確証したが、私たちはアンカサの南端で車と待合わせるように手配していたので、そのためにはまずキャンプを引払ってそこまで歩いて戻らねばならなかった。私たちは1月2日に森から出て、翌日ニニ゠スヒエンの北端へと車で出発した。私たちには2人の監視員が同行していて、その1人はアンカサの野生動物局スタッフの中で誰よりも良く

この地域を知っているという話だった。私たちはこの男や途中で会った人々の指示に従って5時間走った。午後おそくなって、私たちの辿っていた泥道はひどく泥深くてわだちが深くなったので、私たちの小さなトラックでは通れなくなった。夕暮れが迫りつつあり、私たちのガイドは道に迷ったようだった。私たちは一番近い集落まで戻って野営した。私は、地図とGPSユニットを使って、私たちは今公園のかなり東にいて、公園の北端に背を向けて南に向かっているのだ、と結論した。

野生動物局スタッフの中でこの地域を一番良く知っている男でさえ、明らかにニニ＝スヒエン公園についてほとんど知らなかったのだ。彼らは公園の北の端を見付けることができなかったし、そこには一度も行ったことがないようだった。ホワイトサイズと私はどちらも、この公園の南端のスヒエン河に行こうとして同じような経験をしたことがあった。局のスタッフがこの河への小径を知らないので、私たちは猟師で首長のエデレ・クヮオに頼むか磁石の方位に従って森林の中を行くかしなければならなかった。監視員がこの公園についてほとんど知らないのだとしたら、この地域に密猟者のキャンプが非常に多く大形動物が非常に少ないというのはほとんど驚くにあたらない。

アベディ＝ラーテイと私が1月3日に結局泊った集落はアソマセという名だった。そこは移住者たちの集落で、彼らはガーナの少なくとも5つの別々の地域からこの辺境にやって来て、畑を作ったりココヤシやアブラヤシを植えたりしていた。もとからいたンゼマ族の人々は非常に少数で、私たちは彼らには1人も会わなかった。私の聞いたところでは、移住者たちはンゼマ族の首長たち（その多くは今はこの地域外の町に住んでいた）に金を払って耕作権を得たが、土地所有権は得られなかった。

翌朝私たちは何人かの人に森へ行く道を尋ねた。そして再出発した時にはGPSユニットと地図に十分気をつけた。2時間後に私たちはアイェンスクロムという村に着いたが、そこは明らかにニニ＝スヒエンのそばだった。しかし、そこもまた移住者たちの村で、アサンテ族、ファンテ族、クロボ族の人々がココヤシやバナナやパイナップルを育てていた。アイェンスクロムから先の道路は通行不能だったが、村人たちが私たちに、歩いて森の端まで案内してくれそうな男を教えてくれた。その日の昼過ぎに私たちはヨー・メンサーの家の庭に入っていった。彼はアサンテ族のココヤシ・パイナップル農民で、この地域には1973年に、アフリカ木材合板会社（AT&P）がこの保護区の外側での森林伐採を終えた直後に、

写真26 ガーナの西端にあるアンカサ資源保護区の南縁近くにガーナ東部から来たエウェ族農民、1993年8月。前にあるのは彼らの農地で穫れたキャッサバ。

やって来た。ヨー・メンサーは自分の農地でヨーロッパ人と野生動物局スタッフを見てびっくりしていた。彼は2日前にアイェンスクロムのマーケットで、森の中に白人がいたという噂を聞いていたが、それを信じてはいなかったのだ(この噂はおそらく私たちに妨害された密猟者の1人から流れたのだろう)。彼はまた、狩猟・野生動物局の人間は10年前に公園の境界をはっきりさせに来てから以後見たことがなかった、とも言った。メンサーは私たちを彼の農地の端の公園との境に連れていってくれた。私たちは公園の中に入ってニニ河のところまで行った。メンサーは、この公園の北縁沿いの入植地に住んでいる多くのさまざまな人々について教えてくれた——アクゥピム族、クロボ族、エウェ族、クゥフ族、ファントラ族。彼は、この地域ではサルをよく見かけたものだったが、今は1頭もいない、と言った(私たちのガイドがアベディ=ラーテイに告げたところでは、メンサー自身が猟をしており、彼の家の中にはダイアナモンキーのひげがぶら下っていた)。

移住者の問題

このような観察は、逸話的な性格のものではあるが、私が1993年にアンカサの南縁沿いを見て廻った時に得た印象を強めるものだった。すなわち、アンカサ

第7章 ガーナの空っぽの森 221

/ニニ＝スヒエン自然保護地域のまわりすべてには人々が住んでおり、そのほとんどがガーナの他の地方から移住してきた人々である(写真26を見よ)。この人々は、彼らが開発利用しているシステムの長期的な生産性にはほとんど関心がなく、短期的な収入を最大にしようとしており、その収入の大半をこの地域の外に送金して、遠くの町に家を建てたり子供たちを教育したりしようとしていた。このような移住はガーナでは新しいことではない。ガーナ統計局の最近の人口統計報告によれば、移住は市場経済の到来以前から進んできていたもので、1970年以降人口移動は「すさまじい」ものになってきた[注37]。

アンカサとニニ＝スヒエンの周辺の状況は、ナイジェリアのオコムで見てきた移住農民のことを大いに思い出させるものだった。そしてそれは、アンカサの自然保護の中に地域社会開発を1つの大きな要素として入れるという知恵、欧州委員会による基金化 (funding) についてまだ検討中だった計画で見られるようなもの、をさらに大きく疑問視させた。もしも、私たちの会った移住者たちの誰かがこの次に故郷に行く時に、この公園の近くでは今、援助プログラムがより良い教育保健サービスを提供している、と友人や親戚に告げることができたとしたら、さらに多くの移住者がこの地域に惹き寄せられて、この森林に加わる圧力は増大するだろう、ということは確実だとアベディ＝ラーテイと私は考えた。

私たちの疑念は翌月にカクム・プロジェクトのコジョ・ムビルによって強められた。彼は1996年2月にアンカサとニニ＝スヒエンの周辺の村で1週間の調査を行なって、面接した人々のほとんどが最近のたった12年間にこの地域に移住してきた人だったと報告し、公園の北縁近くの農民はほとんどが隣人の名前も出身地も家族の人数も答えられなかったと記した[注38]。彼は、密猟が多いことを確認して、野生動物局スタッフの人数を特に北部の地域で増やすように勧告した。彼はまだ地域社会開発を（IUCNの刊行物を引用して）勧告していたけれども、そのような活動はこれ以上の移住を思い留まらせるように慎重に行なうべきだ、と認めていた。

現在アンカサとビアの近くに住んでいる人々のほとんどがガーナの他の地方からの移住者だという事実は、1992年のEDGコンサルタントのECへの報告書の付録でも認められていた。この記録は、アンカサの近くの2つの村とビアの近くの2つの村で人々に面接した結果を示しているもので、この4つの村のすべてに国中からの移住農民がいる、という事実を指摘していた[注39]。それでも、面接された人々のほとんどがこの森林とそこの野生動物を保護することに賛成だと

言い、そこが保護される前からこの保護地域を利用してきたと言った人は16％に過ぎなかった。しかし、彼らは野生動物局スタッフに不信の念を抱いており、賄賂授受と腐敗や密猟見逃しや権力悪用で彼らを非難していた。この報告書は自然保護教育活動を勧告していたが、学校や診療所を作ることを特に勧告してはいなかった。そのような開発手段は、自然保護プロジェクトへのECの要請であって、ガーナの人々の要請ではないように思われる。

ヨーロッパのプロジェクト始まる

　ホワイトサイズと私は1995年から1996年の調査の報告書で、アンカサとニニ＝スヒエンでの保護活動を直ちに増強するように強く論じた――この地域は生物学的に重要である、私たちはそこで密猟がひどいことを目の当たりにした、そこに常駐するスタッフの数は少なく装備は不足している、この自然保護地域の西縁近くに建設中と聞いた新しい道路から予想される悪影響[注40]。私たちは、検討中のECプロジェクトの予算案をアンカサにもっと重点を置くように組み直すように提案した。というのは、私たちは今ではアンカサの方がビアよりも自然保護にとってはずっと重要だと見ていたからだった（私たちの見た予算案では、アンカサよりもビアの方にずっと多くの予算が配分されていた。例えば、基盤整備費は、ビアにはすでにアンカサより良い建物やアクセス道路があったのに、ビアは40万2500ECUでアンカサは19万5500ECUだった）。私はまた、アンカサの自然保護地域の真中のンクゥンタ村にいる少数の人々には（マルタンが1976年に勧告したように）この地域の外に出てもらうべきだし、アンカサ資源保護区を含む全地域を（1981年にガートランが勧告したように）国立公園とするべきだ、とも論じた。

　私たちはこのような勧告を直接に野生動物局に提出した。私はまた、アクラの欧州委員会の地域開発アドバイザーであってビアとアンカサの「保護地域開発プログラム」の監督責任者であるヘニング・ボシュナーともそれについて話し合った。彼は好意的なように見えたが、自分は大きな修正の余地がほとんどない既製のプログラムを監督している立場に過ぎない、と指摘した。私はこの話合いの結果がどうなったかについて手紙で問い合わせたが、アクラのEC代表団の代表から1996年9月に形式的なプロジェクト現状報告が届いただけだった。それには、140万ECU（約180万ドル）相当の技術援助契約にヨーロッパの5つのコンサルタント会社が入札してきていて、12月に落札の予定であり、建物と車輌についての別の入札は遅れている、と記されていた。

私たちの勧告はガーナ野生動物局自体の方にはもっとはっきりした効果を及ぼした。監視管理部長パンガスはアンカサの保護活動増強についての勧告を受け入れて、新しく7人の監視員の採用を認めた。新しいパトロールキャンプがこの公園の北端に1つ、東端に2つを含めて設置された。そして1996年8月にアベディ＝ラーテイその人（それまではクマシ動物園の下級職員だった）がアンカサでの保護活動を担当することになった。密猟者が目立っていた公園の奥深くへのパトロールが組織され始めた。猟師たちは大きな獲物の数が減ってくると小さな獲物をとるようになる、ということを示すものとしてアベディ＝ラーテイは、ある密猟者野営地で見付けた燻製の動物の中にネズミが30匹入っていたと報告した。このような新規の保護活動は、外国からの援助プログラムによって行なわれたのではなく、現地の乏しい予算の中で実施されていた。しかし、このような活動が全面的にうまくいったわけではなかった。アベディ＝ラーテイの話では、野生動物局スタッフは彼らの新しいキャンプが設置された集落の人々に直ぐに頼るようになり、従ってそこの地域社会から違法者を検挙したがらない、という(注40)。

　私は、1997年6月にガーナに戻った時、保護地域開発プログラムが2ヵ月前に遂に始まったことを知った。このプロジェクトの原案について私たちが気にしていたことの一部は変更されていたが、それがどれほどまで私たちの報告書の結果だったのか、はよくわからなかった。今ではこのプロジェクトはビアよりもアンカサの方に留意していた。私の聞いたところでは、保護活動が大きく強調されることになっており、保護地域近くでの開発活動は今では欧州連合の「マイクロプロジェクト」という別のプログラムで扱われることになっている、ということだった。その一方では、外国に援助された保全プロジェクトに共通して見られるいくつかの特徴が著しく目に付いた。技術援助契約（欧州開発基金の金を使っての）はイギリスのあるコンサルタント会社が落札し、契約の90%（86万5915ポンド、1997年半ばの為替レートで約142万9000ドル）を英ポンドで受け取ることになっていたし、30ヵ月契約でそのチームリーダーは約31万7000ドル、ある社会開発専門家は約24万6000ドル、を得るはずだった(注42)。それに対して、野生動物局の1996年のアンカサとニニ＝スヒエン関係の全予算は5260万セディス（約2万6000ドル）で、それは給料すべてと車輛の維持費と建物の修繕費を含んでいたし、アンカサのガーナ人上級専門職員の大半の年俸は210万セディス（1000ドル以下）だった。

　1997年6月には新しいコンサルタントたちがタコラディの町の彼らの家にちょ

うど住み着きつつあった。そこはアンカサから約70マイル東であり、ビアからは車で半日以上のところだった。彼らは、アンカサとビアには行ってきたが、ニニ＝スヒエン公園には行かず、彼らの車ランドロバー・ディスカバリーは専らタコラディの町と周辺のドライブに使われていた。アンカサの野生動物局スタッフはまだ公共輸送機関を使うようにされていた。彼らの新しい車はまだ到着しておらず、古いトラックは、密猟者と共謀したとして告発された２人の元監視員の解雇をめぐる８年の係争の訴訟行為の一部として、地方裁判所に保管されていた。

ガーナから学んだこと

　ガーナでの私の経験は、ナイジェリアでの仕事から学んできた４つの教訓を強化するものだった。

　1、地域の猟師たちはアフリカの降雨林から、その森林自体がほとんど無傷で残っている場合でも、ある種の哺乳類個体群を全く容易に捕り尽くしてしまうことができる。実際、1997年にガーナでマイケル・アベディ＝ラーテイが、コートジボアールでスコット・マックグロウが、再度行なった野外調査の結果はウォルドロンアカコロブスはもう絶滅したということを示唆している。

　2、自然保護を農村開発と結合させて多額の外国の金に頼るような大型プロジェクトを強調すると、相対的に単純で低コストでより持続可能な自然保護方策の軽視を招く。

　3、開発指向的保全プロジェクトは、森林利用の多くがその地域と長期的なかかわりを持たない最近の移住者たちによってなされている、という事実が持つ意味を無視することが多い。

　4、自然保護の方策を立案する人々や上級管理者たちは、脅かされる自然の将来に対する強い懸念によってよりも、彼らや彼らの団体がそのプロジェクトから得ると思われる現実的報酬の方によって、動機づけられがちである。

　私は、1997年７月にアベディ＝ラーテイと共にガーナ西部のタコラディの近くのスリーポイント岬森林保護区に行った時に、低技術の狩猟が森林の野生動物に及ぼす影響のものすごさを身にしみて感じた。８平方マイル（4.5キロ平方）のこの森林で過ごした３日間に、サルだけでなくどんな中形大形哺乳類のいる証拠も全く見付からなかった。昼間に見たのは小型ネズミ１匹だけ、夜には１匹のポッ

トーを見てコビトガラゴの声を1回聞いただけだった。林内の小径沿いには多数の使用済みの薬莢が落ちていたし、針金罠が何ダースも見付かった（それは壊しておいた）。そのうち2つにはネズミがかかって死んでおり、1つにはマングースが脚をはさまれて大声でキーキー叫んでいたので放してやった。だが、森林そのものはほとんど傷められていなくて、1950年に保護区とされてからは択伐とか農民による蚕食とかをほとんど受けてきていなかった。これと非常によく似た話を、WCSのアラン・ラビノウィッツが最近ラオス最大の保護林の中に入ってきた後にしている。彼は、大形動物の全くいない美しいが沈黙した森林について記し、大量の罠を発見して、そこにはずっと前に死んだ犠牲者の遺体がそのままになっている罠がいくつかあった、と報告している[注43]。

　大型の保全開発プロジェクトには多くの問題が付随していたが、その中でナイジェリアのクロスリバー公園とガーナの諸森林公園の両方で結果として大きな影響を及ぼした問題は、そのようなプロジェクトの発端から実際の事業開始までに非常に時間がかかったことである。アンカサとビアでの自然保護を改善するためにヨーロッパの資金を獲得するという計画の発端から、実際に管理プロジェクトが開始されるまでには、8年が経過ごした。その間には、数百万ECUを費やす計画案が何度も何度も書き直され、このプロジェクトは森林保護のほかにどの程度まで農村開発にかかわるのかということについての論議はされていたが、狩猟（密猟）や（ビアでは）伐採の拡大を防止する活動はほとんどされていなかった。そして1997年に外国人コンサルタントたちが結局仕事を始めた時には、ビアには大形動物はもうほとんど残っておらず、森林は荒廃してしまっていたし、アンカサでは哺乳類の密度が危険なほどまで低くなっていた。もし1989年に、100万ドル相当の基金（たった3年間のこのプロジェクトの予算として決定された額の25％以下である）がアンカサとビアの自然保護のために配分されていたとしたら、そしてもしこの基金を利子を生む信託に預けてきていたとしたら、この基金からの毎年の利子でこの2つの森林の保護を大きく改善することが（もし管理がしっかりしていればだが）十分にできただろう。もし、その結果として、もっと多くの動物を見ることができるようになっていたとしたら、観光客や科学者たちがこの2つの森林にもっとよく来るようになっていただろうし、そのこと自体が、職員たちのやる気を大きくさせたり、ビアでの伐採継続に反対する人々を増やすのに役立ったりしたであろうことは確かである。管理がもっとうまくいっていたら、この信託基金にはもっと多くの資金が集まった可能性があって、保護活動を永久

に続けることができた、ということになっただろう。

　100万ドルをビアとアンカサの将来を保障するために一度に出そうという提供者は見付けられなかったとしても、プロジェクト立案に要した8年の間に毎年たった2万ドルがそこの野生動物保護のために提供されていたならば、この2つの森林で何種かの哺乳類が絶滅するのはおそらく防げただろうし、何千頭もの動物を鍋から救えたに違いないし、何かしらもっと野心的なその後の諸活動のために良い土台が据えられていただろう。

　欧州連合の資金への最初の案を作るのに関係したコンサルタントたちは、アンカサとビアの近くに多数の移住者がいるということを知ってはいたのだが、プロジェクト案を作る際にこの事実を特に考慮に入れはしなかった。私がこのような移住者の何人かから聞いたところでも以前のヤー・ンチャモア＝バイドゥの研究でも、移住農民たちは自分たちがこの保護地域を利用する特別な権利を持っているとは思っていない、ということが示唆されたし、密猟を禁止する法律があるのなら彼らはそれを守るつもりだ、ということが示されていた(注44)。そのようなところへ外国の資金によるプロジェクトがやって来て、密猟をやめれば開発援助のような利益が得られるだろう、と言うのは、反生産的である。そのようなコースがとられることになってきた主な理由は、欧州開発基金などの機関に求められる基金は、地域社会開発が自然保護のために最良の手段でない場合でも、プロジェクトが社会開発的要素を強く持つことを要求している、ということにあるように思われる。

　アンドルー・ノスは中央アフリカ共和国でのあるプロジェクトについて記したが、それはガーナの保護地域プログラムや前の諸章に記したナイジェリアの諸プロジェクトにいくつかの点でよく似ている。この中央アフリカ共和国のプロジェクトは、ザンガの森の保護地域に焦点をあてたもので、WWF-USによって実施されており、自然保護を開発活動と統合することを含んでいる。ノスの説明では、中央アフリカ共和国の人々はガーナの人々と同じく非常に移動しやすくて、ザンガ保全開発プロジェクトが進めている商業的伐採事業のような経済機会に惹き寄せられる。この開発で助長された移住は、例えばその地域でのブッシュミート需要増大などによって、この地域の野生動物への圧力を増加させている。ノスの認識では、猟師たちは自分の猟の持続可能性についてほとんど関心がなく、地域の野生動物を獲り尽くしたら他の資源に切替えたり別の地域へ移動したりするのを当然のことと考えている、ということである(注45)。

私の記してきたガーナの諸例では、森林と野生動物の保護についての計画立案の多くは経済学者や地理学者や農学者や技術官僚によって手掛けられていて、自然に深い関心を持つ人や自然をよく知っている人はほとんどかかわっていなかった。自然保護と開発を結びつけるようなプログラムの立案には大いに留意されたけれども、そもそもガーナの降雨林帯に保護地域を設立する主要な理由だった動物たち、つまり稀少でユニークな降雨林霊長類の保護には重要性がほとんど置かれなかった。そして、ホワイトサイズやストルゼイカーや私自身のような人々（アフリカの森林で多年の研究と自然保護の経験を有する人々）がこうした霊長類への脅威を緩和するように考えた勧告をした時、私たちの勧告により多く反応したのは、地域の野生動物担当部局の内部の人々であって、ガーナの自然保護にかかわっていることになっている外国の諸団体ではなかった。このことは、国際的な自然保護社会の多くの人々は、脅かされている生態系や種の将来によりも、彼ら自身の経歴の発展や政略上有利な行為の方に関心を持つようになってきた、という論を強めるもののように私には思われる。

第 8 章　動物園は箱舟たりうるか？

　西アフリカの森林で霊長類などの動物が直面しているような種類の危機に対して、一部の自然保護論者はこう提案してきた——野外でそれをうまく保護することは現在ではできないかもしれないから、手遅れにならないうちに、危機に瀕している種の繁殖集団を飼育下に確立して、野外での条件が改善され飼育下の動物たちをその本来の環境に戻してやれるような時まで保育するべきだ。例えば、この考えの主唱者たちの一部、トマス・フーズ、ユリシーズ・シール、ネイサン・フレスネス、は 1987 年に出版されたある分析の中で次のように書いた。「飼育増殖は、危機に瀕している霊長類を絶滅から守る戦略の一部であり得るし、その一部であるべきだ。生息環境を保護すればそこの動物たちも守られるだろうと仮定する野生動物保護のより伝統的な考え方と戦略は、実行がどんどん難しくなるかできなくなるかしつつある(注1)。」この飼育増殖のためにふつう勧告される場所は豊かな工業国の動物園である。明らかな理由で、そのような動物園は「ノアの箱舟」と呼ばれてきた。

　このノアの箱舟概念は、時として本来の環境での現地野生動物保護との対比で、現地外野生動物保護と呼ばれるが、最近 25 年の間にかなりの人気を得てきており、特に北アメリカと西ヨーロッパの動物園関係者によって促進されてきた。それは、国際的自然保護社会では、野生動物個体群とその生息環境を保護するには統合的保全開発計画に地域の人間社会をかかわらせるのが最も良い、という考えとほとんど同じくらいに人気を得てきた概念である。この章ではこのノアの箱舟概念の歴史を略述し、野生動物保護にとってのこの概念の適切さについて論じる。私は、飼育繁殖と野外への再導入は、野生動物をその本来の環境で保護するのに比べて費用が掛かり効果の少ない方法であるし、それは資金と関心をそうした野外での保護活動から逸らさせてしまう可能性がある、と主張し、以前にそうした

人々と同じく、動物園は危機に瀕している種の飼育繁殖によってではなくて公衆啓発上のその役割によって、野生動物保護に最も大きく貢献し得る、と示唆する。

飼育繁殖がシフゾウを救う

野生動物保護の戦略としての飼育繁殖という考え方のルーツははるか昔にある。例えば、中世の狩猟公園（hunting parks）——現代の国立公園の歴史的祖先——は、管理された野生動物個体群とそれらの生息環境の両方を保護していた[注2]。1つの有名な中世の狩猟公園が昔の飼育繁殖と現代のそれとの間を興味深い話でつなげている。北京郊外の中国皇帝の狩猟公園(南苑)は19世紀まで存続していた。そこは100平方マイル（16キロ平方）以上の広さで高い塀に囲まれていたという話であり、全く非公開であって、その中を見た外国人は1人もいないと言われていた。だが1865年に、フランス人宣教師で熱狂的なナチュラリストのジャン・ピエール・アルマン・ダヴィッドが、作業中の砂山の上に登って塀ごしにうまくその中を見ることができた。するとわずか100メートル向こうに見たことのないシカの群れが見えた。彼はタタール人兵士を買収してこのシカの毛皮と骨格をいくつか入手することに成功し、最終的には生きている動物を手に入れてヨーロッパのいくつかの動物園に送った[注3]。中国でシフゾウ（Mi-lu）として知られていたこのシカは、実は新種であることがわかってElaphurus davidianusと命名された——英語圏ではしばしばダヴィッド神父のシカと呼ばれている。このシカの真に野生の個体群は、ダヴィッド神父が皇帝の南苑の塀ごしに見た時以後には発見されてきていない。

南苑の塀が1894年に大洪水で破れて、このシカは20頭を残して脱走し、溺死するか飢えた農民たちに食べられるかしてしまった。残ったシカの大半は、1900年に義和団の蜂起を鎮圧するために北京に派遣された外国の軍隊によって、殺されるか捕獲されるかした。そして1912年までに、中国で飼われていたシフゾウはすべて死んでしまった。だが一方イングランドでは、ベッドフォード公爵11世がウォバーン・アベイの彼自身のシカ園にヨーロッパの数ヵ所に生き残っていたこのシカを集めてきていた。今やこのウォバーンの群れがシフゾウの最後に生き残った個体群だった。それは1901年には20頭だったが徐々に増えて（第1次世界大戦中の餌不足からのかなりの死亡率にもかかわらず）第2次世界大戦が終わった時には250頭になっていた。小グループが各地の動物園に返還され始め、1956年には北京へも数頭が送られた。1985年には22頭がウォバーンから中国へ送ら

れて、南海子の旧南苑跡の中央部にある囲いに収容された。その翌年、さらに39頭がイギリスの7ヵ所から大豊シフゾウ保護地域に放されたが、そこは上海の北方235マイルのところにある4平方マイル（3.2キロ平方）の海岸湿地で、この種本来の分布域と推定される区域の中である。その後このシカはさらに少なくとも2ヵ所の保護区に放されてきたが、その1つは湖北省石首県の長江沿いの6平方マイル（4キロ平方）の湿地で、そこでは1年中どの時期にも給餌をしていない(注4)。

このシフゾウの場合は、本来の生息環境では絶滅してしまったが飼育繁殖プログラムで生残ったという種の、稀れではあるが、好例である。しかし、このシカの真の野生個体群はまだ復活していないのだ。

ジャージー野生動物保存トラスト

箱舟としての動物園の役割についての現在の熱中は、ジェラルド・ダレルのカリスマ的な個性に多くを負っている。私自身の西アフリカ降雨林遍歴は、彼の初期のカメルーンでの動物収集についての本から受けた非常に強烈な刺激によるものだった。私が最も魅せられたのはアフリカについてのダレルの記述だったのだが、彼自身が最も関心を持っていたのは、いつでも、野生動物を飼育すること、特に動物園で、だったように思われる。彼は自分で認めていたように「動物マニア」だった(注5)。彼は、ロンドン動物園の郊外の分園であるホイップスネイドで学生飼育係（student keeper）として彼の経歴を始めた。彼が、脅かされている種にとってのサンクチュアリとしての動物園の役割について初めて考えさせられたのは、明らかにホイップスネイドでシフゾウの世話をした経験からであった(注6)。

ダレルは、アフリカと南アメリカへの最初の遠征では、動物をイギリスのさまざまな動物園に売るために収集していた。だが、彼は次第に自分の動物園が欲しくなった。彼は、1960年に刊行した本『手荷物の中の動物園』（A Zoo in My Luggage）の中で、やっと親しくなってきた動物たちと別れる悲しさと、野生動物の絶滅についての関心の増大と、が一緒になって、彼自身の動物園を発足させるという考えが育ってきた様子を詳しく語った(注7)。彼は、多くの稀少な脅かされている種は小形で、観光価値が低いので野外ではほとんど保護されていないと感じて、彼らの繁殖集団を飼育下に確立することによって彼が彼らを絶滅から守ることができるだろうと考えたのだ。

ダレルの動物園は1957年の彼の第3回カメルーン遠征で始まった。彼自身の

記述によれば、彼は先に動物たちを手に入れて動物園は後で見付けることにしたのだ。そこで、彼はたくさんの動物を連れてイングランドに帰ってきた時に、まず彼らをボーンマスの姉の家の庭で飼わねばならない、ということになった。この動物たちは一時的にあるデパートで展示された後にデボン州のペイントン動物園に貸し出された。結局、ダレルの本の出版者ルパート・ハート＝デイヴィスが海峡諸島に渡りをつけてくれ、資金を貸してくれた。ダレルはこれでジャージー島の古い荘園を借りることができて、そこへ彼の動物たちを移した。1959年3月にジャージー動物園が設立され、それは1964年1月にジャージー野生動物保存トラスト（JWPT）に発展した[注8]。

ダレルは1966年にJWPTの目的を次のように明示した。

○野外で絶滅に瀕している種の繁殖集団を作り上げること。
○緊急に保護を必要とする動物たちを一般の人々に見せること。
○「野外での保護も飼育下での保護も」保護が必要だということを一般の人々に理解してもらうこと[注9]。

動物園箱舟概念が広まるのにはジェラルド・ダレルの個性が大きく役立ってきたと思われるけれども、西欧諸国の動物園管理者たちの間では、1960年までにすでにこの考えは広く受け容れられていた。例えば、その年に、ロンドン動物学協会幹事のソリー・ザッカーマンは、生物種を野外で保護するのと、生きた博物館の標本として飼育下でそれを維持するのとは、ほとんどまたは全く違わない、という見解を述べていた[注10]。

1970年代初期までに、飼育繁殖は自然保護思考の主流に入ってきていた。1972年5月に危機に瀕した種の飼育繁殖についての会議がジャージー島で開かれた。この会合はJWPTと動物相保存協会の共催だった。この会議の終わりに、動物相保存協会の会長でこの会議の議長でもあるピーター・スコットが6項目の宣言を発表した。

1、動物の危機に瀕した種および亜種の飼育下での繁殖は、多くの種および亜種の生存にとってきわめて重要であると思われる。従って飼育繁殖は、本来の生息環境での野生個体群の維持と並んで、絶滅を防ぐ1つの方法として用いられるべきである。

2、その技術を学び、改良し、拡張し、公表しなければならない。

3、危機に瀕した種を飼育する人々はすべて、繁殖プログラムを実施する責任があり、この目的のために他の動物園や飼育施設と協力したり、それらを野外に返す際に自然保護家たちと協力したりする責任がある。

4、繁殖プログラムは、野生個体群に現在向けられている需要を減少させるだろうし、野生個体群を強化したり、それが絶滅したならばそれを再建したりするのに役立ち得るだろう。

5、たとえ再建不可能ということに結局なったとしても、飼育個体群が維持されているというのは絶滅という最悪の事態よりは明らかにましである。

6、繁殖プログラムは、できればその種の本来の生息環境において進められるべきである(注11)。

　この宣言は、動物園が独自に発展させてきた新しい見方を内包している——動物園は異国の動物たちの面白い見世物以上のものであって、自然保護に大きな役割を果たすことになるだろう。ピーター・スコットがこの見方の発展に大きく貢献してきたのは当然であって、彼は生涯の大半をガンカモ類の飼育繁殖に捧げてきたし、野生動物保護の道具として飼育繁殖を強く擁護してきていた。スコットは自伝『The Eye of the Wind』の中で、最初は野生動物の狩猟に主として熱中していたと記しているが、それは彼の時代の多くの自然保護家に共通したことだった。彼は1920年代にケンブリッジ大学の学生でガンカモ猟を楽しみ、猟場である沼沢地や河口干潟の美しさや追跡のスリルや腕の確かさへの満足感などを楽しんだ。しかしスコットは1930年代までに鳥打ちには興味がなくなって、その代わりに鳥を捕獲したりそれを飼育したりすることや鳥についてもっといろいろ知ることがしたくなった。彼はさまざまなガンカモ類を飼育しようと集め始めたが、第二次世界大戦で海軍に勤務している間はそれをあきらめていた。大戦後に彼はグロウスター州のセヴァーン河河口干潟のスリムブリッジに観察所を建て始めた。それは1945年12月にその地で非常に稀少なカリガネというガンを見たからだった。彼は1946年11月に水禽（ガンカモ類）の科学的研究と保護のためにセヴァーン水禽トラストを設立し、これがまもなく水禽協会となった(注12)。

飼育個体の野外への復帰

　動物園人が稀少動物を飼育することの価値について言い始めた初期の頃には、

彼らはそのような動物を動物園から野外に復帰させるという話はほとんどしていなかった。しかしダレルは 1967 年の JWPT 年報に次のように書いていた。「ある生物種の飼育繁殖集団をうまく確立するならば、将来いつの日かに（彼らの本来の生息地での保護が十分保証された時に）彼らを野外に復帰させることができる」[注13]。

　シフゾウの例は、状況によっては1つの種を飼育繁殖によって絶滅から「救う」ことができ、ついには少なくとも半野生状態に復帰させることができる、ということを示している。しかし、シフゾウを救うには大変な努力と費用と長い期間が必要だったし、そこには野生個体群を保護しようとする選択肢はなかったのだ。別の2つの良く知られた例——ハワイガンとゴールデンライオンタマリン——について考察すると、野生個体群がまだ生き残っている場合には、飼育繁殖プログラムが野生個体群保護活動から関心を逸らさせてしまうことがあり得るということがわかる。

　ピーター・スコットが 1940 年代に水禽協会を設立した頃には、ハワイガン（別名ネネ）は野外では絶滅の淵にあると考えられていた。スコットは 1950 年に彼の飼育主任ジョン・イーランドをハワイに派遣した。そこには 1918 年から飼育繁殖集団が維持されてきていた。イーランド（彼はダレルの 1947〜48 年のカメルーン動物収集旅行に同行していた）はこの飼育集団から1番（つがい）のハワイガンを連れてスリムブリッジに帰った。新しいスリムブリッジ飼育集団は大きく育って（写真 27 を見よ）、1960 年にはハワイとスリムブリッジの両飼育集団から飼育下で育ったハワイガンを何羽か野外に返すまでになった。そしてその後 12 年の間に約 1800 羽が放鳥された。

　1960 年に、飼育下で育ったハワイガンが初めて野外に返された時、野生ハワイガンの個体数はわかっていなかった。ただし、1955 年に 28 羽から成る群れが見られたという報告はあったが。野生個体群が減少してきた状況は研究されてきていないので、なぜ減ってきたのかはよくわかっていない。ハワイに持ち込まれた捕食者［訳注：ネコなど］と、持ち込まれた家畜による植生破壊と、狩猟とがおそらくそれぞれにある役割を演じたのだろうと考えられている。ジャネット・キアと A.J. バーガーは、この飼育繁殖放鳥プログラムの総説で、従って飼育繁殖に使った金を捕食者の抑制など野外での保護方策に向けていた方が良かったかどうかはわからない、と結論した。キアとバーガーは、もし野生個体群のためにもっと早くからもっと多くのことがなされてきていたとしたら、飼育集団からの追加

がなくても個体数は恢復していたかもしれない、特に、放鳥された個体の中で生き残って繁殖したものはほんのわずかだったように思われるから、と記している。このガンの個体数は放鳥の前に回復しつつあったという可能性さえある(注14)。

　私の話にとって特に適切な、もう1つの十分資料のある例は、危機に瀕している小型の熱帯林霊長類の1種ブ

写真27　スリムブリッジで1951年にハワイガンと一緒にいるピーター・スコット、水禽協会の創設者でWWFの初代会長。このガンは、野外で危機に瀕した種の飼育繁殖の例として良く知られている。（フィリパ・スコット撮影）

ラジルのゴールデンライオンタマリン（Leontopithecus rosalia）(注15)を主役とする飼育繁殖・野外復帰プログラムである。このサルの将来についての危惧は、このサルがそこだけに生息する大西洋沿岸の森林が無統制に破壊されていることからの影響が理解された時、1960年代にアデルマル・コインブラ＝フィローなどのブラジル科学者たちによって提起された(注16)。このタマリンの元来の分布範囲はおそらくリオデジャネイロ州（現在のリオ市域を含む）の海岸の大半に沿って隣りのエスピリトサント州南部にまで拡がっていたのだろうが、1973年までにこのタマリンの生息環境である森林はせいぜい350平方マイル（30キロ平方）がコマ切れに残っているだけだろうと推定され、この森林はまださらに縮小しつつあった。生息環境のこのひどい減少に加えて、ゴールデンライオンタマリンは、ペット業者や動物園にこの可愛らしい動物を売るために捕獲する罠猟師たちによっても個体数が減らされてきていた。1960～65年という近年でも、毎年200～300頭のこのタマリンがブラジルから輸出されてきたと考えられていた(注17)。その結果として、[訳注：主として海外で]飼育されているこのサルの個体数はかなり多かった。

　1965年に、その頃サンディエゴ動物園にいたクライド・ヒルが、ゴールデン

ライオンタマリンの危ない状態に気が付いて、このサルの合衆国への輸入を禁止する活動を始めた。そして1967年までに、国際動物園園長連合は、その会のメンバーはこのタマリンの輸入をもうやめて、それが危機に瀕している現状を一般に広く知らせよう、ということで合意した。1970年代初期には、動物園にいるこのタマリン（そのほとんどは合衆国にいた）は、ワシントンの国立動物園が調整する国際飼育増殖プログラムの対象となった。その頃ブラジル以外の動物園でゴールデンライオンタマリンを最も多く飼っていたのはワシントンだった（95頭中の22頭）。一方、リオデジャネイロ市内のティフカ（Tijuca）国立公園（1.3平方マイル＝1.8キロ平方）の中にも飼育施設が作られた。この「ティフカ銀行」に1975年9月にいた31頭のゴールデンライオンタマリンのうち24頭は野外で捕えられたものであり、そのうち15頭は1974年初めに檻が完成してからのものだった[注18]。

コインブロ＝フィローとラッセル・ミッターマイアーは、1977年にライオンタマリン保護の展望についてのすぐれた総説において、十分に保護された保護区をゴールデンライオンタマリン（およびそれに近縁なドウグロタマリン）のために設立することが、保護の第一の関心事であるべきだと結論した。彼らは、飼育集団をうまく繁殖させることは副次的な目標であって、「野生個体群がうまくいかない時に救うための安全弁にすぎない」と見ていた[注19]。

1981年までに、国際飼育増殖プログラムはデヴラ・クライマンの老練な指導の下に非常にうまくいって、飼育下のタマリンは300頭を越え、「産児制限の手段をとらねばならなかった」[注20]。従って1982年にクライマンは、コインブロ＝フィローやWWF-USやブラジルの諸団体とタマリンを野外に返すプログラムについて相談を始めたが、それは一部には飼育個体の増え過ぎに対処する方法として見られた。このプログラムは1983年に、野生のタマリンについての野外研究と一緒にポコ・ダサンタス生物保護区（地図9を見よ）で開始された。そこは、特にゴールデンライオンタマリンを野外で保護するために、1974年に設立されたところで、約12平方マイル（5.6キロ平方）から21平方マイル（7.4キロ平方）に1975年に拡大されていた。コインブロ＝フィローたちは1960年代後期に、タマリン保護区としてそこより良い場所を2ヵ所見付けていたのだが、それは民有地であって、買収とか収用とかが可能になる前に伐採されてしまった[注21]。

ポコ・ダサンタスでは、保護区が設立された後でも森林破壊が続いていて、このタマリン野外復帰プロジェクトが開始された時までに、この保護区の40％は

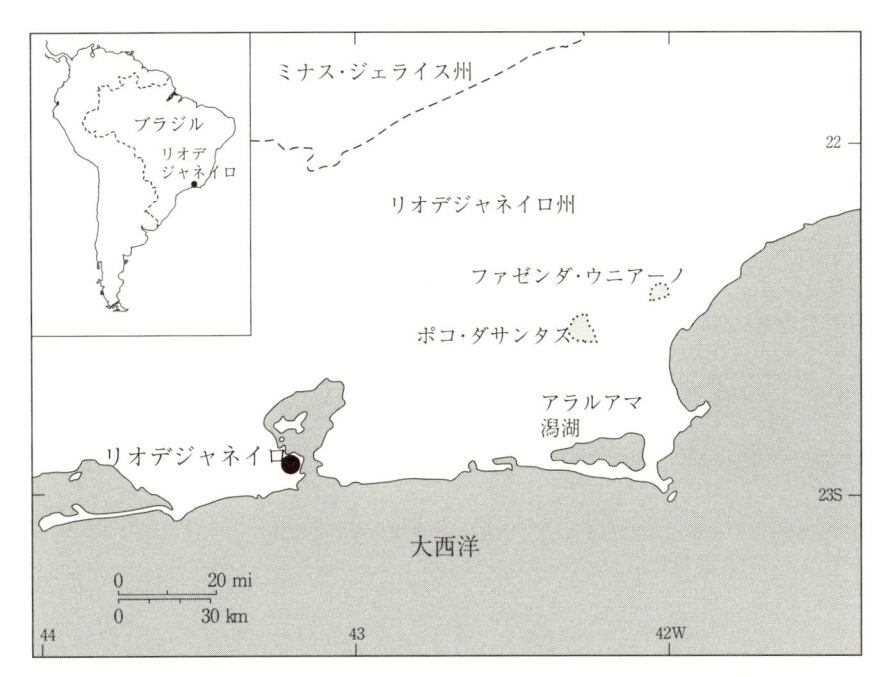

地図9 ブラジルのリオデジャネイロ州のポコ・ダサンタスとファゼンタ・ウニアーノの森の位置。

写真28 発信機をつけられたゴールデンライオンタマリンがジェイムズ・ディーツによってポコ・ダサンタスに放されようとしている。ポコ・ダサンタスでのタマリン野外復帰プロジェクトの開始から、1990年に他の森林での野生のタマリン個体群の全体的な調査の実施までに、16年もが経過した（ジェシー・コーエン撮影、スミソニアンInstitutionの国立動物園の好意による）。

第8章 動物園は箱舟たりうるか 237

伐採されてしまっていた。そこには不法占拠者や密猟者も入っていたし、毎年野火もあった。従ってこのプロジェクトは、そこの野生タマリン個体群（当時約150頭と推定された）の研究だけでなく、この保護区の復旧にも努めた。この活動は、タマリンとその野外復帰について保護区周辺の人々を教育するように計画された public relations exercises によって補足された[注22]。1984年に飼育下のタマリンの1群が初めて野外に放され、それから毎年次々に1群が放された（写真28を見よ）。彼らが放されたのは、明らかに、ポコ・ダサンタス生物保護区にではなく、そのまわり9平方マイル（4.8キロ平方）の民有の放牧地にであった。

　このタマリン野外復帰プログラムは成否こもごもだった。1983年に合衆国からブラジルに送られた15頭の飼育下で生まれたタマリンのうち、4頭はリオで検疫の間に死に、11頭はポコ・ダサンタス近くに放された後に死んだ。推定された死亡原因は、病気、捕食、飢餓などだった。その後、生存率は改善されたが、1984年から1996年に放された147頭のうち、1996年末にまだ残っていたのはたった24頭だった。その消失原因としてわかっているもので大きいのは人間による盗獲と殺害だった。しかし、放されて生き残った個体は繁殖しており、野外で生まれた子は飼育下で生まれた個体よりもうまくやっていて、生きて生まれたことがわかっている268頭のうち176頭が1996年末までに生き残っていた[注23]。

　クライマンたちの推計では、野外復帰プログラムの最初の6年の全費用は（上級職員の給料の一部を含む）約108万ドルだった。これは、生き残ったタマリン1頭当たり2万2000ドル以上に相当し、約500頭を飼育する費用が1頭当たり年1657ドルと推定されたのに匹敵する[注24]。ポコ・ダサンタス生物保護区で野生のタマリンを保護する費用は1頭当たり389ドルと推定されたが、1997年にはそこに約290頭がいた[注25]。

　1960年代にいくらかの予察的な野外調査はなされていたけれども、ゴールデンライオンタマリンの元来の分布域全体にわたる大きな野外調査が始められて、それの分布と現状が評価されたのは1990年が初めてだった。ブラジルの大学院学生 Cecilia Kierulff によるこの18ヵ月の調査は、ポコ・ダサンタス「がゴールデンライオンタマリンの本来の生息環境での生存にとって最後の希望だ[注26]」という以前からの見方は誤っていることを明らかにした。この調査でリオデジャネイロ州の各地に39群のタマリンがいることが突き止められた——1平方マイル（1.6キロ平方）以下の狭い地域が9ヵ所とそれより広い地域が4ヵ所。この調査の結果、狭い孤立した森林にいる12群を9平方マイル（4.8キロ平方）のファ

ゼンダ・ウニアーノの森に移住させるという計画が始まった。そこは元来ブラジル連邦鉄道網の所有する農園で、リオデジャネイロ州の低地ではポコ・ダサンタスに次いで広い森林である^(注27)。ファゼンダ・ウニアーノへの移住は1994年に始まり、1998年初期までに6群のタマリンがそこに移された。1998年4月にファゼンダ・ウニアーは国立の生物保護区となり、そこのタマリンの個体数は50頭になっていた^(注28)。

　動物園の主導したゴールデンライオンタマリン飼育繁殖・野外復帰プログラムが、このタマリンに非常に大きな関心を呼ぶことになったことは疑いない。この関心は、ゴールデンライオンタマリンだけでなく、それに近縁な3種のタマリンの保護活動を進めるのにも役立ってきた。このプログラムはポコ・ダサンタス生物保護区に少なからぬ資金をもたらし、その資金は、この森とそこの野生動物をもっと良く保護したり、そこの森林地域を拡げたり、現地の人々の間に自然保護への支持を進めたりするのに役立ってきた。しかし、野外復帰というこの過程そのものが野生セシリア・キーラルフゴールデンライオンタマリンの生存を促進してきたかどうか、ははっきりしていない。それはポコ・ダサンタス地域のタマリン個体群の遺伝的多様性を少し増加させてきたかもしれないが、そのことがどれほど重要であり得るのかはよくわからないのだ。というのは、キヌザル類（タマリンを含む）の個体群は遺伝的多様性のレベルが低いのがふつうであって、このところでは絶滅の危険要因として遺伝的多様性の低いことが不当に強調されてきていたと考える理由があるからだ^(注29)。

　従って、ゴールデンライオンタマリン野外復帰の例にはハワイガンの例と共通した点がいくつかある。タマリン野外復帰を主として進めてきたのはこの動物を飼育していた人々だったし、初めに飼育繁殖・野外復帰の活動が行なわれていた期間には野生個体群全体の生態と現状はほとんど無視されていた。もし、タマリン野外復帰プログラムに注ぎこまれた資金の半分（もしくはそれ以下）が、それにではなくて、野外に生き残っていたタマリンの全個体群とそれの問題にずっと大きな関心を向けるプロジェクトに、1970年代初期から使われてきていたとしたならば、その結果、野生タマリンの個体数は現在よりも多くなってきていたかもしれない。非常に最近になるまで、ポコ・ダサンタス以外のほとんどの場所のタマリンはほとんど完全に無視されてきていたように思われる。おそらく、野外復帰プログラムにかかわってきた動物園や自然保護団体は、野生個体群の保護だけを取り上げるやり方では大きな資金は出そうもなかったろう、と言うことだろ

う。その通りかもしれないが（でもそうだとしたら、それは自然保護の優先順位についての悲しむべき告発である）、それに代わるプログラムは企画されなかったのだから、それは確かめようがない。

　私の見るところでは、ゴールデンライオンタマリン・プロジェクト（や動物園での同じようなプログラム）の最大の恩恵は、野生個体群にではなく飼育個体群にそれがもたらした結果にある。1970年代までは、動物園は第2世代の繁殖にはほとんど成功してきていなかった。だが、国際飼育増殖プログラムの確立以後は、動物園の個体群［訳注：個体ではない］の成育能力は著しく改善されてきた。そしてこれは、野生動物に加えられてきた圧力の1つ、動物園による動物の需要を除去してきた。

動物園での管理方式の野外への適用

　動物園が飼育下の小個体群を次第にうまく管理できるようになってきたということは、将来が暗いと見られているように思われる多くの野生個体群を保護する活動よりも、動物園のほうがずっと効果的な自然保護の道具であり得る、とする一部の動物園人の意見を強化してきたように思われる。IUCNの飼育繁殖専門家グループ（CBSG）の代表（Chairman）のユリシーズ・シールは、1986年に、本来の環境での保護活動は一部の個体群にとっての「一時的救援投手」にすぎないと言い、「飼育環境」のもたらす「サンクチュアリ」に言及した[注30]。このアプローチは（1960年にザッカーマンがしたのと同じように）動物園の個体群と野生個体群の間にはほとんど違いがないと仮定していた。実際、CBSGは、近親交配が問題だと考えられていた動物園動物の小さな個体群を管理するためにも開発されてきたコンピューター利用数理モデルを、野生個体群に適用した先駆者であった。このようなアプローチはまた、マイケル・ソウルなどの大学の保全生物学者の考えにも多くを負っていて、ソウルは1980年に、飼育個体群での生存率低下（近親交配の結果らしい）という証拠を用いて、野生動物個体群が孤立して個体数の少ないものになった時にそのことだけから生ずると予想される脅威について警告していた[注31]。

　1991年までに、シールの同僚トマス・フーズはCBSGの事務局長（Executive Director）になっていて（彼はその後にこのグループを離れた）、野外は動物園とほとんど違わないという考えを支持し、「自然サンクチュアリは巨大動物園となりつつあって、飼育下で適用されねばならないのと同種類の徹底的な遺伝と個体

数の管理を必要とするだろう」と言った(注32)。フーズとシールの進めるこの動物園主体の動物保護の立案の一端に私が直接触れたのはこの時点であった。私は、IUCN/SSC の霊長類専門家グループ（PSG）アフリカ部会の世話人を務めていたことがあって、PSG のために『アフリカ霊長類保護のための行動計画』をまとめて 1986 年に刊行していた(注33)。1991 年 3 月、私はこの計画をまとめた人間として、ミネアポリス郊外のミネソタ動物園にある CBSG 本部でフーズとシールの主催したある集会に招待された。この集会はワークショップ形式で行なわれることになっていて、集会の勧告は霊長類についての保護評価・管理計画（Conservation Assessment and Management Plan　CAMP）を作るのに使われる予定であり、この CAMP は、飼育繁殖プログラムで動物園にとっての指針となるはずの包括的飼育行動計画（Global Captive Action Plan　GCAP）を作る第一段階として見られていた。私はこのワークショップに招待された数名の PSG メンバーの 1 人で、私のほかにはアーディス・ユーディー（アジア部会の世話人）、ビル・コンスタント（PSG の副代表）、ラス・ミッターマイアー（PSG の代表）、トム・ストルゼイカーがいた。私は、特に自然保護にとっての飼育繁殖の全般的な適切さについて、討論する準備をしてこの集会に出掛けた。しかし、ミネアポリスに着くと、ワークショップの議事日程にはそんな討論をする時間は少しもなくて、それはこの集会があたかも既定の技術的問題を取扱う団体の会合であるかのように編成されている、ということがわかった。その問題とそれの最良解の形とは、次のようなものだと見ることができた。

○多くの霊長類の種や亜種は、野外では、絶滅の危機に瀕した孤立小個体群の点在というところまで減少させられてきた。このような霊長類を保護するには、それを積極的に管理する（動物園のゴールデンライオンタマリン個体群でのように）のが最も良いだろう。この管理には、野生小個体群の間の個体交換だけでなく、飼育個体群と野生個体群の間の個体交換も含まれてよい。
○そのような「メタ個体群」の管理を計画するには、コンピューター・モデルと、個体群生息可能性評価（Population and Habitat Viability Assessment　PHVA）として知られている解析枠（もっと単純な個体群生存可能性分析 Population Viability Analysis から生じたもの）とを使うのが一番良い。

そのようなコンピューター利用数理モデルを利用するには具体的な数値が必

要だった。ミネソタ・ワークショップが進行するにつれて、霊長類の野生個体群についてある程度の知識を持っている私たちPSGメンバーには、私たちがこの集会に招待された主な理由は、主催者が私たちにそのような個体群の大きさと分布状態と減少率についての推定数値を教えて欲しかったことにあるらしい、ということがわかった。私たちは、CBSGの認めた霊長類の種と亜種のすべてについて、野外での現況を個体数推定値を付けて報告するように求められた。私たちはまた、適切な保護の選択肢をさまざまな種類の飼育繁殖も含めて示唆するようにも求められた。このことは、利用し得る限られた時間の中では、CBSGのリストにある種と亜種の1つ1つについてそれぞれたった数分間しか使うことができない、ということを意味した。私たちは、大多数の野生霊長類の個体群の大きさはどんな精度にしても推定されたことがないのだし、不正確な推定値を保護計画立案に使用するのは危険だ、と指摘したのだが、ワークショップ主催者からの圧力でしぶしぶ、そのような推定値が出版され既定の事実であるかのような姿を与えられることはないという条件で、大ざっぱな（例えば「百万頭以下」というような）推定をした。

　このワークショップに参加したPSGメンバーにとって残念なことに、数ヵ月後に出された（CAMPの）素案には、385分類群（種と亜種）について私たちがミネソタでした臆測に基づいた個体数推定値が含まれていた[注34]。これらの推定値は1992年8月のストラスブールでの第14回国際霊長類学会に提案された霊長類CAMP最終案まで残り続けた。この案は霊長類に512分類群を認めて、そのうち137を生息生存可能性評価（a habitat and viability assessment）の対象として、229を飼育繁殖プログラムの対象として勧告した[注35]。PSGのメンバーはこの学会の際の自由集会で、彼らはこの案に賛成できないという合意に達した。彼らの考えでは、霊長類保護の重点は現存する野生個体群が生き残る見通しを改善することに置くべきであって、この案で与えられているように飼育繁殖を強調することにではない。

　CBSGは、1994年に名称を保護繁殖専門家グループ（Conservation Breeding Specialist Group）と変えて［訳注：略称は同じ］、そのコンピューター利用生存可能性モデルの適用を探究するワークショップを開催し続けている。それは今でも飼育繁殖プログラム立案に密接にかかわってはいるけれども、それの焦点を動物分類群からより地域的なアプローチに移しつつあって、人間集団の簡易農村調査（rapid rural assessment）という流行の概念を個体群生息可能性評価（Population and Habitat Viability Assessments) に組込むことを探究している、と言ってきた。このグループはおそらく、the World Conservation Union（旧 IUCN）の専門家グループの中では運営に最も金のかかるグループの1つで、毎年約29万ドルを（主として動物園から）調達しており、絶えず新しい資金を求めている(注36)。

飼育繁殖パラダイム批判

　野生動物保護の主要な道具としての飼育繁殖は、次第に批判的な評価を受けている。動物園箱舟概念がもてはやされた時代の初めの頃においてさえ、いくらかの反対意見表明があった。1976年にロンドンで開催された危機に瀕した種の飼育繁殖に関する第2回世界会議で、インドのプロジェクト・タイガーのK.S.サンカーラは次のように言った。「時間がインドの自然保護活動を十分に評価するようになる時、トラとサイとワニの回復が、インド当局の採用した見解、すなわちその動物の本来の環境をきびしく保護するほうが、たとえ最高に熟練した飼育技術の下にであったとしても、動物園で繁殖させるためにその動物をそこから動かすことよりもはるかに効果的な保護対策であるという見解、を正当化してくれるだろうと私は信じている(注37)」。

　その時にはサンカーラの言は、少なくとも動物園社会では、馬の耳に念仏だったように思われる。動物園は全体として自然保護団体よりも大きな資金を持っていたし、動物園管理者たちは彼らの集めて飼っている動物たちが大衆の娯楽以上の高い倫理的目的にかなうものだという観念に魅せられていたに違いない。しかし最近では、1992年にストラスブールで霊長類保護論者たち［訳注：PSGメンバーのことだろう］の表明した見解、つまり飼育繁殖プログラムは動物の個体群をその本来の生息環境において保護するという活動から関心と資金を逸らしてしまうことがあるという見解を支持する声が次第に多く聞かれるようになってきた。

　ジョージ・シャラーは1993年の著書『最後のパンダ』の中で、1980年代に彼の参加した国際的なジャイアントパンダ保護プロジェクトはパンダを助けた以上に害したかも知れない、と気付いた時の悩みを明らかにしている(注38)。WWFに援助されたこのプロジェクトの期間に、多額の金が飼育繁殖施設に費やされ、108頭のパンダが捕獲されてこれらの施設に送られたが、そのうち33頭は直ぐに死に、多くのものは繁殖することなく哀れな生活を送っていた。その間、野生パンダにとって最も直接の脅威である密猟に対してはほとんど何の対策もとられなかったのだ。

1995年にアラン・ラビノウィッツは、危機に瀕しているスマトラサイの保護活動についての痛烈な分析を『保全生物学』誌に発表した。彼の指摘によれば、1987年から1993年までの間に、スマトラサイを捕獲して飼育下で繁殖させるために250万ドル以上が費やされてきたが、その結果12頭のサイが死に、飼育下で出産したのは捕獲時に妊娠していた1頭だけだった。その間、野生スマトラサイの個体数は減り続けたし、密猟の取締りとか新しい保護区の設立とかのような野外でのはっきりした対策はほとんど何もとられなかった。そのような対策は、派手な捕獲プログラムよりも世間受けしないし、厄介な行政問題を伴っていたのだ[注39]。

　ラビノウィッツは彼のスマトラサイ保護プログラム批判の中で、個体群生息可能性評価やメタ個体群分析のような野生動物保護へのコンピューター利用アプローチは現実世界からほとんど完全に遊離していると記し、そのようなものは始めから、飼育繁殖が危機に瀕した種を救う唯一の解決策だ、と結論するようにデザインされているのだと示唆した[注40]。彼はこの論文で、オーストラリアの生態学者グレーム・コーリーが保全生物学で現在流行っているアプローチについてその前年に発表した重要な総説を引用した（コーリーはその総説の出版直前に亡くなった）。コーリーは、1980年代のソウルなどの人たちの研究によって流行になっていた小個体群パラダイムでは遺伝の問題が強調されていたにもかかわらず、近親交配などのような何か遺伝上の問題の結果として野生個体群が絶滅したという証拠は全くない、と指摘していた[注41]。

　同じく1995年に、アンドルー・バームフォードたちは、生存の脅やかされている哺乳動物（ゴールデンライオンタマリンを含む）にかかわるさまざまな保護プロジェクトからの情報を使って、データを入手できるすべての例で飼育下での保護よりも野外での保護のほうが安価だということがわかった、ということを示した。彼らは、野生個体群を脅やかしているもの（例えば戦争とか持ち込まれた捕食者とか）が直ぐには排除し得ない場合には飼育繁殖は1つの保護手段であるかも知れないと示唆はしたが、本来の生息環境での保護には別の場所での保護を上廻る利点がいくつもあると指摘した。その利点の中には、現地保護プログラムは生態系全体を保護するようにデザインされるのがふつうである、という事実も入っている。彼らは、野生動物保護について動物園がすることのできる最も重要な貢献は、公衆に野生動物保護という問題を広く知らせることと、本来の生息環境での保護に経済援助をすることだ、と結論した[注42]。

脅やかされている野生動物個体群の健康を回復させるための道具として飼育繁殖を使うということに対する批判が多くなってきていることは、1996年にこれも『保全生物学』誌に発表されたノエル・スナイダーたちの論文によくまとめられている(注43)。この論文は幅の広い総説で、私が上に言及してきた問題点の多くに触れ、そのほかにいくつかの点を追加している。彼らは、飼育下で長期にわたってうまく繁殖し続けた動物種はほとんどないことと、野外復帰プログラムの大部分は生存可能な野生個体群をうまく確立してきていないこと、に注意している。彼らはまた、バームフォードたちと同じく、野外復帰は野生個体群に新しい病気を持ち込むだろうという危険性と、飼育は、人間を怖れないというような、野外では不利な性質を選別しがちだという危険性との両者も論じている。最後にスナイダーたちは、何十年にわたる飼育繁殖プログラムでの効果的な管理体制の継続的維持という問題に注意した後に、動物園は飼育繁殖によってではなく、公衆教育と調査研究と本来の生息環境でのプログラムへの経済援助とによって、野生動物保護に最も有効に貢献できる、というバームフォードの到達した結論をそのまま繰り返している。飼育繁殖以外のこのような役割の1つを動物園が行なっているという好例が、上述のジョージ・シャラーとアラン・ラビノウィッツの仕事であって、彼らは2人とも、有名なブロンクス動物園とその他いくつかの小さな動物園をニューヨーク市で運営している野生動物保全協会（以前のニューヨーク動物学協会）で働いているのである。

動物園の野生動物保護上の役割再考

　幸いなことに今や動物園界自身の中から、箱舟としての動物園の能力を疑問視する有力な声が聞こえてきつつある。早くも1980年に、ニューヨーク動物学協会理事ウィリアム・コンウェイは、動物園の敷地は物理的に有限で限られており、アメリカの全動物園で飼うことのできる哺乳動物の数は、1種当たり150頭とすると、たった100種に過ぎないだろう、と指摘した(注44)。コンウェイはその後に、哺乳動物の生存可能なな個体群を飼育下に200年間維持するために必要な個体数についての推定値を250〜300頭に増やし、この個体数では世界中の動物園で飼うことができるのは(1986年現在で)330種だろうと示唆した(注45)。この種数でさえ、4600種以上という現在認められている哺乳類の中のたった7％に過ぎず、哺乳類の25％は絶滅の怖れがあるか絶滅の危機に瀕しているかなのだと判断されているのだ(注46)。換言すれば、動物園は、固定資本と経常経費をものすごく増やす

のでなければ、脅やかされている動物種の大部分にとって箱舟として機能し得ないだろうということである。コンウェイとマイケル・ハッチンズ（アメリカ動物園水族館協会保護科学部部長）は、野外復帰プログラムの諸問題と費用の問題に加えてこの点に言及し、動物園は飼育繁殖以外の方向で野生動物保護に重要な貢献をすることができるという見方を支持した[注47]。動物園は、野生動物とそれへの脅威について公衆を教育する上で、動物園の動物たちの研究によって生物学の知識を増やす上で、野生個体群の管理に応用できるかも知れない飼育技術を発展させる上で、野生動物保護を援助する基金を集める上で、重要な役割を果たすことができる、ということに彼らは同意する。だがハッチンズとコンウェイは、動物園は危機に瀕した種の飼育繁殖を放棄するべきではないと論じている。なぜなら、そのような動物は人々を動物園に来させて、従って野生動物保護への公衆の支持を助長するからであり、飼育繁殖・野外復帰がいまだに最善の保護手段であるような種も中にはいるからである。

　動物園社会のリーダーたちの一部が動物園の役割についてこのような批判的自己分析をしているのは健全なしるしであり、私の考えではハッチンズとコンウェイは動物園の将来のためにはっきりした道標を立てたのだと思う。しかし、箱舟としての動物園という考えは現在非常に広くしっかりと守られているので、大部分の動物園がその役割について根本的に違う考えを採用するようになるまでには、おそらくしばらく時間がかかるだろう。私自身の経験からすると、世界で最良の動物園の中にさえ、その考え方を変えるにはまだ程遠いところにいるものがいるようだ。私は1996年にロンドン動物園（私が幼い頃に動物への興味関心を大きくかき立てられた場所）を訪れた時、爬虫類館で次のような掲示を見付けた──大きなナイルワニ（それは何世代もの観客を魅了してきた）はほかの動物園に移されることになりました、そしてその代りにずっと小さいけれど「危機に瀕している」ヨウスコウアリゲーターが展示される予定です。同じ年に私の後でロンドン動物園を訪れた作家スーザン・A・トスは、この動物園はゴールデンライオンタマリンなど数種の動物の飼育繁殖集団を保有して彼らの保護に役立っています[注48]、と記されている掲示での主張に注意した[注48]。その年早くにロンドン動物学協会の会員報は1995年10月のモーリシアス諸島遠征（ジャージー野生動物保存トラストとの共催）について報じたが、それには爬虫類館の飼育主任（head keeper）が参加しており、「将来の飼育繁殖プログラムに入れるために……ヤモリ（day geckos）……のかなりの数の生きた個体を」ロンドン動物園に持ち帰っ

てきた(注49)。この遠征隊が、短い滞在期間に、彼らの持ち帰った3種のヤモリの野外での現状を十分に調査してきたかどうかは明らかにされていない。

　私の見るところでは、変化の徴候はあるものの、今なお、多くの動物園職員や管理者たちの行動の主要な動機は、ジェラルド・ダレルにとってそうだったのと同様に、異国の珍しい動物を手に入れて飼うことの魅力である。これは別に異常な動機ではない。多くの人々が異国的なペットを欲しがるのと同一の動機なことは確かだし、人間に普遍的な収集保存癖に近縁なものである。この動機の結果として動物園観客が野生動物とそれの保護とにもっと大きな興味関心を持つようになるのだとしたら、それは野生動物保護にとって結構なことである——少なくとも、動物園の収集が野生個体群に悪影響をほとんど及ぼしてこなかったとすれば。しかし、保護のための飼育繁殖というのは新しく動物を手に入れるための口実として軽々しく使われてきたことが余りにも多いし、それの結果として野生個体群が枯渇したり野生個体群の保護から関心と資金が逸らされたりする、ということが真面目に考えられてきたことはほとんどなかった(注50)。

　豊かな国々の多くの動物園は、今は動物の保育が比較的良いけれども、世界の動物園の大多数、特に貧しい国や途上国の動物園は野生動物個体群を明らかに浪費して絶えず新しい個体を補充しており、動物たちは粗末な条件の下に幽閉され、繁殖することはめったになく、短期間で死ぬことが多い(注51)。ちゃんとした動物園が自然保護に関して果たすことのできる最も有益で適切な役割の1つは、世界中の、特に、西アフリカのように野生哺乳動物が非常にひどく脅やかされている場所の、多くの質の低い動物園が姿勢と管理方式を変えるのを手助けすることにあるだろう。自然保護と動物福祉という観点からすれば、劣悪な動物園は単に閉鎖するのが一番良いのだろうが、それには地域の合意が得られないことが多い。そのような場合には、そういう劣悪な動物園を健康で繁殖する動物たちを展示するもっと良い場所にするのを手助けすることは、豊かな国々の動物園にとってやりがいのあることであろう。そしてそのような動物園のほうが子供たちに自然への敬意を説き聞かせやすいだろう(注52)。

　結局のところ、動物園がいつでも自然保護に大きなプラスの影響を持ってきたというのは、動物の魅力に気付かせることを通じてなのである。スーザン・トスは、ロンドン動物園にはそこに収集され飼われている動物たちはその種を保護しているのだと公告する掲示がやたらに多いと記したニューヨークタイムズ紙の記事の中で、彼女はアイオワ州での子供時代からずっと、動物園から、動物の多様

さへの驚異の念を吹き込まれ遠方の魅惑的な土地のイメージを呼び起こされることで、深い影響を受けてきたことを明らかにしている[注53]。動物園はこの影響を与え続けることができるし、そのためにできるだけ努力し続けることができる。この仕事をしっかり行なうためには、動物園を稀少な危機に瀕した動物で一杯にする必要は少しもない。ナイルワニはヨウスコウアリゲーターと同じように畏敬の念を起こさせることができるし、野生のヒヒが所によっては害獣になるほどふつうにいるからと言って、子供たちにとってヒヒの群れが危機に瀕しているリーフモンキーの群れよりもつまらないものになるわけではない。実際、子供たちが動物園で見て一番喜ぶ動物の多くは、最も稀少で最も脅かされている種ではないのだ。動物園は、最も稀少な種の飼育繁殖に力を入れることで、実際には、社会教育でのそれの役割の有効性を増すどころか減らすことになるかも知れない。

飼育繁殖の将来とそれの西アフリカ霊長類保護への関連

　今では、飼育繁殖プログラムには多くの欠点があり、それは、直接に野生個体群の保護と管理の改善に向けられる戦略よりも、はるかに費用が掛かって効果の少ない保護手段なのがふつうだ、ということは十分に確立されていると私は思う。しかし、採り得る最良のまたは唯一の選択肢が飼育増殖であるというような状況がまだあるかも知れない。野生個体群がすでに絶滅してしまっていたり、残っている野生個体群を保護する見込みが現実にはなかったりする少数の場合には、飼育繁殖が種の生存を保証する唯一の手段かも知れない。その種にとって適切な保育技術が開発できるか開発されてきているかする場合には、最終的に野外に復帰させることが、もし、その動物を減少させたり絶滅させたりしてきた諸要因がもう作用しないようにその種の本来の分布範囲の一部を管理できるならば、そしてもしその他一連の必要条件が満たされてきているならば、可能であるかも知れない[注54]。しかし、霊長類のように環境に対処する手段として学習に大きく頼っている動物の場合には、野外復帰は特に難しくて経費が掛かり、失敗する確率が大きい、ということは忘れてはならない。

　従って、その種の野生個体群が生き残っている可能性が少しでもある場合には、きその個体群の現状を検討して、それをその本来の生息環境で保護する方策のコスト（と見込まれる有効性）を評価することが、いつでも最優先課題とされるべきである。多くの資金を飼育繁殖プロジェクトに注ぎ込むのは、この検討と評価によってその野生個体群には合理的な生存可能性がないとはっきりした時だけに

するべきである。なぜなら、飼育プロジェクトが一旦始まってしまったら、それはほとんど必ず野外での保護方策への資金要求から関心を逸らさせてしまうからである。

　私が論じてきた西アフリカの森林には飼育繁殖プログラムを考えるべき動物種はいるだろうか？　西アフリカ森林地帯の大部分では自然保護が非常に不十分だったから、数種の霊長類も含めてこの森林に住む非常に弱い種の中には飼育増殖を考えるのがいいように思われるものがいるかも知れない。シエラレオネでは安定した社会が崩壊した時に野生動物保護活動が不可能になったし、将来アフリカでそのような政治的不安定が今よりも広く生じるだろうということは考えられないことではない。飼育繁殖と野外復帰には難しい問題がいろいろあるのだが、それでも、弱い種（または、少なくとも飼育下でうまくやっていける種）の飼育集団を確立しておいてそのような破局に備える保険として役立ち得るようにしておかないのは、愚かなことであるのかも知れない。本来の「動物園箱舟」概念の中核にはこのようなアプローチが存在している。しかし、多くの種類の動物は繁殖どころか飼育でさえ非常に難しいということがわかってきた。そのような場合には野生個体群の保護がいつでも何よりも優先されるべきである。例えば西アフリカではアカコロブスがこのカテゴリーに入る——それは飼育下で長く生きていたことは一度もないのだ。

　もっとうまく管理できそうな生育可能なな野生個体群がまだ存在している時には、不釣合に多くの資金を飼育繁殖に注ぎ込まない、というバランスのとれたアプローチが必要なことは確かである。西アフリカでのその1例がナイジェリアのカラバルでの「パンドリルス」プロジェクトであって、それは、飼われていたドリル［訳注：森林性のヒヒの1種］を集めて、怪我や病気の手当をし、それを群れにまとめて生活させ、繁殖させて、最終的にはいくつかの群れで野外に復帰させようとしてきている[注55]。クロスリバー国立公園ができたのと同じ1991年に始まったこのプロジェクトは国際的に大きな関心を呼んで、そこの動物たち（チンパンジーも入っている）のための施設費と餌代に、また、そこに来てくれるボランティアの仕事を支持したり海外から顧問獣医師を呼んだりするために、多くの補助金や寄附金が寄せられてきた。パンドリルス・プロジェクトは、クロスリバー州北部のアフィリバー森林保護区の山地に野生動物サンクチュアリを設立するのを助けており、他の国々での動物園のように社会教育において重要な役割を演じている——多数の子供たちがそのドリル飼育場（「ドリル牧場」）を訪れてそこ

の動物たちに魅了されてきた。しかし、第6章で記したように、クロスリバー国立公園オバン地区への外国援助は撤回されてしまったので、カラバルのパンドリルス本部から20マイルしか離れていない、この地区に今でもいる野生のドリルが密猟されているのをやめさせるための活動は、ほとんど何も行なわれていない。このことは援助資金の提供がバランスを欠いていることを示唆しており、特に、ドリルが世界で最も危機に瀕している霊長類の1つであると認められているのだからそうなのである。

　西アフリカでのさまざまな出来事はまた、戦争や政情不安が野生動物の野外での保護を絶望的なものにしており、安全な環境での飼育繁殖が唯一の残る選択肢なのだ、と短絡的に考えてはいけないということも示唆している。例えば、リベリアではサポ国立公園がおそらくその国で最も重要な降雨林霊長類保護地域だが、1991年にものすごい内戦が広がった時にそこは放棄されて、公園職員たちは奥地に逃げ、外国人顧問たちは帰国してしまった。1997年初めには、リベリアの田舎に平和と安全が徐々に戻ってきたので、アメリカとオランダの生物学者とリベリアの国立公園の役人との合同隊がサポに行くことが可能になった。彼らが発見したのは、この公園とその周辺では内戦の期間に野生動物の個体数が増えた、という証拠であって、それは内戦のために非常に多くの人々がこの地域を去った結果、狩猟圧がゆるんだからだった。今はサポを復旧する活動が進行中である(注56)。

　20年前にはこのリベリアでと同じようなシナリオが赤道ギニアのビオコ島で展開されてきた。1986年の霊長類調査でトマス・バチンスキとスタンリ・コスターは、1979年まで11年続いたフランシスコ・マシアス・ングエマの独裁恐怖政治の間に、この島の森林と野生動物は大きく増えて、1986年には世紀の替り目にあったよりも多くなっていたかも知れない、という証拠を見付けた。ングエマの支配していた間にこの島の人口は三分の二以下に減少したと推定されていた。実際、この島の多くの部分で入植地や農地が放置されていたし、プランテーションは森林に戻り始めていた。同時に、民間人から銃が取り上げられたので狩猟圧は著しく減少していた(注57)。ングエマの追放後には、伐採と狩猟からの野生動物への脅威が増加し始めてきて、今では霊長類の個体数は減りつつあるように思われる(注58)。

　リベリアと赤道ギニアでは人間の社会が秩序を失った期間に森林の野生動物の個体数が回復した、というのと対照的に、ガーナの森林の野生動物はこの国が

写真29　1993年にベリーズのコックスカム流域へ移すために待機しているRAFヘリコプターへ駆け込む篭入りのクロホエザル。野生動物を、それが多くいる地域からそれが絶滅してしまった地域へ移住させることは、飼育繁殖よりは効果的な自然保護戦略であり得る。（フレッド・クーンツ撮影）

何年も比較的平和で繁栄していたにもかかわらず減少し続けてきた。このことは、社会混乱が必ず野生動物個体群を脅かすとは限らないということを、そして従ってそのような混乱からの脅威は野生動物保護戦略としての飼育繁殖を支持する強力な論拠ではないということを、示唆するものである。

移住についてはどうか？

　私は、動物園が熱帯の野生動物の保護の上で果たすことができる最も有効な役割は、危機に瀕している動物種の飼育繁殖にではなくて、野生動物とそれの保護に対する人々の興味関心を高めることにある、と示唆してきた。しかし、野生動物の保育について動物園が持っている知識は、動物園の持つ資金と共に、移住の管理技術において貴重な資産であることがわかってきた。この技術が特にふさわしいのは、生息に適した環境を持つある地域で、ある動物個体群が大きく減少したとかそこから姿を消したとかしてきたのだけれども、その減少を惹起した要因が今ではもう作用していない、という場合である。この場合には、近くの似

第8章　動物園は箱舟たりうるか　251

た地域の健全な個体群からその動物を移住させることができるだろう。また、動物をそれが危機に瀕している地域からそれほどには脅かされていない地域へ移住させる、という場合もあるだろう。どちらの場合にも、その動物は飼育下に長期間置かれるのではないし、動物園などの飼育施設で生まれた動物と違って、野外の環境に十分適応している。移住は、哺乳類の野生個体群の保護と管理にかなり以前から利用されてきた。例えば、北アメリカでは1947年にエダゾノカモシカが移住によってうまくカリフォルニア州に野外復帰させられたし、1985年にカナダのアルバータ州からオオカミをイエローストーン国立公園へ移住させることによって野外復帰させたプロジェクトはよく知られている[注59]。野生霊長類でもうまく移住させることができるという証拠としては、1980年代にケニアでの3群のサバンナヒヒの移住とインドでのアカゲザルの群の移住とがある[注60]。

　熱帯林の霊長類に移住がうまく適用できるという好例が中央アメリカのベリーズ［訳注：もとイギリス領ホンジュラス］で見られる。このプロジェクトには動物園を本拠にする1人の科学者が密接にかかわっていた。ベリーズのコックスカム流域の森林では、黄熱病とハリケーンと濫獲との複合作用から、1978年にクロホエザルが絶滅してしまった。しかし、1986年にコックスカム流域は野生動物サンクチュアリとなり、そこの保護はベリーズオーダボン協会の管理の下に改善され、狩猟は減少した。1990年にこのサンクチュアリは6平方マイル（4キロ平方）以下からほぼ160平方マイル（20キロ平方）に拡張された。これらの発展によってコックスカムへのホエザルの野外復帰が可能になり、1992年から1994年にかけて62頭のホエザルが、ベリーズのもう1つの保護地域であるバミュディアン・ランディング近くのコミュニティ・バブーン・サンクチュアリからそこへ移された（写真29を見よ）。このバブーン・サンクチュアリのクロホエザルの個体数は、1986年に始められた保護プログラムの結果、増えてきていたのだ。この移住プロジェクトでの2人の重要な人が、バブーン・サンクチュアリの設立に重要な役割を果たしてきたロバート・ホーウィッチと、ブロンクス動物園と野生動物保全協会（WCS）のフレッド・クーンツだった。このサルを捕獲し、一時飼育し、輸送し、放すという作業を、サルたちへのストレスを最小にして確実に実施するには、クーンツたちの動物園動物管理上の経験が大いに役立った。1997年1月、最初に14頭が放されてから5年以上後、にコックスカムのクロホエザルの個体数は80〜100頭と推定された。クーンツの推定ではこの移住の費用は、放した後のモニタリングと現地職員の給料も含めて、1頭当たり1597

ドルだった^(注61)。

　この本で言及した西アフリカ森林霊長類の保護に飼育繁殖プログラムを利用する十分な理由があるとは私は思っていないけれども、移住は、特に、この森林地帯で最も緊急に必要とされている戦略、すなわち本来の生息環境の残された断片のうち非常に重要な場所のいくつかを厳重に保護すること、と結びつけるならば、西アフリカでの有用な保護技術となり得るであろう。残された森林のうちで保護するのに最もふさわしい地域は、そこが相対的に広く生態的にまだかなり十分に保たれているために、将来までちゃんと存続する可能性が大きい地域である。

　ガーナでは、元来の降雨林は今では多数の保護区と公園に分断されており、その多くは全く狭い。予見し得る将来には、これらの分断された森林の中で、かなりしっかりした保護を実施するための資金が得られそうな場所はごく少数でしかないだろう。前章で記したように、ガーナの森林では生息環境の変化と狩猟のために、アカコロブスはおそらくすでに絶滅しているだろうし、ダイアナモンキーとエリジロマンガベイは非常に稀れになってしまった。もし、ダイアナモンキーとマンガベイが彼らを効果的に保護する可能性のほとんどない保護区にまだ生き残っていることがわかったとしたら、十分保護されている地域（彼らがかつては住んでいたのだが、今では稀れか不在である地域）に彼らを移住させることは、もし既存の霊長類個体群への攪乱を最小にし、彼らへの病気の伝染を防ぐ、という処置がとられるならば、保護の気のきいた選択肢であろう。

結論

　動物園は熱帯野生動物保護活動で重要な役割を果たすことができるし、現に果たしている。動物園の展示は、先進国でも途上国でも、野生動物と自然保護問題とへの興味関心を高めるのに役立つことができる。一部の動物園は、野外の調査研究と保護活動を直接に支援することによって、自然保護上重要な役割をすでに演じている。その先導的１例が、ニューヨークのブロンクス動物園に本部を置く野生動物保全協会の国際的プログラムで、私自身の野外活動の多くはそれに支援されてきた。そのような野外支援活動はもっと広く採用されるべきであって、そのような活動についての情報を生きた動物たちと一緒に展示することによって、動物園は公衆啓発というその役割の中にそのような活動を容易に組込むことができる。また、動物園職員たちの動物飼育管理上の専門的技術は、野生動物個体群の管理にも移住プロジェクトにも有効に適用することができる。

私は、動物園での危機に瀕した種の飼育繁殖が野生動物保護の上で「ある」役割を果たし得る、ということは認める。おそらく、本来の生息環境における保護が失敗した時への安全装置として、少なくとも最も脅かされている動物種の小繁殖集団を飼育下に維持しておく、というのが賢いことなのだろう。しかし、動物園での飼育繁殖は、危機に瀕した動物を保護し得る主要な手段であると見做されるべきではないし、飼育繁殖集団の維持ということによって、野生動物をその本来の生息環境において保護するという自然保護の最優先課題から注意が逸らされてしまうようなことは、許されてはならないのだ。

第9章　20世紀終末の自然保護：自然への愛か金銭への愛か？

　私はアフリカでの研究を、じかに熱帯の自然を経験する興奮と熱狂の想いで始めた。そしてすぐに、途上国で自然保護を困難にさせている政治経済上のさまざまな問題に気付いたけれども、その一方で私は、伝統的な国立公園や保護区でも、特に、そこに夢中になる人々の後押しがある場合には、十分に野生動物を保護することができる、ということも知った。30年後、私は西アフリカで私の一番良く知っている諸地域を眺めた時に、多くの野生動物とそれの生息環境の将来について熱狂どころかむしろ暗い気持になることが多い。この暗い気持の一部は、アフリカの人間社会に影響を及ぼしているさまざまな現実を目の当たりにしたことから生じてきた。アフリカの人口は、1950年の2億2400万人から1995年の7億2800万人に増加してきたと推定されている[注1]。多くの地域ではこの大変な人口増加は農工業生産の生長を上廻ってきて、その結果として、農耕と狩猟に頼って暮らす貧しい人々はどんどん多くなり、減少しつつある原生自然地域に圧力がかかってきている。その一方、シエラレオネなどいくつかの国は政治レベルでひどい混乱に陥ってきたし、腐敗した残酷な政府に苦しめられてきた国も多い。このような政治的現実はワシントンポスト紙の記者キース・リッチバーグが激しい想いで記述しており、彼は1991年に希望と興奮に満ちて（一部には自分のアフリカの「ルーツ」を体験しようとして）アフリカに行き、3年後に意気消沈し幻滅して帰国したのだ[注2]。

　私は、ニューヨークに住み森林性霊長類の生態に特に関心を持つ1人の大学人として、アフリカの社会的政治的な動きには実質上何の影響も及ぼすことができない。しかし私は、ここまでの各章に記したように、いくつかの特定の森林とそこの野生動物を保護する活動にかかわっている間に、国際的な自然保護団体や、アフリカ諸国政府の森林とか野生動物とかの部局に、助言することがよくあった

し、時にはそれらのために働いたりしてきた。このような経験を通して私は、アフリカでの自然保護が直面している問題は巨大だが、少なくとも限られた地域では、そのような外国や地域の団体や組織が重要な潜在力を持っていること、しかしこの潜在力は有効に現実化されてはいないこと、に気付いた。

　この本で私は、自然保護と経済開発の統合という現在流行の戦略が、西アフリカの森林の野生動物を保護するのにいかに失敗してきたか、という例を挙げてきた。この章で私は、この戦略は、それの実践にかかわった人々や団体に、長期的な自然保護よりも短期的な金銭追求の方を強調させるようになりがちだった、という点を強調する。そして、野生動物保護を主な目的とすると自称している団体や組織は、それの活動を基本的な自然保護の方に向けるように軌道修正するべきである、と論じる。私はインドの例を使って、貧困という大きな問題を抱えた国でも、自然そのもののための自然保護を強調する方針を追求してある程度の成功をおさめることが可能だ、ということを示す。そして、インドの人々が野生動物に対してとっている態度の一部は、アフリカの若い人々に教え込むことが可能だ、と論じる。私はまた、保護指向の自然保護は決して非常に高くつくものではないと示唆し、保護のための長期的な経常経費に対して経済援助が必要な場合には、信託資金が保護地域への援助金を経由させる有望な仕組みであると提案する。そうした信託資金はまた、政治混乱期に重要な団体や人物を支えるのに役立つこともできる。

ビッグマネーの悪影響

　アフリカの多くの地域の現状は、人々にとっても野生動物にとっても厳しいものであるけれども、長い目で見た将来も同様だとは限らないし、従ってアフリカでの自然保護という主張は望みなきものではないと私は思う。しかしこの本で私が示そうとしてきたように、アフリカ各地では一部の保全論者が、明らかに考えなしに誤った方針を追求して、野性的な自然の将来を悪化させている。この方針は自然保護を、人間の物質的要求を第一義とする経済開発過程の一側面であると見ている。その上そのような保全論者たちは今日しばしば、野生動物と森林は、国の政府機関によってではなく、地域社会の人々によって直接に管理されるべきだ、と提案している。そのようなアプローチは西アフリカで自然を保護するのに失敗してきたが、それだけではなく、このアプローチをその一部とする国際的開発戦略もまた著しく無能であった。世界銀行総裁についてのR.W. スチヴンスン

の 1997 年 9 月のニューヨークタイムズ紙の論説から引用すると、「開発分野全体がかつてないほど精査され……批評家たちの言うところでは、何千億ドルもの開発援助が多くの地域で持続可能な経済生長の基盤を築くのに驚くほど失敗してきた(注3)」。アフリカでは外国の資金援助による数多くの開発活動が失敗してきたが、それは、それらの活動に向けられた資金の大半が政府諸部局（や腐敗した指導者や役人たち）によって、また、援助国から来るコンサルタントや会社との契約によって、吸い取られてしまったためであった。開発援助が実践や態度を変えさせたり、教育やインフラを永続的に改善したりしてきたことはほとんどなかった。この全く孔だらけの傘の下に野生動物保護を持ち込むというのは、すでに比較的豊かで力のある人々が援助の金への権利を巡って競い合っている領域に野生動物保護が入ることを意味した。従ってこのアプローチは、個人的利益を追求する人々が保護に介入するのを後押しし、自然そのもののために自然を保護しようとする人々を周辺に追いやってきた。

1980 年の『世界保全戦略』の刊行に続いて、人間の要求と経済の開発とを強調することが国際的な自然保護の方針の中心的なものになってしまうと、地域社会主体アプローチへ向かう動きが継続するのは当然だった。というのは、開発諸団体自体が「地域社会開発」にどんどんのめりこんでいきつつあったのだから。皮肉なことに、地域社会開発が、プログラムを管理する国際的開発援助団体や自然保護団体の本部と途上国との両方で使われる多額の金をまだ必要としてきたし、途上国では、プログラムそのものが援助を受けるだけでなく、高給の外国人の地域社会開発専門家たちを雇ってもいる。

地域社会主体自然保護は多くの経費を要し欠点だらけだというアフリカでの例として、ジンバブエの有名なキャンプファイア（CAMPFIRE）プロジェクトと、ザンビアの ADMADE プロジェクトがあり、どちらも WWF と USAID を主要なスポンサーとしてきた。このどちらのプロジェクトでも、サファリハンターからの料金と開発機関からの資金が、開発プロジェクトと野生動物管理活動（例えば村人たちを監視員として雇う）との両方に使われる資金とされている。

キャンプファイア・プログラムは 1989 年と 1996 年の間に 700 万ドルの USAID 資金を使ったし、その他の主要な収入源としてトロフィーハンティング許可証の販売があって、その料金はインパラ 1 頭 75 ドルからゾウ 1 頭 1 万ドルまでにわたっていた。しかし、このプロジェクトの実施にあたる地区協議会の中には、プログラムの指針を無視して、こうした収入を村の開発に投じなかったり、

野生動物管理について村人たちにほとんど何も教えなかったりしてきたものがある、と報告されているし、このプロジェクトの中で豊かな地区の上級職員たちは資金を横領したり違法に狩猟免許を出してリベートを受け取ったりしていると言われている[注4]。ジンバブエのゾウは増えたが、共有地でのゾウの密猟も増えてきた[注5]。キャンプファイア（CAMPFIRE）は多額の援助金を注ぎ込むことで維持されてきたので、それが長い目で見た時に野生動物管理の方法として真に自律的なものであるかどうかは不明である。だがそれは、野生動物保護のしくみであるにとどまらず、村のしくみの１つの場になってきてしまっている、と今では言われている[注6]。

　ADMADEプロジェクトについては、クラーク・ギブスンとスチュアート・マークスが洞察力に富んだ評論で同じような問題を記している。このプロジェクトにおいて地域社会と外部の関係者（政府や援助機関）とをつなぐものとされている首長たちは、その立場を利用して、開発プロジェクトを独占し親族のためのポストを得てきた、と言われている。ADMADEそのものの収入はごく少なくて地域社会には大した影響をもたらさなかったし、狩猟規制については地域社会はほとんど発言してこなかった。村落監視員（village scouts）は多くの地域社会で評判が悪かった――彼らが政府の職に就くと社会的緊張を生じたし、監視員の中には外人ハンターと結託するものもいた。プロジェクト地域内で現地の猟師たちが獲る肉の量は減らなかったし、彼らはそれまでより小型の動物を獲り、見付けられにくい猟法を使うように切替えていた。ギブスンとマークスは、開発援助は保護プログラムのために働く住民でもそうでない住民でも受けられるので、そこには密猟と戦う動機はほとんどない、と記し、金とプロジェクトが貧困な地域に流入してきたけれども、このプログラムは真に自立してはおらず、外部からの資金援助を引き続き必要としている、と指摘している[注7]。

　このプロジェクトが始められたマラマ首長区に集中してADMADEを研究したデイル・ルイスとアンドルー・フィリは、1988年にこのプロジェクトが始まってから７年後でも、野生動物の罠猟が激しく行なわれていることを見出した。彼らはまた、サファリハンターたちは村落近くでは猟獣にあまり出会っていないこと、この地域への開発援助資金（ノルウェーの開発機関から）はサファリ免許料収入をはるかに上廻っていること、サファリからの収入の一部しかマラマの村々には届かず、それさえ地域社会のためには使われてきていないこと、を記している[注8]。

皮肉なことに、キャンプファイア（CAMPFIRE）や ADMADE のようなプロジェクトは（アフリカの他の場所での開発指向野生動物保護プロジェクトと同様に）腐敗を培養したり自然保護はビジネスだという態度を助長したりしてきがちだったのだが、その一方で、このようなプロジェクトを主として促してきた地域社会外部の人々は、しばしばあたかも彼らが政治的？十字軍を率いているかのごとくに進んできた。例えば、部分的には国際的自然保護計画立案者たちへの手引として作成された最近の 2 つの大きな報告書は、地域住民に「権限委譲する」必要性を強調している(注9)。この形の父性主義は第三世界開発と人道主義的援助プロジェクトのしっかり確立された特色であるように思われる。そのようなプロジェクトを計画し実施するのは典型的には教育程度の高い中流西欧人であり、彼らは一般に彼ら自身のライフスタイルを維持（または改善）し、その一方で、彼らが無学文盲の小農民と見做している第三世界の人々への植民地スタイル父性主義と、彼らの祖先が植民地で行なったと認められる悪行への罪悪感と、の両者に影響されているように見える態度を示している。この、物質的目的と社会政策的目的との混合の追求は、西欧人の始めた第三世界自然保護プロジェクトに特有なものとなってきたし、そのルーツは前述したように 1970 年代に国際的自然保護団体と開発機関との間に発展した連絡にある。

自然保護と開発との関係の緊張

　しかし、高いレベルでは自然保護と開発の間の妥協は解消しつつある。1997 年 6 月にニューヨークで開催された第 2 回国連「地球サミット」は、1992 年のリオデジャネイロでの第 1 回会議（国連環境開発会議）よりもはるかに関心を惹かず、広く失敗と見做された。私が 1997 年 6 月に絶滅に近い森林霊長類個体群の調査でガーナの田舎にいた時に見た現地の新聞で読んだように、「リオ以来、森林と農地とサンゴ礁は減少してきたし、汚染は増加しつつあり、海洋資源は濫獲され、人々は非常に貧しいのでただ生きるだけのためにどんな資源でも利用しようとしている(注10)。」この新聞は 1997 年のニューヨークの会議について、第三世界諸国は「今週の国連地球サミットにおいて、彼らは豊かな国々による外国援助の大幅な削減と公約違反のせいで環境を守ることができない、と述べた」と報じていた。

　リオ・サミットは 1972 年のストックホルム会議を継承するものとして計画されていた。ストックホルム会議は UNEP を産むことになったし、そこでは豊か

な国々と貧しい国々の間に歴史的な政治的経済的妥協が成立していた——豊かな国々は、貧しい国々が環境保護方策をとると約束する見返りに、経済開発援助をする。そしてリオ会議の時には、例えばアフリカへの公式の開発援助はまだ人口生長速度を上廻って伸びていた。資料の不完全な少数の国を除いて、サハラ以南のアフリカ諸国への「公式の」援助は、1984 − 86 年の年平均 82.7 億ドルから 1991 − 93 年の年平均 156 億ドルに増えた[注11]。この期間のサハラ以南アフリカの年間人口生長率は約 3％だった。だが、その後世界的な政情変化と多くの開発プロジェクトの失敗のために、豊かな国々は外国援助を削減してきた。リオで世界の指導者たちが署名した行動計画、アジェンダ 21 では、豊かな国々は外国援助を GNP の 0.70％にまで増やすことで合意していた。ところが、1992 年に GNP の 0.33％だったそれは、1996 年には 0.24％に下った。これは 1973 年以後で最低の値である。公式援助を最も減らしたのはアメリカ合衆国で、それの 1996 年の公式援助は GNP の 0.12％に過ぎなかった[注12]。サハラ以南アフリカの 50 ヵ国の中で 23 ヵ国が 1994 年に外国援助を削減された[注13]。

　一方、第三世界の一部の国にとっては、累積外債の償還額が新借款額に等しいか、それを上廻るものか、になってきていた。1994 年にサハラ以南アフリカ諸国の外債の合計は、それの年間 GNP の合計の 79％と推定されたが、いくつかの国（コートジボアール、タンザニア、ザンビアなど）では負債は GNP より 200％以上大きかった[注14]。人口は増加しているのだから、このことは、1 人当たりの正味の外国援助金が急激に減ってきたこと、負債償還が限られた政府予算を大きく食っていること、を意味する。国際的自然保護団体は、野生動物は美的理由とか倫理的理由とかによってよりも経済開発の一要素として保護されるべきだ、と論じてきたが、彼らの論が政府の上層で広く受け入れられてきたことに今では気付いている——自然保護は、もし豊かな国々がその見返りに開発援助をするならば、貧しい国々でも行なわれ得るだろう、しかし、もっと多くの援助がないようでは、自然保護に向けられる政府予算はほとんどないだろう。私の見たガーナの新聞は、ニューヨークの会議でジンバブエ大統領ロバート・ムガベは次のように発言した、と報じていた。「財源が見えていさえすれば、アフリカは、野生動物を食料として殺したり、樹木を燃料として伐ったり、水資源を適切なテクノロジーがないために汚染したりすることを控えるだろう」。

　アフリカの多くの政府の自然保護関係予算の額は、野生動物とそれの生息環境への破壊圧の増加に追い付いてこなかったのだが、国際的自然保護団体や外国

人コンサルタントに流れる金額は少しも減ってこなかった。自然保護諸団体はそのスタッフを増やしてきたし、しばしばそのオフィスのスペースを拡げてきた。この拡大を可能にした資金の大半はさまざまな開発援助機関から来たものであって、このような諸機関は広く「贈与者社会（donor community）」と呼ばれるようになってきた（もちろん、真の贈与者（donor）はほとんどの場合に豊かな国の納税者たちである）。従って、今では大きな自然保護団体のエネルギーのかなりの部分が、開発諸機関から資金を調達し管理することに向けられている、というのは別に不思議なことではない。例えば、1997年にWWFインターナショナルがアフリカ・マダガスカル・プログラムの新しい地域ディレクターを公募した時、このポストへの応募必要条件の一つは「複数贈与者による大型プログラムグラムの管理と資金調達における経歴を証明する記録である」と明記されていた[注15]。

　自然保護プロジェクトに雇われるコンサルタントの人数もまた増えてきたし、彼らが期待する報酬の相場も同様だった。自然保護関係のコンサルタントは、他分野のコンサルタントと同じく、数週間から数年間の短期契約で雇われるのがふつうで、彼らの相対的な高給は雇用が不安定なことに基づいて正当であるとされている。契約の大部分が短期のものだということは、コンサルタントたちは特定のプロジェクトに長くかかわることがほとんどないということを意味する。そして彼らは、彼らの最終報告書は他の多くの報告書と一緒に政府部局や開発機関や自然保護団体の棚に積み上げられるだけだろう、ということをよく承知していることが多いように思われる。すでに述べたように、国際的な自然保護活動の多くは、1980年代半ばにアースライフの創立者がもくろんだもののように、ビジネスとして運営されるようになってきた。この文脈では、1972年のストックホルム会議と1992年の地球サミットの両者を動かす上で大きな役割を演じたモーリス・ストロングが、ハドソン湾会社の毛皮引取人から出発した裕福なカナダのビジネスマンだ、というのは別に奇妙なことではない[注16]。

　そして、私が近年に西アフリカで見てきた自然保護という名前での活動の多くを進めてきたのは、自然への愛情だけでなく、またはそれ以上に、金銭への愛情であった、というのが私の印象である。第6章で述べたように、ナイジェリアのクロスリバー国立公園プロジェクトの仕事をしていたコンサルタントたちの中には、単に自然そのものを楽しむだけのために森に長く入るということに大きく興味関心を示す者はほとんどいなかった、という事実に私はびっくりしたし、ガーナの森林国立公園の開発について助言するために雇われていたコンサルタンタ

ちの中にも同様な現象が見られることに私は気付いた。新しい世代の自然保護専門家たちの間に自然保護区域を体験したいという熱望が見られないというこの現象は、アメリカでの国立公園創設に重要な役割を演じた自然保護区域運動のリーダーたちや、東アフリカと南アフリカに国立公園を設立した人々の態度とは著しく対照的である。私の考えでは、自然保護を経済活動に変えてしまったことがそれをひどく堕落腐敗させてきたのだし、そのことが、多くの自然保護プロジェクトをその主要な使命であるはずのもの——危機にある動植物の群集を遠い将来まで保護すること——に失敗させてきた第一の原因なのである。多くの自然保護団体は、危機にある野生動物とそれの生息環境を救おうとする、というその本来の目的を見失ってきたし、この目的を関心の中心に取り戻さなければならない、と私は考える。

自然中心の自然保護は非現実的なのか？

しかし、多くの人々は、アフリカなどの第三世界の大半のように現在の生活水準を維持するだけで精一杯な人々の数が増加しつつあるところで野生動物の保護を第一に考える、というのは現実的な選択肢ではないと言う。貧しい人々が必要としているのに、野生的自然を第一にする土地をそれとは別に取って置くというのは、一体どのように正当化できるのだろうか。そして、それが正当化できるとしたところで、現実にはそうすることが可能なのだろうか。

ある地域では人間より自然を優先させるというのは反道徳的だ、というこの考えに対しては、国という単位で考えれば、そのような地域の広さは相対的には小さいということで反論できる。例えば、ガーナ、インド、ナイジェリア、シエラレオネでは、現在自然保護優先とされている土地は国土の5％以下であり、そのような名目上保護されている地域は大半が農地としての価値のあまりない土地で、そこまで既存の経済活動を拡げたところで年に2～3％の割合で生長する人口にとって実質的な長期の国益がもたらされることはないだろう[注17]。国レベルでの人間の福利を増大させるには、政治・社会・経済の改革によるほうがずっといいだろう。

しかし、国家経済にとってはそうであるとしても、もっと地域的なレベルでの影響はどうなんだろうか。強硬な自然保護策が、少数の人々からにすぎないとしても、地域経済に貢献する資源を利用する権利を奪うのであれば、それは正当化されていいのだろうか。これは、この本で私が考えてきた自然保護策の中核にあ

る問題である。いくつかの観点からそれに答えよう。第一に、野生動物の保護にとって重要な熱帯の多くの地域は、この本で記してきた森林の大部分を含めて、人口稠密な地域から遠く離れた奥地に位置しており、そこのほとんどにはつい最近まで比較的少数の人々しか住んでいなかった。第二に、このような地域の大部分はこの何十年か前から何らかのレベルの保護を（例えば森林保護区として）受けてきており、地域レベルではその状態が広く受け入れられていた。第三に、保護地域への利用開発の圧力が最近に強くなってきたところでは、この圧力は遠く離れた地方からその地方に人々が移住してきた結果であることが多くて、このような新来の人々がその保護地域と昔からの関係を持っていたりそこに依存して生活していたりすることはまずない。

　従って、ナイジェリアのクロスリバー州やガーナの西部にすでにあった森林保護区の場所に国立公園を設立しても、それによって経済機会を奪われるその地域本来の住民はほとんどいなかった。比較的少量の地域生活必需品を別にすれば、このような森林の利用開発は、その地域土着ではなくて、その森林で収穫した材木やブッシュミートなどの産物を遠方のマーケットで（外国でさえ）売ってきたような人々の手中にあるのがふつうだった。だから、この開発は地域経済には大きな影響を持ってきていなかった。そして、地域の人々から森林利用の機会を奪っても、少数の人々の生活に比較的小さな障害しか生じないことが多かった。それはまた、世界各地でダムや工場や高速道路や空港の建設に際して多くの人々が蒙った激変に比べれば、比較的小さな障害でもある。今日ではすべての人々が国民国家という世界に生きているのであり、そこでは次のようなことが広く受け入れられている。国家的国際的に重要な資源は国の政府が管理する（またはそれの管理を政府が監督する）のが最も適切であって、政府は国民全体にとって長期的に見て最も利益があるように、たとえそのことによって一部少数の人々が不利益を受けることがあるとしても、活動することになっている。従って私の考えでは、国立公園とか自然保護区とかの概念は、そのような保護地域が少数の人々の生活を苦しくすることがあり得るからといって拒否されるべきではない。そして、公園設立の結果一部の人々が蒙るかもしれない損失は当然補償されるべきではあるが、そのような補償が公園本来の目的を圧迫するようなことはあってはならない。

保護地域を保護するにはどうしたらいいか？

　とは言うものの、アフリカなど熱帯の多くの地域では人口が急速に増加しつ

つあり、農耕前線への移住が増えつつある、という事実は残っている。そのような圧力を前にして、保護地域を保護するにはどうしたらいいだろうか。保護地域周辺の開発プロジェクトによる利益で人々をその地域から遠ざけるというやり方は、その地域を確実に保護する実行可能な戦略ではない、と私は論じてきた。そのようなプロジェクトは腐敗を育てたり傷みやすい地域に人々を惹き寄せたりする可能性があるし、また、そのプロジェクトへの外部からの経済援助が長期に維持されない（または期待された額が実現されない）ならば、その開発活動の理念であった自然保護プログラムに対しての敵意が生ずることであろう。おそらく、保護地域からいくらか離れたところに開発プロジェクトの土地を選定して、人々を保護地域のへりから引き離し、そこの資源への圧力を減らす、という主張があり得るだろう[注18]。また、公園のそばに住んでいる人々をそのようなプロジェクトに参加する気にさせることが、自然保護にとって意味があるかもしれない。従って、ずっと前にマックス・ニコルスンが勧告し、1991年に『かけがえのない地球を大切に』が奨励したような、部署横断的地域計画を政府が実施するのは結構なことではある。だが、そのような計画が必要だということによって、自然保護を本来の仕事とする政府部局やNGOの関心の大部分が野生動物とその生息環境の保護ということから逸らされるべきではない。自然保護諸団体は、国や外国の諸機関が保護地域の外で開発プロジェクトを計画するのを後押ししてもかまわないが、そのプロジェクトで主要な役割を演ずるべきではない。原点に戻って保護地域の保護に専念するべきである。

　保護地域を保護するには、強力な取締りと、その地域の価値に一般の人々の関心を喚起することと、を併用するのが最も良い。すべての現代社会は何らかの種類の警察力を使って法律を執行して、理解された公益に向けての集団的努力が反社会的行動によって害されないようにしている。自然保護区や国立公園は先進諸国では公衆に広く支持されているのだが、そこにおいてさえそのような地域を巡回監視する必要があり、どうしても現われる違法者は訴追しなければならない。途上国では、地域からの支持がそれほど高くないかもしれないし、国立公園内部の一部資源（例えば、たった1本の木からの材木とか1頭のアンテロープの肉とか）が平均収入に比べて相対的に非常に高価なこともあって、もっと強力な取締りさえ必要である。そうした取締りは必ずしも完全に有効ではないかもしれないが、公園の利用にブレーキをかけて、密猟や盗伐が動植物個体群の自己補充能力を上廻る強さで起こらないようにすることができる。政府機関やNGOにはこの保護

の費用を出すだけの余裕がないが、ある保護地域が国際的に重要だと考えられる、という場合には、外国の人々が取締り費用を——おそらく後述のような信託資金という仕組みで——援助するのが適切である。

　また、自然保護プログラムとか保護地域とかは、公衆からのかなり高い支持がなければうまくいかないだろう、ということも確かである。この支持はいくつかのレベルで存在しなければならない——地域、国、国際的。地域での支持は、そこの人々が保護地域は負担になるだけで利益にはならないと思っている時には得られないだろう。だから自然保護関係の機関や団体は、地域の人々と保護地域の潜在的な利益（例えば水源涵養）について話し合う努力をすることとは別に、保護地域を維持するのに直接に関係するさまざまな活動——例えば、取締りや観光や生態調査など——への雇用機会を地域の人々に提供しようとするべきである。そしてそれ以上に必要なのは、自然を自然そのものとして理解し受け入れるという態度を地域レベル国レベルで生じさせ広める活動を強力に進めることである。これが本章の終わり近くで戻るもう1つの問題である。

インドの例

　私のインドでの経験は、自然が経済的利益をもたらすかもしれないからではなく、自然そのものに価値があるから自然を保護する、という方を強調する自然保護へのアプローチは、大きな社会的経済的諸問題を抱えている貧しい途上国であっても、うまくいくことができる、ということを示してきた。インドの人口は世界第2位（1995年の推定は9億3600万人）で、その面積は合衆国の三分の一以下（約285万平方キロ）である。アフリカ全体の人口は1995年に7億2800万人と推定されたが、その面積はほぼ2950万平方キロもある。つまり、1995年にインドの人口密度は1平方キロに約33人だったのに、アフリカ全体も合衆国も約2.5人だった[注19]。インドの中産階級は近年に大きく伸びてきたが、それでもインドの田舎にはまだ厖大な数の貧しい人々がおり、1995年のインドのGNPは（「購買力パリティ」でさえ）1人当たりわずか1422ドルと推定されたが、それはサハラ以南の全アフリカでは1533ドルであり、合衆国は2万6977ドルであった[注20]。この非常に高い人口密度と大変な貧しさに加えて、インドの政府は、特に州政府レベルでは、非能率と腐敗で批判されてもきていた。にもかかわらず、インドでは自然保護はうまくいってきたし、その多くは「古臭い伝統的な」国立公園や保護区やサンクチュアリによるものである。

私は17年以上の空白の後に1995年にインドに戻った時、そこの自然保護の進展に強い印象を受けた。この間にインドの人口は2億5000万人以上も増えていた（これは合衆国の総人口に匹敵する）。インドの都市は大いに拡がっており、以前に増して人間と車で混雑していて、大気は前に来た時よりもかなり汚染されていた。道路のほとんどはまだ拡張されていないのに、通行するトラックやバスは以前よりずっと多くて、そこを運転するのは怖い経験だった。だが、私が訪れた南インドの山地の多くでは以前より樹々が多いように思われ、野生動物も多くなったようだった。カラッカドゥ・サンクチュアリの中のカカチの私の昔の研究地域は人手が加えられておらず、実質上昔のままのようだった（写真30,31を見よ）。その地域は、第2章に記したように、私がそこで研究していた時よりも厳格にさえ保護されており、今では国立のトラ保護区の一部であって、その保護区には私が1976年に保護を要請したいくつかの降雨林地域も含まれていた。

　インドでの自然保護が自然に対する巨大な人間からの圧力にもかかわらず改善されてきたということは、西アフリカをこの17年間に何度も訪れてそこの森林と野生動物個体群が着実に侵食されてきたのを目の当たりにしてきた私にとって、それと比較して特に強い印象を受けるものだった。インドと西アフリカのこの違いにはいくつかの原因がある。おそらく最も重要なのは、インド各州政府が近年に自然を護るという断固とした方針をとってきたことであろう。タミルナドゥ州では州有林の伐採が1978年に停止され、隣接するケララ州が1982年に、またカルナタカ州は1985年にそれに続いた。明らかに各州政府は、残っている狭い森林地域が貴重な資源であって、それをこれ以上伐採しても州民にとって経済的利益はほとんどない、ということを理解してきたのだ。インドでは1992年以降狩猟は全面的に禁止されてきた。もちろん密猟と盗伐は続いてきたが、わずかな例を除けばそれはひどいものではなく、当局によるそれなりの統制で押えられている。しかし、トラの密猟は無視できない問題で、それは主として中国でのトラ各部の需要によって煽られている[注21]。

　私は1995年にムンダンスライに行った時に、インドでの政府主導型自然保護の相対的成功について、旧友ラウフ・アリやカリフォルニア大学デイヴィス校の大学院生で自然保護方策を研究しているニール・ペルキーと話し合った。彼らは、基底にある文化のあり方が重要だという点で一致したけれども、インドの成功において非常に重要な要因の1つはインドの公務員組織（森林省を含む）の力と継続性であると論じた。公務員の給料は国民全体に比べて悪くないし、汚職

写真30（左）　1976年のタミルナドゥ州カラッカドゥ保護林での筆者のニルギリラングール研究地。この年にこの森林は野生動物サンクチュアリになった。

写真31（右）　1995年のニルギリラングール研究地。きちんと保護された結果として、この森林は20年の間殆ど変化しなかった。

がないわけではないが、それは比較的公正で効率的な行政の存在をひどく脅かすほど蔓延してはいない。私の考えでは、この国は活発な参加型民主主義——アフリカの大部分にひどく欠けていたもの——を何とかうまく維持してきたので、そこでは政府とその自然保護施策はある程度尊重されているようである。また、独立後のインドでは行政権と司法権の分離もアフリカよりはずっとうまくいってきたので、その結果法廷が多くの環境誤用をうまく抑えこんできた[注22]。例えば、1996年12月12日にインド最高裁は、1988年の国有林政策——それは山地の66％と平地の33％を森林とするべしと勧告している——の一部として認可された計画に従わない樹木伐採を公有地でも私有地でもすべて禁止した[注23]。

私は1995年にはアナイマライ山地の茶農園も訪れて、M.C.ムタンナに会ったが、彼は私が1975－76年にそこに居た時にボンベイ＝ビルマ商事会社のシンガンパティ農園群の総支配人だった男であり、1976年にインディラ・ガンジーの働きでこの会社の森林伐採が止められた時に、私たちの自然保護活動に対するその会社の苛立ちを私に通告する仕事をやらされたのがこのムタンナであった。今、彼はインドだけでなくタンザニアとインドネシアにもある多くのこの会社のプランテーション全体の部長だった。彼は私ににこやかに挨拶して、20年前の中央政府の措置について恨みごとを言うどころか、インドの多くの人々は野生動物のためのインディラ・ガンジーの働きを今では理解していると思う、と言った。そして彼は、シンガンパティ茶農園の1つは殺虫剤や化学肥料を使わない有機栽培に転換した、と誇らしげに語った。

ムタンナの態度は、残された狭い保護地域の将来に望みを持たせてきたインド文化の重要な一面の反映である。インドでは自然そのものの理解と人間以外の生き物への敬意が一般的であり、ヒンズー教の肉食禁断の教えのために大多数の人々にとっては狩猟は強固な伝統ではない。私は1995年に霊長類学者メワ・シンにアナイマライ山地のインディラ・ガンジー野生動物サンクチュアリに連れて行ってもらった時に、インドの人々の野生動物理解が広く一般的なものだというもう1つの明らかな徴候を目撃した。たくさんの普通のインド人が公共輸送機関を使ってこのサンクチュアリを訪れているのに私たちは出会った。彼らは非常に貧しい小農民ではおそらくなかっただろうが、富裕な人々でないことは確かだった。メワ・シンの話では、インドの中流階級の間には野生動物の保護についての関心が広がりつつある、ということだ。

インドの人々と西アフリカの人々との間にはその基底に大きな文化の違い（例

えばインドでは菜食主義が広く見られる）があるけれども、自然保護のあり方の違いが主としてそれのせいなのかどうかは明らかではない。インドの森林と野生動物は、ヒンズー教があっても、ずっと以前に大部分が破壊されたのだし、1975年に私がインドに行った時にもそれはまだ破壊され続けていた。それらが回復してきたのは最近の現象なのである。

　私はインドで、田舎が非常に貧しいのにもかかわらず政府主導の「古臭い伝統的な」自然保護がかなりうまくいっているのを見て強い印象を受けただけでなく、そこには外国から援助を受けたプロジェクトがほとんどないということにもびっくりした。私は20年前にインドに住んでいた時にインドのナショナリズムと外国の資本からの自立願望（独立後にネルーによって育てられた姿勢）を知らされていたのだから、またその時はインド人以外の人にはほとんど出会わない地域に住んでいたのだから、それにびっくりすることはなかったのかもしれない。それでも、それと私がアフリカで見慣れてきていたものとのコントラストは大きかった。公刊された統計がこのことを裏付けている。1995年にインドへの公式の開発援助は17億ドル（その対象は9億3600万人）だったが、サハラ以南のアフリカへは183億ドル（その対象は7億2800万人）だった(注24)。開発援助レベルが低いということは、当然、外国主導型の保護・開発プロジェクトに廻る金が少ないということを意味する。そしてこのことは、インドの野生動物保護にとっては害よりはむしろ益になってきたように思われる。

態度を変えることの重要性

　インドの森林で野生動物をうまく保護できるのであれば、アフリカでもそれはできるに違いない。私は、アフリカでこのインドの例がうまく当てはまるのは、自然保護に当てられる地域が国土のごく一部でしかないところである、ということは認める。そのようなところでは、自然保護のために土地をとっておくことによって国の経済が大きく影響されることはないし、多くの野生動物種やあまり乱されていない生息環境が狭い地域に限られているという事実が、人々がそれの特別な価値を理解することを容易にしている。だからインドの例は西アフリカには当てはまるが、東アフリカや中央アフリカの一部（例えば、ボツワナでは国土の18％、タンザニアでは15％、ザンビアでは8.5％、が保護された地域である）では、それはモデルとしてそれほど役には立たないかもしれない(注25)。しかし、インドからのいくつかの一般原則は広く適用できると思われる。

1、第三世界の国々では、政府が伝統的な保護地域での野生動物保護のために効果的に動くことができる。そのような保護は、政府が国民に支持されている場合に最もうまく機能するだろう。

2、非常に貧しい場合でさえ、自然保護は経済開発プロジェクトと強く結びつかなくてもうまくいくことができる。

3、自然保護は、多くの人々が自然の固有の価値を理解しているほうが容易である。

これらの原則に照らして見る時、アフリカ内外の個人や自然保護団体は、この大陸での自然保護をもっと良くするためにどの程度まで貢献することができるだろうか。

外国の自然保護主義者や自然保護団体は、自分でアフリカに代議制の［訳注：軍政や一党独裁ではない］政府をもたらすことはできない。これは結局のところアフリカの内部から生じなければならない変化である。しかし外部の人間は、それが適切な場合にはいつでも、民主主義ともっと開かれた政府とを支持する声をあげることができるし、そのようなものが自然保護と資源管理にとって一般にいかに重要であるかを言うことができる。少なくとも１人の著名なアフリカの自然保護主義者、リチャード・リーキー、が自然保護と公正な政府との間には直接の関連があると述べていた。彼は、野生動物の保護は究極的には経済学の問題ではなく人間的価値の問題であり、公益のために政府が面倒を見るべき問題である、という見解を表明していた。リーキーは、自然保護を経済学の問題と見るべきだという考えを退けて、生物種とは「人間の尊厳や自由と同じく金銭には換えられないものであって、政府や政府間の政策と施策はこの妥協の余地のない前提をしっかり踏まえるべきである」と述べている(注26)。

二番目の原則に関しては、私はすでに、自然保護と経済開発とが密接に結びつくのは賢明なことではなく、その結びつきの結果多くの自然保護計画は、どのように自然を保護するかにではなく、どのようにプロジェクト関係者を儲けさせるか、に基づいて立案されることになってきた、という私の見解を明らかにしてきた。リチャード・リーキーは明らかにこれと同じことを述べている。自然保護団体はアフリカでの自然保護のやり方を、今日広く行なわれている保護・開発統合プロジェクトという枠組みの外側に探求するべきである。

三番目の原則は、公衆の態度を自然のために変えることが何よりも重要である、と提言している。外部の団体は、特に子供たちを相手にして、野生的自然についてもっと理解させそれの価値についての理解を進めさせようとして、自分自身の国で活動しているアフリカのさまざまなグループを、支援し続けるべきである。例えば、ガーナ野生動物の会は学校に野生動物クラブを作るように後援するというすばらしい活動をすでに行なっている。たしかに、野生的自然についての理解を培うことは、国際的自然保護団体にとって自然の保護に次いで第二に専心すべき重要な役割である。世界のどこでも動物に夢中になれない子供たちを見ることはめったにない。この生来の興味関心を養い育てることは必ず自然保護にとって役に立つ。ウガンダで国立公園設立の中心になった人々の1人レニー・ベールは、1950年代にこのことを認識していて、国立公園当局の基本的任務の1つは野生動物についての地域の人々の理解を高めることであり、そのための1つの方法は学童グループがその公園に来るようにすることだ、と言っていた[注27]。私たちのティワイでのプログラムは野生動物サンクチュアリに学童グループが来るのを歓迎していたし、ナイジェリアのカラバルではドリル牧場でサルたちを夢中になって見ている学童たちの姿が見られた。

　第8章で私は、動物園は多くの先進国では野生動物への興味関心を養い育てる上で重要な役割を果たしてきた、と指摘した。アフリカでも大きな都市のほとんどには動物園があるが、それは管理運営の不十分なものが多くて、野生動物への興味関心を促進する上ではそれが十分な場合に比べてはるかに効果が低い。私は、豊かな国々の動物園はアフリカの動物園の管理改善を援助するためにもっといろいろなことができるだろうし、そうすることで彼らは種の保護に関して、危機にある動物の飼育繁殖によってできるのよりも有意義な長期的貢献をすることになるだろう、と提言してきた。

　西アフリカとインドのような場所の間に明らかな文化の違いがあるとしても、自然への態度は変化し得るし、野生動物へのもっと良い理解がアフリカに広がるのを妨げる基本的な要因はない、ということを強調することが重要であると私は思う。例えば、ナイジェリアのラゴスでは多くの人々が、熱帯魚を含めてさまざまなペットを飼うことで、動物に対する生来の興味関心を例証している。また、ナイジェリアやガーナやその他西アフリカ各地の多くの村落では、いくつか特定の種が聖なるものとされていて、彼らはかなりの経済的被害を生じさせても殺されることはない。ナイジェリアのAkpugoeze村やLagwa村、ガーナのBoabeng

村や Fiema 村、では聖なるサルの小群が食物を盗んだり作物を荒らしたりするけれども、大目に見られている[注28]。従って、アフリカ農民はいつでも動物たちを食料とか経済とかの見地から見ているというわけではない。自然保護に深くかかわってきた老練の科学者であるエドワード・ウィルソン、ジョージ・シャラー、リチャード・リーキーは、どんなところの人々も自然について生まれつきの理解を有している、という同一の観点をそれぞれ独立にとってきた。シャラーは、この理解はペットや動物園の動物に触れたりテレビで野生動物や野生地域を見たりすることによって増すことができる、という考えを確認してきた[注29]。

しかしながら、アフリカの子供たちに自然の価値と美についての理解をさせようとする活動が増えてきているとしても、そのような活動が自然保護の方針に強い影響を及ぼすようになるまでには暫く時間がかかるだろう。アフリカの自然保護にとって良い方向への政治上の変化が起こるのも多くの国ではゆっくりしたものであろう。従って西アフリカのような地域では、残っている比較的狭い断片的な自然を今しっかり保護するように手配して、態度や政治的状況が好転した時にまだそのような場所が残っているようにすることが決定的に重要である。これは何も新しい考え方ではない。例えば1959年に、ナイジェリアの森林局長のD.R.ローズヴィア（彼のオバン山地探査については第6章に記した）は、子供たちに野生動物の価値に気付かせることが重要であると言ったが、同時に、「有害行為の現実的防止と単独破壊者の有効な法的抑制」による直接の保護の重要性もまた強調していた[注30]。

たとえ断片的な自然しか保護することができないとしても、そこにいる野生動物にはいくらか将来への希望がある。将来を確実に予測することはできないが、アフリカの人口増加はいずれ鈍化するだろうし、教育と経済的繁栄と良き統治とは深く広い結びつきをつくりだすだろう、と期待してもいいだろう。そうなった時には、保護区に難をのがれてきた動植物は、彼らの価値がもっと広く理解されるようになってきた保護された地域の中で繁栄できるかもしれないし、それだけでなく、いくつかの種について近年に北アメリカとヨーロッパの一部で実施されてきたようなやり方で、彼らの以前の生息環境の一部へ再び住まわせることもできるかもしれない。

より良い自然保護のための経費

だが、自然保護が経済開発の一要素として資金を得るのではないとしたら、ま

た、アフリカ諸国の政府が現在は野生動物や森林に関する部局に十分な予算をつけることができないか、つけたがらないか、であるとしたら、自然保護はどうやってその資金を得たらいいのだろうか。最初に強調するべき点は、公園や保護区をもっと良く保護するための活動や、自然の固有の価値についての理解を高めるための活動は、必ずしも多額の金を要する仕事ではない、ということである。そのような仕事のためには、「開発」の高価なインフラや高給の外国人コンサルタントの大群は不要である。保護と教育とに必要な仕事の大半はその国の人々で行なうことができ、時々外国からの専門家に助言を受ければいいだろう。保護区の取締りと自然誌教育には、高価な設備や建物は要らないが、給料や本や車や物理的設備などのためのある程度の経常経費が明らかに必要である。

　そのような経費は、その必要額ができるだけ低ければ、ずっと長く続く可能性が大きい——効果的な自然保護のためにはそうでなければならない。従って、途上国での自然保護計画を支援する個人や団体は、管理目標にあうやり方で最も経費の少ないものを考えるべきである。これは、多くのそのような自然保護プロジェクトが現在計画されるやり方とは正反対である。私がアフリカその他で関係を持った計画立案者たちは、彼らのプロジェクトの予算をできるだけ大きくするようにプレッシャーを受けているように見えることが多かった。予算が大きいほうが関係する団体の「運営経費」は大きいのだし、個人や団体の名声は提案したり扱ったりした予算の大きさと密接に関連しているのだ。このプレッシャーに加えて、開発援助機関は概して総予算の小さい提案を考慮したがらないという事実がある——どうもそれは、扱う金額に比して事務経費と会議費が高くつきすぎる、と感じられるかららしい。

　従って現在のシステムは、金のかかる自然保護対策の追求、特に自然保護団体の本部と外国人コンサルタントに多額の金を使うことを奨励しているだけでなくて、長期的支出よりはむしろ短期的支出を奨励もしている。援助機関と自然保護団体は、せいぜい数年——ふつう3年から5年——の期間の計画をし関与をするのが好きである。だが、効果的な自然保護にとって必要なものは、少額の金を長い期間にわたって支出することなのだ。

　西アフリカのようなところでは、自然保護地域を維持するためのそれなりの費用を、どうやったらうまく確保できるだろうか。将来は第三世界諸国の政府が自国の自然資源を十分に管理しうるだけの予算を計上するだろう、と期待していいだろう。しかし現在は、これらの政府はそれなりの財源を自然保護に廻すこと

ができないか、またはそうしたがらないか、であることが多い。政府による支持に代わる最も有望なものは、信託（トラスト）基金の設立つまり基金寄付である。自然保護を支持するためのこの仕組みは、世界銀行や WWF-US のワーキング・ペーパーに記されてきたし、最近ランドール・クレイマーとナレンドラ・シャーマやトム・ストルゼイカーによって論じられてきた^(注31)。それは私がこの本の前の方でナイジェリアのクロスリバー州やガーナの西部での国立公園プロジェクトの話で論じた１つの選択肢である。信託基金、またはそれに類似した寄付、は、保護地域での自然保護活動や調査研究活動を支援するために、世界の数ヵ所ですでに設立されたり公式に提案されたりしてきており、その中にはこの本で言及した場所が３つ入っている――ガーナのカクム、ウガンダのキバレ、インドのカラッカド＝ムンダンスライ。

　信託基金は、典型的には、任期数年の評議委員会によって管理運営される。世界銀行のガイドラインは、この委員会は政府代表と自然保護 NGO 代表と科学界代表とそのトラストの設立にかかわった寄贈団体（donor agency）の代表とで構成される、と提案している^(注32)。委員会をこのような諸グループの代表で構成するのは常識的で当然でさえあろうが、他の多くの地域に掛り合いを持ちやすく強い政治制約の下にありそうな機関の代表が支配的な委員会を設立するのは、賢明なこととは思われない。私の考えでは、評議員の大部分が機関代表ではなくて独立の個人であって、彼らの経験と証明済みの高潔さと当該保護地域の保護への明白な掛り合いとに基づいて選任される、とするのが一番良い。同時に、彼らはその保護地域の管理運営に個人的な経済上の利害関係を持つべきではない。トラスト設立の際に解決しなければならない難問には、委員会での議決権の割当ての問題と評議員の任命と罷免の最終責任は誰が持つかという問題が含まれる。

　評議委員会は基金の管理だけでなく、おそらく既存の自然保護団体と共同しての基金の調達にもあたることになる。典型的には、この委員会は既存の金融機関を選んでその基金を管理させる。その金融機関は、財政が安定し自由に通貨交換のできる国に本店があって、そのような国に投資している、というのが最もよいだろう。この金融機関に期待されるのは、その投資によって、その保護地域の直接経費だけでなく、自然保護に役立つような他の活動、例えば教育や調査研究や、必要な場合には、自然保護活動によって生活を壊された地域住民への補償などの経費、をも引き受けるのに十分な年間収益を生み出すことである。この年収の一部は基金に繰入れられるべきで、それによって基金は大きくなる。評議員は基金

からの利子を使う権限しか持つべきではなく、元金に手を着ける権限は持つべきではない。

　自然保護トラストのための基金はどこから来るのだろうか。現在ではそのほとんどはおそらく豊かな国々の人々からであるに違いない。明らかに、そのための金は十分にある。例えば、すでに数百万ドルものヨーロッパの納税者の金が、自然保護の名の下に、クロスリバー国立公園プロジェクトに注ぎ込まれてきたし、ストルゼイカーの指摘したところでは、USAIDはキバレの森の研究所を発展させるプロジェクトに1990年から1997年に700万ドル近くを注ぎ込んだ。だがキバレへの金の大半は、外国人（コンサルタント）の給料と車輛代に使われて、このプロジェクトの期間が過ぎた時にはこの研究所のそれからの活動のための基金は何も残っていなかった。ストルゼイカーによれば、それだけの金が信託基金に投入されてきたならば、投資による年間収益によって、4つか5つのアフリカの森林国立公園や研究所の基本運営費を永久に賄うことができたであろう[注33]。とすれば、自然保護トラストのための基金は、何よりもまずこの本で記してきたような種類のプロジェクトに金を出してきたところ——アメリカやヨーロッパなどの政府開発援助機関や世界銀行のような多国間寄贈者——に求めることができる。世界銀行の監督する世界環境施設（GEE）はすでにいくつかの信託基金の設立を助けてきた——例えば、ブータンで広範な自然保護活動を支援している基金やウガンダのブウィンジ・インペネトラブル国立公園の自然保護を支援している基金[注34]。

　しかし、開発援助団体はトラストの収入源として考えられるものの1つであるに過ぎない。保護地域にかなりの観光客がある場合には、観光からの収入を信託基金に積立てることができる。WWFのような団体が現在やっているように、個人や企業に寄付を請うこともできる。例えば、複数の石油会社がナイジェリア自然保護財団のいくつかのフィールド・プロジェクトのスポンサーになってきた。途上国の外債の一部を割引き値で購入するという債務・自然保護スワップ（debt-for-nature swap）ももう1つの資金源で、すでにフィリピンやボリビアなどいくつかの国で自然保護信託基金を設立するのに使われてきた[注35]。最後に、二酸化炭素排出権取引という新しい仕組が熱帯林保護にとっての重要な資金源となるかもしれない。例えば、アメリカの2つの大きな公益企業、アメリカン・エレクトリック・パワーとパシフィコープはブリティシュ・ペトロリアムと共に、そうでなければ伐採される恐れのあるボリビアの森林500万エーカー（約140キロ平方）

の保存と引替えに、彼らの二酸化炭素排出権の一部を相殺しようと現在試みている(注36)。

私は、これらのような基金調達の仕組みがこの本に記してきたような問題のすべてにとっての万能薬であると言うつもりはない。それは、自然保護のための経費という問題への解決策ではあるかもしれないが、日々の管理上の多くの問題を解決したり、西アフリカの森林と野生動物を現在のようなひどい状態にしてきた大規模な経済・政治・文化上の諸要因を実質的に変化させたりすることはないだろう。トラストを設立することができた場合でも、公園の管理者やそこの土地所有者と協力してトラストの機能を決定するために長い折衝過程が続くことになるだろう。その間にも公園や保護区の強力な保護はとり得るどんな手段によっても始められ維持されねばならない。

しかし、**動乱の時には？**

西アフリカのような地域での自然保護プログラムは、公園や保護区で自然を保護することのほうに大きく重点を置くべきであって、地域社会開発プロジェクトをそう強調するべきではない、と私は論じてきた。そして、信託基金が長期にわたるそのような保護の経費捻出の一方法であろうと記してきた。しかし、そのようなアプローチはシエラレオネのようなところでは実施できないだろう、そこでは国家がバラバラになって、その国の人も外国人もティワイ島のような保護地域で自然保護プログラムを実施するどころか、そこに行くことさえできなくなったのだ。このような状況の下では自然保護を進めるために何ができるだろうか。一部の人々は、アフリカでは将来このような状況のほうがふつうになるかもしれない、と論じてきた(注37)。

最近、ニューヨークの野生動物保全協会（WCS）のために働いていた2組の夫妻が、彼らが中部アフリカでかかわっていた自然保護プロジェクトを呑み込んでしまった政治的動乱の結果として生じたこの問題について記した。ジョンとテリーズ・ハート（ザイール——今ではコンゴ民主共和国——の東部で働いていた）とチェリルとロバート・フィンベル（ルワンダで働いていた）はどちらも、訓練された現地スタッフが自然保護地域に残り続けて、その地域を守るためにできるだけのことをした、ということを見てきた(注38)。どちらの場合にも、関連した開発プロジェクトからの大きな資金援助は、政治的な理由で（例えばザイールでは腐敗したモブツ統治への不満のために）早い段階で撤回されてしまったが、外部の

自然保護グループ（この場合にはWCS）からのある程度の援助によって、そのようなグループのメンバーは断続的にそこに行くことができたし、現地スタッフは仕事を続けることができた。同じような外部からの援助はヴィルンガ火山群のルワンダ側でのマウンテンゴリラとその生息環境をある程度保護することも可能にした(注39)。

　ハート夫妻はこのような経験から、危機的な時期の間も国際的に重要な保護地域に支援と専門的開発を与え続けるような基金を設立することに賛成している(注40)。もし、私が上述してきたような路線に沿った外部からを基本にした信託基金が、さまざまな保護地域についてすでに存在していたならば、それはおそらくこの役割を果たすことができたであろう。しかし、極端な場合には、現地スタッフや外部の基金でさえも自然保護のために、ほとんど何をすることもできない。ティワイ島がその1例であって、そこでは無政府状態のために近年はどんな自然保護活動も阻まれてきた。もう1つの例はルワンダで、そこではヴィルンガ山地のマウンテンゴリラを保護するダイアン・フォッシー・ゴリラ基金の活動が、暴徒の活動のせいで1997年に中断せざるを得なかった(注41)。しかし、このような場合であっても、そこに専念する基金が重要な人々を危機の間中支援することができて、無秩序や危険な状態が緩和されたら、ほとんど直ちに保護地域を旧状に復する活動を始められるようにすることができる。その1例はオランダとアメリカの生物学者たちが1992年に設立した「リベリアに自然保護を復活させる会」で、このグループはリベリアの国立公園局長アレックス・ピールを援助して、リベリアの内戦の最盛期の間合衆国に安全な避難所を提供し、リベリアにいくらか平和と安全が戻った現在は、サポ国立公園の復旧を援助しようと計画している(注42)。

結論

　アフリカ、特に西アフリカ降雨林帯での野生動物保護は多くの障害に直面している。しかし、そのような障害は克服し得ないものではない。長期にわたる効果的な保護のためには、アフリカ内部で大きな変化が起こることが必要だが、現在ではアフリカの外の人々や団体が野生動物保護の活動をもっとうまくいくように援助することができる。しかし私の考えでは、現在大きな国際的自然保護団体が追求している方針の一部は、危機にある自然の保護を促進するどころか、むしろ阻害している。そのような団体はその方針を考え直すべきであり、それらが最初に採っていた立場にもっと近いところに戻るべきである。WWF創設直後に、野

生動物保護の主要な理由は経済的動機ではなくて倫理的美的考慮であるべきだ、と記したのは、結局、WWF初代会長ピーター・スコットであった。現在、人間の物質的福利の改善を主目的として委託された組織は世界に数多く存在しており、その最たるものが各国政府である。従って、自然保護団体にとっての最優先目的は、人間の物質的需要の充足ではなくて、人間の実利主義の破壊的影響によって危機に瀕している自然を守ることであるべきである。

　私たちの社会は、ますます実利主義的になってきたし、ジョージ・シャラーの言葉を借りれば、「ひたむきにわがままに富を追求する」ように人々を駆り立てている[注43]。政府・非政府の自然保護機関の方針は、必然的に、その方針の形成に責任のある人々が生きている社会における普遍的な態度を反映することになりがちである。もし、この本の焦点であった西アフリカの森林などの将来に対して影響力を持つ人々がその方針を決定する際に、人間中心的な実利主義が支配的であり続けるならば、そのような森林とそこの野生動物が長く生き続けることはありそうにない。

　1985年5月、アーン・ネス（訳注　ノルウェーの哲学者でディープエコロジー運動の指導的理論家）はミシガン大学での第2回国際保全生物学会議で「固有の価値——自然の擁護者を拡大できるかe?」と題した基調講演を行なった[注44]。人間の物質的福利を増進させるその能力以上のもののために自然を尊重するような生物学者やナチュラリストやその他経験豊富な人々が、立ち上ってもっと公然と意見を述べるならば、私が語ってきたような森林と野生動物の一部が長く生存し続ける見込みは大きく増大することであろう。このような人々は、自然保護団体がそれの創設者たちの多くを方向づけた倫理的な原理を再発見することを助けることができ、そうすれば、そのような自然保護団体は消えつつある野生動物と原生的自然のための戦いで世論をリードすることができるだろう。そうすることで彼らは、人類の未来の世代の人生を、現在自然保護の方針に非常に強く影響を及ぼしてきている実利主義哲学に追従することによってよりも、はるかに豊かにすることであろう。

注（文章のみ訳す）

　ここで引用した本や学術誌論文や出版された報告書の書名や誌名などの詳細は巻末の文献表に記してある。新聞や一般雑誌やニュースレターなどは文献表に挙げなかったので、それらからの情報の出典はこの注の中に記した。私は、自然保護団体の出した報告書や自然保護団体へ向けての報告書で、製本されていなかったりコピーされただけだったりしたものからの情報をたびたび使ってきた。そのような報告書は、自然保護の世界では情報を広く知らせるための普通の手段であって、広く配布されるのが普通である。私はここではそのようなものを「未刊の報告書」として引用するが、それらが広く配布されてきたという事実からすると、それらは未刊（未発表）なのではなくて刊行物（出版物）なのだ。

はじめに
1　Adams and McShane (1992).
2　International Union for the Conservation of Nature and Natural Resources, United Nations Environment Programme, and World Wildlife Fund (1980).
3　International Union for the Conservation of Nature and Natural Resources, United Nations Environment Programme, and World Wildlife Fund (1991).
4　Struhsaker and Oates (1995).

第1章　エショビ村への巡礼
1　Durrell (1953).
2　"The Lost Childhood", in Greene (1969).
3　R. Naoroji, "African Diary", Hornbill no.3 (1984): 3-6.
4　ポール・ファッセルなどが言ったように、グリーンは「みすぼらしさ」を自分のトレードマークにしていた (Fussel, 1980)。グリーン自身の回想によると、1935年の彼の最初のアフリカ訪問（鉄道でシエラレオネを横断してから徒歩でリベリ

アを抜けた）の重要な動機は、真のみすぼらしさを体験することと、「文明人」がそこから生まれた状況に戻ってそれをもっとよく理解することだった (Sherry, 1989)。

5 ダレルが彼の伝記作者の1人デイヴィッド・ヒューズに語ったところでは、彼は『積みすぎた箱船』を書く際に、「適切な誇張」によって、またさまざまな出来事の実際の順序を変えることによって、1つの物語を語るようにした、という (Hughes, 1997)。

6 World Resources Institute (1996).

7 Durrel (1953), p.32.

8 エショビ村は、ダレルの 1947 – 48 年の最初の訪問の後にも、彼の人生の発展において重要な役割を演じ続けた。彼が『The Bafut Beagles』(Durrell, 1954) に記しているように、彼は 1949 年にこの村に戻って pygmy scaly-tailed flying squirrels を捕えた。そして 1957 年に彼は再度エショビ村に戻って、ズアカハゲチメドリ (Picathartes oreas) を捕獲しようとした。この3度目の訪問の時に、彼はエリアスと共に再び危険を冒して森に入り、彼自身の動物園の中核となるような動物たちを収集しており、その動物園が結局ジャージー野生動物保存トラストになることになったのだ (Durrell, 1960)。ダレルがエショビ村に惹かれたのは、明らかに、彼の兄レスリーが購読していた雑誌『ワイド・ワールド』に連載されたカメルーンへの 1932 – 33 年のある動物採集旅行の記事を読んだからだった (Hughes, 1997)。その旅行隊のリーダーのイヴァン・T・サンダースンは彼の標本の多くをエショビで採集していたのだ (Sanderson, 1940)。サンダースンは彼の著書『Animal Treasure』(1937) の中で、彼自身のカメルーンへの道が、「陰気な寒いじめじめしたエジンバラ」の学校で熱帯の勉強をした後に、どんなふうにして固まったのか、を記している。

9 エリアスは「背が低くガッシリしていて、額は類人猿のように後退しており、歯は突出していて」、「下半身は肥っている」と記されており、アンドレアスは「背がとても高く、非常にやせている」と言われていた (Durrell, 1953)。1996 年に私が見たところでは、この2人とも老いてはいたがむしろ平均的なカメルーン人の体型で、アンドレアスのほうがエリアスよりもほんの少し背が高くて肌の色がうすかった。エリアスの家で撮った写真で見ると、彼の歯はやや突出しているが、今では前歯の何本かはなくなっていた。

10 World Resources Institute (1996).

11 Ibid.

12 Bell (1987); Tutin and Oslisly (1995); Fairhead and Leach (1996).

13 ダレルは、『積みすぎた箱船』の中ではこの景観を粉飾して、彼のポーターたち

の列はこの橋を渡るとすぐに密林の色とりどりの下生えに呑みこまれた、と記している。しかし実際にはクロス河の北岸はこの橋からすぐに岩の露出した広い草地になっている。エショビ村のある男は、そこの植生は彼が子供だった1940年代からずっと同様だった、と証言してくれた。

14　Durrell (1953), p.23.
15　Wilkie et al. (1992); Oates (1996).
16　Durrell (1953), chapter 12; Webb (1953).
17　D. Gunston, "Zoos through the Ages", Zoo Life 3 (1948): 21-23.
18　Introduction to Attenborough (1980).
19　デイヴィッド・アッテンボローのその後のテレビ作品は、小さな動物学者たちに明らかにもっと大きな影響を及ぼした。チャールズ・アーサーとフィオナ・スタージェスによれば、アッテンボローの「Life on Earth」シリーズ (1979) の直接の結果として、イギリスでは大学の動物学課程への要求が増大し、「アッテンボローの子供たち」と呼ばれる新しい世代の動物学者を生み出した (「テレビ野生動物ファンが動物学者へと行列」、インデペンデント・オン・サンデー紙〔ロンドン〕、1997年3月23日号)。
20　D. Attenborough, "Expedition to Sierra Leone", Zoo Life 10 (1955): 11-20.
21　Durrell (1976).
22　Attenborough (1956).
23　"Fernando Po: Spain in Africa", Geographical Magazine 36 (1964): 540-46.
24　J. Oates, "Expedition to Fernando Po", Animals 7 (1965): 86-91.
25　Kingsley (1897).
26　Charles-Dominique (1977).

第2章　採集から保護へ

1　1965年にはビオコ島の1人当たりGNPは熱帯アフリカで最も高かった。しかし、11年にわたるフランシスコ・マシアス・ンゲマの残虐な独裁支配の後の1979年には住民の3分の1がこの島を去ってしまっていて、ビオコの経済は崩壊してしまった。マシアス・ンゲマは1979年のクーデターで処刑された (Fegley, 1991)。
2　1952年に合衆国で観察されたアフリカのアマサギ (訳注、この鳥が南アメリカを経由して北アメリカに分布を拡げ始めた時) が採集されようとしたことについてのウィリアム・ドルーリー2世の次のような評言をJ. ヘミングウェイが引用している。「環境運動以前には、貴方が珍しい鳥を観察したということを人々に信じさせたいと思ったら、それを射殺したものだ。」Hemingway, "An African Bird Makes its Move around the World", Smithsonian 18 (1987): 60-68.

3   Moorehead (1959).
4   ダレルは『A Zoo in My Luggage』(1960) のあとがきで、彼の新しいジャージー動物園について、動物の生活と保護に人々の興味関心を持たせることができる場所として語っている。Carson (1962)
5   Fitter and Scott (1978); "History of WWF", document on WWF's World Wide Web site, 1997.
6   Fitter and Scott (1978).
7   この会はその後に the Fauna and Flora Preservation Society となり、さらに 1995 年に Fauna and Flora International となった。
8   Worthington (1950).
9   Fitter and Scott (1978).
10 Yates (1935); Cowie (1961).
11 Schaller (1963).
12 Goodall (1963).
13 Beadle (1974); Eltringham (1969).
14 Lamprey (1969) を見よ。セレンゲティ研究所の初期に実施された注目に価するプロジェクトの中に、ブチハイエナについての H. クルークのもの、ライオンについての G. シャラーのもの、インパラについての P. ジャーマンのもの、アフリカスイギュウについての A. R. E. シンクレアーのもの、有蹄類の草原利用についての R. H. V. ベルのもの、などがあった。
15 Jewell (1963).
16 このガラゴは Euoticus (または Galago) inustus だが、今では Galago matschiei と呼ばれている (L. Nash et al. 1989)。
17 Listowel (1973); Sathamurthy (1986).
18 イボ族 (Igbo) は古い記述ではしばしば Ibo と綴られている。
19 Schwarz (1968).
20 Oates and Jewell (1967).
21 1963 年当時でさえイボランド (イボ族地域?) の大半では人口密度は 1 平方マイル当たり 388 人以上だったし、1036 人という部分さえあった (Afolayan and Barbour, 1982)。1950 年にはルワンダの人口密度は 1 平方マイル当たり 33 人だった (世界資源研究所、1994)。
22 R. L. Bryant, "The Rise and Fall of Taungya Forestry: Social Forestry in Defence of the Empire", Ecologist 24 (1994): 21-26.
23 Grove (1992).
24 Adeyoju (1975); P. R. O. Kio, J. E. Abu, and R. G. Lowe, "High Forest Management

in Nigeria" (paper presented to the International Union of Forest Research Organizations, Eberswalde, Germany, 1992).

25 J. F. Oates, "Wildlife of Biafra", Animals 11 (1968): 266-68; J. F. Oates, "The Lower Primates of Eastern Nigeria", African Wild Life 23 (1969): 321-32.

26 1997年になっても、（その頃？）ナイジェリア東部地区の人々は全体として分離をどの程度支持していたのか、それともオジュクとその仲間によってそれをどの程度強制されていたのか、について論争が続いていた。全国紙の記事によれば、首長 Mokwugo Okoye が分離に異議を唱える者は許されないと次のように言っていたという。「お前が妨害者と呼ばれたら、お前にはどんなことが起こるかわからないぞ」(S. Igboanugo,「分離宣言でのオジュクの役割をめぐる論争激化」ガーディアン紙（ラゴス）1997年1月13日）。

27 Reader's Digest Association (1970).

28 T. J. Synnott, "Working Plan for the Mt. Elgon Central Forest Reserve" (Uganda Forest Department, Entebbe, 1968, unpublished).

29 Struhsaker (1975); Oates (1977).

30 Struhsaker (1972).

31 タイは1972年に、コラップは1986年に、キバレは1994年に、それぞれ国立公園になった。ドゥアラ・エデアでの国立公園計画は、1979年にそこで石油探査が始まった後に無期延期となった。

32 H. D. Thoreau, quoted in R. Nash (1973).

33 R. Nash (1973).

34 Ibid., chapter 13.

35 Naess (1985); Naess (1986); Nations (1988).

36 R. Nash (1973) p.49に引用されたもの。Kramer と van Schaik (1997) は、合衆国とヨーロッパでの自然保護アプローチの相違の歴史的ルーツについて、同様な主張をしている。

37 Fethersonhaugh (1951).

38 ニムバ山の森林については Coe and Curry Lindahl (1965) を見よ。タイの森林については H. H. ロス、「We All Want Trees ——象牙海岸のタイ国立公園の事例」（世界自然保護モニタリング・センター、ケンブリッジ〔1982年頃〕未刊）を見よ。

39 Yates (1935).

40 Cowie (1961)。カウィーは1996年に88歳で亡くなった。リチャード・フィッターは追悼文で彼のことを「東アフリカの野生動物保護の父」と呼び、「彼のエネルギーと頑固さがなかったら、ケニアの国立公園の大半は結局間に合うように布告されなかったかも知れず、従って今では農地の下に、また工業開発の下にさえ、埋も

れていたかも知れない」と述べた。オリックス誌、30: 235（1996）。
41　J. L. メイスンと J. F. オーツ、「月の青い山々」、ジオグラフィカル・マガジン誌、49: 648-53（1977）。ルウェンゾリ山地国立公園は 1991 年に布告された。
42　Sathyamurthy (1986).
43　K. G. van Orsdol, "The Extent of Poaching by Tanzanian Soldiers and Ugandan Civilians in Ugandan National Parks" (5 August 1979, unpublished report); see also Struhsaker (1997).
44　Edroma (1980).
45　Struhsaker (1997).
46　Adams and McShane (1992).
47　Terzian (1985); Ghanem (1986).
48　国連事務総長報告から（人口と開発レビュー誌、17: 749-51〔1991〕、に再録）。そのような趨勢がアフリカの「失われた 10 年間」と呼ばれるあの 80 年代を生じたのだ（J. ダーントン、「脱植民地化した貧しいアフリカでは銀行家が新しい重荷だ」、ニューヨークタイムズ紙、1994 年 6 月 20 日）。McNeely ほか（1994）。
49　World Resources Institute (1996).
50　Davies and Oates (1994).
51　Green and Minkowski (1977).
52　S. Green, personal communication to the author, March 1998.
53　ハイダールは 1997 年にインド外相になった。
54　Malhotra (1989).
55　野生動物保護へのガンジーの関心については Malhotra（1989）を見よ。ネルーは Gee（1964）の本へのまえがきに次のように書いていた。「このようなすばらしい鳥や獣を眺めたりそれとたわむれたりすることがなかったら、人生は全く退屈で無味乾燥なものになっただろう。だから私たちは、まだ生残っている野生動物を保護するために、できるだけ多くのサンクチュアリを作るようにするべきである。私たちの森林は多くの観点からして私たちにとって欠くことのできないものである。それを保護保存しよう。しかし現実には私たちは余りにも多くの森林を破壊してきた。」シシオザルの保護についてのガンジーの関心は、S. ハイダールから S. グリーンへの書簡（1975 年 11 月 5 日）の中に述べられている。
56　ヒンズー紙（マドラス）、1976 年 2 月 1 日。
57　冷戦の最中は、特に 1971 年以後には、アメリカの研究者はインドでの研究にビザを拒否されることがよくあったし、入国が認められた場合でもしばしばスパイの嫌疑をかけられた（B. クロセット、「グル（導師）からローグ（浮浪者）まで: アメリカがインドを再調査」、ニューヨーク・タイムズ紙、1998 年 5 月 17 日）。

私の 1975 - 76 年の研究はインド政府から仮入国許可しか受けられず、役人たちと何回も会ったり連絡を取ったりしたのだが、完全な許可はついに出なかった。従って私は何時でも退去を求められる可能性があったのだ。1980 年にハーバードの大学院生ジェームズ・ムアは、州政府から仮入国許可が出たのに、同じように正式の研究許可が得られなかったので、西北インドで計画していたラングールの研究を放棄せざるを得なかった（J. ムアから著者への私信、1997 年）。
58　ピーター・スコット、Scott and Scott（1962）の序章から。

第 3 章　自然保護が経済開発にすり寄る

1　"Ecology in Development Programmes: An IUCN Action Project", IUCN Bulletin, n.s., 2 (1970): 141.
2　Nicholson (1970).
3　Cramp et al.（1977）。『旧北区西部の鳥類』は 1994 年に第 9 巻が刊行されて完結したが、ニコルスンはこの巻のまえがきを書いている。彼は Goldsmith and Warren 編（1993）の中の「生態学と自然保護：私たちの天路歴程」という 1 章に、鳥類学と自然保護での彼の仕事の歴史を要約している。
4　Grzimek and Grzimek (1960); Cowie (1961).
5　1969 年にフィッシャーとサイモンとヴィンセントは、自然の究極的な保護には、とりわけ「科学的な研究と測定とに基づいてそれの野生資源を賢明に利用すること」が要求される、と記した（Fisher ほか、1969）。1972 年にマイケル・クローフォードは、「ヨーロッパとアフリカでは土地に対する現在の人口圧の下では、残された大形哺乳類にとっての唯一の希望は、利用を通しての保全である」と記した（Crauford, 1972）。
6　例えば、ニューヨークタイムズ紙の環境についての記事の数は、1960 年の約 150 から 1970 年の約 1700 まで上昇した（W. Sachs,「環境と開発：危険な密通の物語」、The Ecologist, 21: 252-57, 1991）。
7　Provisional International Union for the Protection of Nature (1947).
8　Fitter and Scott (1978); "Turning Points Interview: Max Nicholson", Earth-life News no.5 (1986): 57-58; "History of WWF", document on WWF's World Wide Web site, 1997.
9　Sachs（1991）、本章注 6 を見よ。
10　Ward and Dubos (1972).
11　IUCN Bulletin, n.s., 3 (1972).
12　IUCN Bulletin, n.s., 6 (1975): 23.
13　1975 年から 1978 年までに IUCN は 280 万ドルを UNEP から受領した（IUCN

Bulletin, n.s., 10: 58, 1979)。
14 IUCN Bulletin, n.s., 8 (1977): 30.
15 Ibid., 35.
16 IUCN Bulletin, n.s., 10 (1979): 58.
17 IUCN Bulletin, n.s., 6 (1975): 13.
18 R. Allen (1973).
19 世界保全戦略の第2稿（モルジュ、スイス：IUCN, UNEP, WWF, 1978）。
20 IUCN, UNEP, and WWF (1980).
21 IUCN Bulletin, n.s., 11 (1980): 33-34.
22 R. Allen (1980) への序文。
23 Sachs (1991)、本章注6を見よ。
24 IUCN、「世界保全戦略への手引き」（IUCN、グランド、スイス、1984）。
25 Meier (1995).
26 Rich (1994).
27 World Commission on Environment and Development (1987).
28 解説書「Global Environment Facility」（世界銀行、ワシントン D.C.、1991年12月）。
29 Mittermeier and Bowles (1994).
30 IUCN, UNEP, and WWF (1991).
31 Gibson and Marks (1995).
32 Midgley (1986).
33 G. Allen (1981).
34 Midgley (1986).
35 Arensberg (1961).
36 Redbield (1955) は、1つの地域社会は次の4つの属性によって限定される、と言っている。「特殊性（distinctiveness）、小ささ（smallness）、等質性（homogeneity）、全自給的自足性（all-providing self-sufficiency）。
37 Midgley (1986).
38 Gibson and Marks (1995); Midgley (1986).
39 Hill (1986).
40 Turnbull (1972).
41 Kideckel (1993)。皮肉なことに、Ward and Dubos (1972) は社会主義ルーマニアを、部分的工業化社会での中央政府による効果的な都市・土地利用計画の好例として挙げた。
42 IUCN, UNEP, and WWF (1991), p.57.
43 例えば、International Institute for Environment and Development (1994) や

Wells (1995) を見よ。
44 Biodiversity Support Program (1993).
45 Lewis and Carter (1993)。このような話には、植民地時代は短かったということに言及しているものはほとんどない。植民地支配がアフリカの内部の多くにまで及んだのは、1884－85年のベルリンでの西アフリカ会議の後であったし、この時代は1957年のガーナ独立で終結に向かったのだ。
46 Ludwig et al. (1993).
47 Spinage (1996).
48 Redford (1991).
49 Robinson (1993).
50 Brandon and Wells (1992).
51 Noss (1997).
52 E. M. Pires,「セネガルでの自然資源管理地方委譲のレトリックと現実」(1995年3月シカゴでのアメリカ地理学会第91回年次大会での発表論文)。
53 『かけがえのない地球を大切に』の中に埋め込まれている政治的妥協は、デイヴィッド・マンローとマーチン・ホールドゲイト（ホールドゲイトはマンローの次のIUCN事務総長だった）によって、はっきり認められてきた。彼らはロビンソンの批判に応えて、『かけがえのない地球を大切に』は政治的目的のために、つまり「何億人もの彼らの市民の絶望的な生活状態を改善しようとしている熱帯の生物種豊富な諸国の政府」の支持を得るために、書かれたのだと強調している(Holdgate and Munro, 1993)。

第4章　ティワイ島：地域社会主体の1つの自然保護プロジェクトの盛衰

1 Fyfe (1962).
2 Holsoe (1977).
3 Grace (1977).
4 Ibid.
5 パ・ルセニ・コロマは、1979年に私がはじめてカンバマ村に行った時の集落首長（訳注、本章の注31参照）だった。私は、1983年に彼にカンバマ村とティワイ島の歴史について話を聞いた時、彼は90歳を越えているだろうと推測した。
6 パ・ルセニが話してくれたこの集会は、T. J. オールドリッジが1890年3月にカンバマの南方のバンダスマ村に首長たちを呼び集めた集会の話に非常によく似ている。オールドリッジはバンダスマで「その地方の女王ニアロ」に会ったのだ。オールドリッジ(1901)から引用すると、「私は（人々に）こう話した：何世代も部族抗争が続いてきたが、イギリス政府は今はもうそんな争いは許さない。従って、

首長たちはその政府と友好条約を結ぶように求められ、抗争をやめてイギリス臣民が交易の目的で彼らの土地に入ることを許すように誓約するべきである、と提案する。」それともパ・ルセニは、1893年3月に同じくオールドリッジが開いたバンダスマ村での集会のことを回想していたのかもしれない。この時にはこの地域から100人もの首長たちがシエラレオネ総督サー・フランシス・フレミングに会うために呼び集められたのだが、この集会の主目的は首長たちを互いに友好的に交流させることだった (Alldridge, 1901, p.169)。

7 デイヴィッド・アッテンボローも、ハゲチメドリを捜して初めてシエラレオネを歩きまわった時に、沼田を徒渉しなければならなかった (D. Attenborough,「シエラレオネへの探検」, Zoo Life 10: 11-20, 1955)。

8 この河はカンバマ村の約半マイル下流で岩盤地域に入って、一連の狭い激しい急流に分れている。私たちは後にひどい目に遭って、この急流がオンコセルカ症を媒介するブユの最良の繁殖場所であることを知ることになった。ティワイ島に滞在している間に私を含めて数名の研究者がオンコセルカ症に感染してしまったのだ。(訳注、オンコセルカは寄生性の線虫類の1種で、回旋糸状虫とも呼ばれる。ヒトの皮下組織に寄生し、それのミクロフィラリア幼虫が眼球に入って眼病を起こし、失明することもある。)

9 Struhsaker and Oates (1975).

10 霊長類の分類学者たちは、アフリカのコロブス属のさまざまな種を3つのグループ(亜属)にまとめるのがふつうである：クロシロコロブス類(コロブス亜属)とアカコロブス類(ピリオコロブス亜属)とオリーブコロブス類(プロコロブス亜属)。この3つのグループは、それの名前のもとになった毛色のほかにも、解剖上行動上のさまざまな特長で違っている。オリーブコロブスは、ある点ではアカコロブスによく似ているが(例えば、雌の会陰部の組織が排卵の前後に腫張する)、いくつかの独自な特長を持っている。例えば、それの体重はアカコロブスの半分でしかないし(従ってコロブス類の中で最も小型である)、それはサルの中では唯一赤ン坊を母ザルが口にくわえて連れ歩くものであって、他のサルのように赤ン坊が母ザルの毛にしがみついているのではない (Oatesほか、1994)。

11 Booth (1957).

12 Booth (1954, 1958).

13 Grubb (1978).

14 Hill (1952).

15 ブースの急死の事情は謎である。私は、彼はサルから感染したビールス病で死んだのだという話を長年聞いていたのだが、彼の妻シンシア・P. ブースの話では、彼の医者は彼の病気が何のかわからなかったという。死亡診断書には「脳炎」

と記されていたが、毒殺されたのかもしれないという示唆がある（C. P. ブースからの私信、1991 年 4 月 11 日）。

16　1982 年にジャック・Verschuren は次のように報告した。リベリアでは住民 12 人に 1 挺の銃があり、1977 年には 1 万 3000 挺以上の銃が合法的に売られた。主要道路から 4 マイル以内には猟獣は生残っておらず、サルは辺鄙な地域でしか見られない、という（Verschuren, 1982）。

17　この情報は Theo・ジョーンズからのものである。彼は 1945 年から 1960 年までニャラで働いていたことがあり、その頃はタイア河を見おろす立派な植民地時代の家に住んでいて、1979 年にはピーター・ホワイトがそこに入った。ジョーンズは作物への獣害（サルによるものもあった）の対策活動に従事していた。その頃にはサルは狩猟されていなかったので、個体数が多くて、トウモロコシやコーヒーやココアなどの作物に重大な被害を与えていた。そのため、一連の「サル駆除」が行なわれて、1940 年代後期と 1950 年代前期には毎年 1 万頭以上のサルが殺された（T. S. ジョーンズ、1985、著者への私信。Mackenzie, 1952、も見よ）。オリーブコロブスがシエラレオネで初めて発見されたのは、この駆除の時だった。ジョーンズは、ジャック・レスターが戦後にロンドン動物園のために行なったシエラレオネ採集旅行を手助けしたし、1954 年の最初の『Zoo Quest』遠征でジャック・レスターとデイヴィッド・アッテンボローのために補給活動を組織した。ニャラがこの遠征隊の基地だったのだ（T. S. ジョーンズ、著者への私信。アッテンボロー、1955、本章注 7 に引用）。ジョーンズはシエラレオネからウガンダに移って、そこで農業省の Permanent Secretary になり、1960 年代前期にスティーヴ・ガートランの博士論文研究を援助した。ジョーンズの次の任地はカメルーンで、そこでは彼はカメルーン開発公団のマネージャーとして第 6 章に記したストルゼイカーとガートランの霊長類調査に出会った。彼は 1996 年に私が最後に彼と会った直後に亡くなった。

18　60 年前でさえ F. J. Martin（1938）は、「降雨林は……おそらくこの国の面積の 5 %を越えないだろう」と記していた。

19　Durrell（1972）.

20　Norman Myers（1980）は、象牙海岸は 1966 – 74 年の間に伐採とそれに続く農地化との結果として、その森林の 39.9 %を失った、と推定した。

21　その後、アン・ガラもジェラール・ガラもタイの森での観察に基づいて博士論文を書き、2 人でタイのサル類の群集生態について 1 つの大きな論文を出した（Galat and Galat-Luong, 1985）。

22　J. F. オーツ、「シエラレオネ南部でのオリーブコロブスなどの森林性サル類についての予備的研究報告、附、保全問題についてのコメント」（シエラレオネ森林

局への報告書、1980、未刊）。この報告はシエラレオネの森林局長に送付された。この政府の森林局は、その野生動物保護部を通して野生動物政策を執行する責任を持っている。

23　J. フィリップスン、「シエラレオネにおける野生動物の保護と管理」（農業・自然資源省、フリータウン、および英国文化協会への報告書、1978、未刊）。

24　ホワイトは 1986 年にニャラ・カレッジを去り、彼の地位はアブ・セサイに引き継がれて、修士課程の計画はついに開始されなかった。オウタンバーキリミ国立公園は、地域の人々との彼らの土地に対する補償条件その他の問題をめぐる合意が得られなかったために、1995 年まで官報公示されなかった。

25　例えば、Oates（1988）、Whitesides（1991）、Dasilva（1994）、Fimbel（1994）、C. M. Hill（1994）、を見よ。

26　Oates et al. (1990).

27　Moller and Brown (1990); Bakarr et al. (1991); Hartley (1992).

28　このドキュメンタリーフィルム『ティワイ：類人猿の島』は、最初にイギリスで 1991 年 8 月 16 日に「Survival Special」で放映され、合衆国では 1992 年 1 月 13 日に WNET の「Nature」で放映された。ティワイ島のチンパンジーの堅果割り行動は Whitesides（1985）に記載されている。

29　Sierra Leone Gazette (Freetown), 29 October 1987.

30　Alieu (1995).

31　メンデ族の典型的な首長区はいくつかの地区に区分され、それぞれに地区首長がおり、地区はさらに集落に区分されて集落首長がいる。そして各集落は households つまり拡大家族に分けられて、それぞれに家長がいる。首長区は首長区会議によって統治され、それは拡大家族の家長たちから構成されている。そしてこの議員たちが大首長を選出する。土地使用権も地区、集落、家族の間で分けられる。1 区画の土地に使用権を持つ家族はその使用権を持ち続け、大首長がその土地の所有者なのだが、彼は家族から彼らの土地使用権を取り上げることはできない。しかし首長区会議は、それが公益のためであると合意される場合には、土地をどのように使用するべきかを決定する規定を作ることができる（Kelfala Kallon、著者への私信、1996）。

32　J. I. Clarke（1969）は次のように記していた。多くの首長区の境界ははっきりしていなくて、「紛争の原因となっている、特に、河が境界になっているのがふつうな沖積土ダイヤモンド採掘地域では。」

33　Alldridge (1901).

34　Abraham (1978).

35　Alldridge（1901）は、1890 年 4 月 20 日に「Borbabu」でコヤの大首長ジョセー

と条約を締結した、と記している。

36 1980年代半ばに、シエラレオネで仕事をしていた私たちの何人かは、自然保護に関心のあるさまざまな人々が積極的に参加できるようなNGOが必要だ、と考えるようになった。すでに1つの自然保護NGO、シエラレオネ環境自然保護協会（SLENCA）、があったのだが、その会員には招待によってしかなれなかった。グリン・デイヴィーズと私は、その協会を一般会員に開放し、その国の自然保護問題についての公開セミナーを後援するように、SLENCAの事務局長であるダフネ・トボク＝メッツジャーを説得しようとした。だが、彼女は、森林局の職員が入ってきて会をダメにしてしまうかもしれない恐れがあると言って、ことわった。従って私たちは新しい団体を作ることを進め、これがシエラレオネ自然保護協会として1986年に設立されたのだ。それは最初WWF-USの運営するマッカーサー財団からの助成金で援助された。私たちは初代会長として前国務大臣サマ・S・バニアを提案したが、それは彼がティワイ・プロジェクトなどの自然保護問題に大きな関心を示してきた尊敬される人物だからであった。

37 アイヘンラウプは彼のティワイ管理計画の利用区分配置案をまとめ、それは次の年に公表された（「ティワイ島野生動物サンクチュアリ：全体管理計画」〔ティワイ島管理委員会、フリータウン、1989〕）。この計画はティワイ島管理委員会の名前で公表されたが、アイヘンラウプの書いたものである。

38 the CCF（森林局長）は単独でアングリア・テレビ撮影隊にティワイで作業する許可を与えた。アングリア隊は、ティワイのフィールド・ステーションの一部を占有し、霊長類研究地域に金属製の塔を建て、地域の人々に撮影できる動物を持って来るように（従って必然的にティワイの周辺で猟をしたり罠を仕掛けたりするように）うながした。私の理解したところでは、撮影隊はその見返りに森林局に映写機を1台供与すると約束した。ティワイの研究者たちは撮影隊がどんな風に作業するのか相談されなかったし、この撮影は商業行為なのに首長区にも研究にも自然保護プロジェクトにも何の支払いもされなかった。

39 Luke and Riley (1989).

40 人口についてはClarke (1969) と世界銀行 (1984) を見よ。

41 Luke and Riley (1989).

42 United Nations Development Programme (1991).

43 これによく似た状況がザイール（現在のコンゴ民主共和国）のモブツ体制の失政と崩壊の際に生じて、この体制は結局反乱暴動によって打倒された。「貧困化は……次のことを意味した。政府役人は賄賂をとり、医者は贈り物をしない患者を無視し、工場労働者は流れ作業ラインから部品を盗み、兵士は銃を振り回して「寄付」を得る」（N. D. クリストフ、「コンゴにて、古い重荷を負う新しい時代」、ニュー

ヨーク・タイムズ紙、1997年5月20日)。ロバート・カプランは著書『地の果て』の中で、第三世界での国民国家の崩壊の典型としてシエラレオネを使っている (Kaplan, 1996)。

44 K. R. ノーブル、「リベリアの大統領は良い暮らしを送り、彼の国は貧しくなってゆく」、ニューヨーク・タイムズ紙、1990年3月26日。

45 K. R. ノーブル、「リベリアの混乱近隣国を巻き込む」、ニューヨーク・タイムズ紙、1991年4月16日。

46 フリータウン通信員、「騒動収まる」、西アフリカ誌、1992年5月18-24日号、p.840。

47 ロイター通信、1995年2月28日。

48 Richards (1996)。ロイター通信、1998年10月23日。

49 デイヴィッド・オアは1996年5月に、農村地域での大規模な残虐行為について報じ、1人のアムネスティ・インターナショナル代表の話では、それは「一般の人たちに恐怖心を抱かせることだけ」を目的としたものだとしか考えられなかったという、と記した(「野蛮状態に落込んだ国」、インデペンデント・オン・サンデー (ロンドン) 紙、1996年5月5日)。反徒たちの主要な関心はダイヤモンドだったという見方は、暴行のほとんどがこの国のダイヤモンド産地で起こった、という観察で支持される (G. Aligiarh、BBCテレビニュース、1996年1月30日)。金などいくつかの商品の価格が近年にはほとんど上昇しなかったか下落したかだったのと違って、ダイヤモンドの価格は1986年から1996年の間に50％上昇した、ということはおそらく偶然の一致ではないだろう (「Glass with Attitude」、エコノミスト誌〔1997年12月20日〕113-15)。人類学者ポール・リチャーズはこれに替わる見方を提出している。彼の言うところでは、反徒たちの目的は本来政治的なもので、世襲的政治体制を草の根民主主義で置換することであって、略奪をしたのは反徒を真似た悪党どもだった (Richards, 1996)。

50 E. ルビン、「自分自身の軍隊」、ハーパーズ・マガジン誌(1997年2月)44-55。D. G. マックネイル、「戦争の代金をポケットに」、ニューヨーク・タイムズ紙、週間評論、1997年2月16日。ロイター通信オンライン、1998年3月7日。

51 H. W. フレンチ、「ルームサービスを受けるアフリカの反徒」、ニューヨーク・タイムズ紙、1996年6月23日。H. W. フレンチ、「シエラレオネ、アフリカ人による平和の形成の凱歌」、ニューヨーク・タイムズ紙、1996年12月2日。

52 モモー・マゴナからの状況報告、1998〔訳注＝1997の誤植か〕年1月13日。

53 「シエラレオネで猟師たちと戦闘、80人死亡」、ニューヨーク・タイムズ紙、1997年5月7日、のロイター通信。ロイター通信オンライン、1997年5月10日。

54 1997年5月のクーデターをめぐる諸事件のこの要約は、1997年5-7月に私が

イングランド、ナイジェリア、ガーナを旅行している間に新聞とラジオから収集した情報に基づいている。
55 H. W. フレンチ、「ナイジェリア軍シエラレオネ首都を占領し暴徒は逃走」、ニューヨーク・タイムズ紙、1998年2月14日。R. ボナー、「合衆国アフリカでイギリス人傭兵グループを後押しとの説」、ニューヨーク・タイムズ紙、1998年5月13日。エグゼキューティブ・アウトカム社とストラッサーの政府との間にかわされたと言われる密約にならって、傭兵グループのサンドライン・インターナショナルはシエラレオネでのダイヤモンド採掘権を与えられた、とボナーは言っている。
56 私は、この原稿を最後に見直していた時に、フリータウンの森林局長から、1998年4月30日付のマゴナのもう1つの報告を受け取った。彼は1997年8月にティワイ島に行ったと記し、その時にはまだ狩猟と採掘が続けられている証拠が見られたし、フィールド・ステーションの建物はひどく壊されていた、という。1998年4月現在、カマジョルの民兵がそこの地域を支配していると言われており、人々は村に戻りつつあるが、カンバマ村では全ての家が焼き払われてしまっていて、人々は仮葺きの小屋で暮らしていた。
57 D. オア、「少年兵平和で減少」、インデペンデント（ロンドン）紙、1996年5月1日。
58 Oates (1986a).
59 Hardiman (1986).

第5章　オコム：保全の方針が森林の保護を駄目にしている

1 ジャックリン・ヴォルフハイムは、1983年刊の世界の霊長類の現況を総覧した本の中で、この種が現在生存しているという証拠はないと記して、スチーヴン・ガートランからの、それは絶滅してしまったかもしれないという内容の私信を引用した（Wolfheim, 1983）。
2 Menzies (1970).
3 World Resources Institute (1988).
4 A. カウウェル、「石油：ナイジェリアの両面的天恵」、ニューヨーク・タイムズ紙、1981年7月23日。
5 Oates (1982).
6 それからの何年かで、私はナイジェリアで多数の野生のノドジロゲノン個体を見ることになったが、それらの腹部はどれもねずみ色だった。腹部が赤錆色の個体群を私が初めて発見したのは1994年、ナイジェリアの西のベニン共和国南部のラマの森でのことだった。
7 Rosevear (1953).
8 Lowe (1996).

9　ベンデル州の森林局次長からの私信、1982年6月。
10　森林局長、「ベニン地区AT&P社森林の作業計画」(西部州森林局、イバダン、1950、未刊)。
11　ニコラス・ハーマン、「最もアフリカ的な国」、エコノミスト誌(1982年1月23日)。
12　ナイジェリアの1947年以降の政治・経済・社会の変化についての貴重な展望が、J. L. ブランドラーの回想録(Brandler, 1993)の中にある。彼はナイジェリア西部、クロスリバー州、カメルーン、リベリア、にまたがる大きな木材事業を発展させた。
13　「首長S. L. エドゥ——理事長の横顔」、ナイジェリア自然保護財団ニュースレター、1984年5月、p.5。
14　P. A. アナドゥとJ. F. オーツ、「ナイジェリアのベンデル州の野生動物の現状、付、その保護についての勧告」(ベンデル州農業自然資源省〔ベニンシティ〕と、ナイジェリア連邦農業省〔ラゴス〕と、ナイジェリア自然保護財団〔ラゴス〕と、への報告書、1982年、未刊)。
15　「売れ残り石油での溺死」、タイム誌(1982年4月12日)p.48。1998年11月末までに、北海ブレント原油(ナイジェリア原油に似る)は1バレル11ドル以下まで値下りした。
16　World Bank (1984); World Resources Institute (1988).
17　ナイジェリア、ベンデル州官報、告知番号198、22巻52号(1986年12月11日)p.305。
18　「ベニン地区AT&P社森林の作業計画」(1950)、本章注10を見よ。
19　P. J. ダーリング、「ナイジェリアのエド州オコム森林保護区マスタープラン」(ナイジェリア自然保護財団〔ラゴス〕と、WWF〔サリー州ゴダルミング〕と、ODA〔ロンドン〕、への報告書原稿、1995年2月)。
20　同上。
21　L. J. T. ホワイト、著者への私信、1989。
22　ベンデル州の森林局長、D. I. アイムフィアからの記者発表、1988年11月1日。
23　P. A. アナドゥからベンデル州農業自然資源長官アグネス・ウドゥボル教授への手紙、1990年3月20日。
24　P. A. アナドゥからベンデル州の軍人知事ツンデ・オグベハ大佐への手紙、1990年5月2日。
25　Holland et al. (1989).
26　L. J. T. ホワイト、著者への手紙、1988年11月9日。
27　D. M. エドワーズ、「ナイジェリアのベンデル州オコム森林保護区の林業援助プロジェクトへの野生動物コンサルタント報告、1990年2月12日～3月9日」(ODA〔ロンドン〕への報告書原稿、1990年3月)。

28 ODA 林業プロジェクトマネージャー J. ハドスンから著者への手紙、1992 年 9 月 23 日。
29 「ベニン原住民局オコム森林保護区指令（改訂版）、1950」、ベニン原住民局、原住民局公報 1950 年 86 号。
30 F. I. オモロディオン、「オコム森林保護区社会経済調査、最終報告」（ナイジェリア自然保護財団、ラゴス、1991 年 12 月、未刊）。
31 R. オクンロラ、「オコム森林保護区サポート・ゾーン収入発生活動報告書」（ナイジェリア自然保護財団、ラゴス、1993 年 2 月 22 日、未刊）。
32 エド州森林局長 D. I. アイムフィア、著者への私信。
33 B. コーツ、「オコム森林保護区土地利用代替案の費用便益分析」（WWF/NCF のためにエド州知事に提出された報告書、1993 年 6 月）。
34 Darling (1975).
35 R. バーンウェル、著者への手紙、1996 年 9 月 16 日。
36 本章注 19 を見よ。
37 1997 年に、野生動物サンクチュアリ内部での伐採は 1992 年から行なわれてきた、という報告がラゴスの NCF 本部に届いた。調査チームが 1998 年 2 月にオコムに行って、この報告を確認した。数人の NCF 雇員がこの違法活動にかかわっていて、彼らは解雇または懲戒処分にされた（フィリップ・ホールからの私信、1998 年 6 月）。
38 White and Oates (in press).
39 J. F. オーツと L. J. T. ホワイト、「ナイジェリアのエド州のオコム森林保護区の保全についての勧告」（ラゴスのナイジェリア自然保護財団への報告書、1996 年 4 月、未刊）。
40 フィリップ・ホール、著者への私信、1997 年 6 月 23 日。
41 T. B. ラーセン、「オコム自然保護区の蝶類（1996 年 11 月 25 − 29 日）についての報告」（ナイジェリア自然保護財団、ラゴス、未刊）。
42 World Resources Institute (1996).

第 6 章　人間優先：クロスリバー国立公園

1 Collier (1934).
2 Petrides (1965).
3 Hall (1981).
4 Talbot (1912).
5 Rosevear (1979).
6 例えば、「オクヮンゴとコラップの沿岸降雨林保全プロジェクト」での C. M.

ウィックス、欧州共同体委員会への提案（WWF-UK、ゴダルミング、1992）。
7　Brandler (1993).
8　Talbot（1912）は、1909年にオバンからアキンまで「8 – 10フィートの幅で、樹木がなくシダ類に縁取られて一面に無数の小さな花がくるぶしの高さまで敷きつめられた林道」に沿って歩いたことを記している。
9　J. F. オーツ、「ビアフラの野生動物」、アニマルズ⑱、266 – 68（1968）。
10　J. L. ブランドラーによれば（彼の会社がカルベンプライの事業を始めたのだ）、U. S. 合板会社は内戦終結直後にこの工場の株を東南地区政府に売却し、莫大な損失を生じ、この工場は利益をあげることはなかった（Brandler, 1993）。
11　Ash and Sharland (1986).
12　J. S. アッシュ、「ナイジェリア：鳥類保護のために選定された地域の調査（湿地と森林）」（国際鳥類保護会議〔ケンブリッジ〕とナイジェリア自然保護財団〔ラゴス〕、1987年3月、site reports）。
13　L. J. T. ホワイトとJ. C. レイド、「カメルーンのコラップ国立公園に隣接するクロス河東側のナイジェリア森林地域の調査」（ナイジェリア自然保護財団、ラゴス、1988年、未刊）。
14　Struhsaker（1975）。T. ストルゼイカー、著者への私信、1996年10月。
15　T. T. ストルゼイカー、「西カメルーンのコラップ保護区の調査、予報」（ニューヨーク動物学協会、ブロンクス、N.Y.、1970年4月24日、未刊）。
16　ニューヨーク動物学協会会長からカメルーン大統領への手紙、1971年3月29日。
17　J. S. ガートランとT. T. ストルゼイカー、「ドウアラ＝エデア保護区第2回偵察調査」（1972年、未刊報告書）。
18　Balinga（1986）。J. S. ガートラン、著者への私信、1997年3月。
19　J. S. ガートラン、著者への私信、1996年10月。
20　J. S. ガートラン、「コラップ国立公園：降雨林保全の1つの戦略」（世界保全モニタリングセンター、ケンブリッジ、U.K. のファイルの中の報告書、1987年、未刊）。
21　J. S. ガーランドとP. C. アグランド、「中西部アフリカのカメルーンでの降雨林保全と国立公園設立のプログラムについての提案」（WWF〔グランド、スイス〕、1981年、未刊）。
22　「80年代の慈善」、アースライフニュース、5号p.7、1986。
23　B. ジョンソン編、『失楽園か？』（ロンドン、アースライフ財団、1986）。
24　1987年に the Overseas Development Administration は the Department for International Development と改名された。
25　Wicks (1986).
26　Gartlan and Macleod (1986).

27　ジュリアン・カルデコット、著者への私信、1996年6月。
28　Caldecott, Oates and Ruitenbeek (1990) の付録6。
29　M. インフィールド、「コラップ国立公園に小さな物差しはない」、WWFレポート (1988年12月 – 1989年1月) p.12 – 15。
30　J. A. パウエル、「コラップ森林研究プロジェクト：現況報告、1991年1 – 6月」(WCIとUSAID、1991)。「マルミミゾウへの新しい密猟の脅威」、WCI会報 (1991年3 – 4月)：W1、W4。WCIは1991年1月に、その中央アフリカ森林プログラムの科学者たちの研究会をイケンジ研究施設で開催したが、この会の参加者たちの中には、その後に私に、この公園では大形哺乳類がほとんど見られなかったが、それはおそらく高い狩猟圧が続いているからだろう、と語った人たちがいた。
31　J. パウエル、著者への私信、1996年10月。
32　J. S. ガートラン、著者への私信、1996年10月。
33　K. ホルタ、「the Last Big Rush for the Green Gold: The Plundering of Comeroon's Rainforests」、エコロジスト誌21巻142 – 47頁 (1991)。
34　WWF-UK、「オバン国立公園の創立と総合的農村開発プログラム支援の提案」(WWF-UK、ゴダルミング、イングランド、1988)。
35　Caldecott (1986)。
36　Caldecott (1988)。
37　Caldecott (1996)。
38　Ibid.
39　Holland et al. (1989)。
40　Caldecott et al. (1989)。
41　クロスリバー州の森林局長 G. E. オガー博士は、1987年1月14日に州の農業自然資源省の Permanent Secretary に書簡を送って、ボシ、ボシ・エクステンション両森林保護区もオクヮンゴ森林保護区と同じようにサンクチュアリもしくは動物保護区に転換するという案がずっと以前からあったのだが、予算がなかったために実現されてこなかったのだ、と注意していた。
42　オブドゥウシ牧場株式会社解説リーフレット（日付なし）。
43　鳥類学者ジョン・エルグッドは1960、1961、1962年にオブドゥ高原を訪れて、ナイジェリア産鳥類目録に6種を新しく追加したが、彼はまたウシ牧場設立によって生じた環境の変化にも気付いており、今後の開発に責任のある人々が「このユニークな生息環境を保全する必要性に」気付くように望んでいた。
44　J. Allen (1931)。
45　Sanderson (1937、1940)。オブドゥ高原の東南のカメルーンの森林は、タカマンダ森林保護区としてある程度は保護されている。

46 March (1957)。1991 年に連邦国立公園 Authority が形成されるまでは、ナイジェリアの野生動物保護はすべてが各州森林局と連邦の森林省の責任だった。

47 P. O. Nwoga、「東部地区通達 529 号、東部地区森林法、1955 (E. R. no.41 of 1955)、ボシ・エクステンション森林保護区」、ナイジェリア東部地区官報 7、36 号（1958 年 6 月 12 日）: 328。

48 T. T. ストルゼイカー、「カメルーン西部での森林霊長類調査予報」（ニューヨーク動物学協会〔ブロンクス、N.Y.〕への報告書、1967 年 1 月 17 日、未刊）。

49 Cousins (1978).

50 Ebin (1983).

51 オブドゥの森林局のファイルにあったクロスリバー州自然資源長官オコン・J. ンドクの 1983 年の談話記録から。

52 Ebin (1983).

53 Ash and Sharland (1986).

54 Collier (1934).

55 アッシュ (1987)、本章注 12 に引用。J. S. アッシュ、「ナイジェリアでのズアカハゲチメドリそのほかについての調査」（国際鳥類保護会議とナイジェリア自然保護財団、1987 年 11 月、未刊）。Ash (1991)。

56 Fossey and Harcourt (1977); Harcourt and Groom (1972); Harcourt (1981).

57 J. H. ムシェルブワラ、「カニャン・マウンテンゴリラ・レポート」（ナイジェリア自然保護財団、ラゴス、1987 年 7 月 27 日、未刊）。I. M. イナハロ、「カニャン・ゴリラ・プロジェクト」（ナイジェリア自然保護財団、ラゴス、1987 年 8 月 24 日、未刊）。

58 ハーコートたちの調査より前の 1986 年 12 月に、オブドゥ高原の縁でゴリラが生き続けているという証拠が発見されていた。ナイジェリア北部ザリアのアーマドゥ=ベロ大学のデイヴィッド・ハリスが友人 2 人とウシ牧場を訪れた時に、近くの森でゴリラの巣と糞を見ていたのだ。この観察は IUCN/SSC の霊長類専門家グループに報告されたが（Harris et al., 1987, を見よ）、明らかに NCF には知らされなかった（I. M. イナハロ、著者への私信、1990 年 3 月）。

59 Harcourt et al. (1989).

60 J. ブルック、「ナイジェリア人、絶滅と思われていたゴリラを発見」、ニューヨーク・タイムズ、1988 年 8 月 1 日。

61 J. F. オーツ、D. ホワイト、E. L. ギャズビー、P. O. Bisong、「ゴリラそのほかの種の保護」、Caldecott et al. (1990) への未刊の付録。

62 Elgood (1965); Hall (1981).

63 Ash and Sharland (1986).

64 Caldecott et al. (1990).
65 1 ECU（欧州通貨単位）は、1990 年 1 月には 1.21 ドル、1991 年 1 月には 1.34 ドル、に相当した。
66 武装密猟者共からの危険がいかに現実的なものかという例が、1997 年 1 月 22 日付のラゴスの新聞ガーディアン紙のある記事に出ていた。この記事はオグン州の前農業長官（イヤボ・アニスロウォ女史）が州の森林保護区を視察中に盗伐者（共）と遭遇した時の様子を報じるもので、「長官の随員が盗人共を追掛けると、彼らは役人たちに向かって発砲し、役人たちは逃げ出した」。
67 Caldecott (1996).
68 Adams and McShane (1992).
69 1992 年 3 月 16 日、欧州共同体委員会の Directorate-General for Development での会合の議事録。
70 欧州共同体委員会の Directorate-General for Development、「Terms of Reference and Objectives, T. A. Contracts Nos.1&2, オバン山地プログラム、ナイジェリア」（欧州共同体委員会、ブリュッセル、1992 年 2 月）。C. M. ウィックス担当部分「オクゥンゴとコラップの沿岸降雨林保全プロジェクト」（欧州共同体委員会への提案書、WWF-UK〔ゴドルミング、イングランド〕、1992）。
71 1996 年の間の、ナイジェリア連邦共和国国立公園局長、クロスリバー国立公園 General Manager、およびエリザベス・ギャズビーとの会話から。
72 K. シュミット、「クロスリバー国立公園オバン地区の動物調査」（オバン山地プログラム、カラバル、1996 年 1 月、未刊）。B. ディッキンスン、「ナイジェリアのクロスリバー国立公園オバン地区のゾウ個体群の予備調査、1995 年 3 月と 8 月」（オバン山地プログラム、カラバル、1995 年、未刊）。
73 T. B. ラルセン、「クロスリバー国立公園オバン山地での蝶類調査」（オバン山地プログラム、カラバル、1995 年 12 月、第 2 回中間報告、未刊）。
74 キース・キンロス（WWF のクロスリバー国立公園プロジェクトの Acting Manager）、著者への私信、1992 年 7 月。
75 Talbot (1912).
76 E. L. ギャズビーからクロスリバー国立公園 General Manager への手紙、1994 年 9 月 8 日。
77 K. シュミットからオバン山地プログラムの Project Manager へのメモ、1994 年 11 月 14 日。
78 K. ドラスラー、著者への私信、1997 年 1 月 16 日。
79 F. ハーストと H. トムプスン、「クロスリバー国立公園オクゥンゴ地区の概観」（WWF-UK、ゴドルミング、1994 年 7 月、未刊）。

80 同上。

81 オーツほか（1990）、本章注61に引用。

82 G. アームストロング、T. フォーセット、J. ホワイト、D. オカリ、「ナイジェリアのクロスリバー州林業計画。計画準備調査、1990年1月17日－2月8日、の報告」（ODA〔ロンドン〕への draft report、1990年、未刊）。

83 この情報は以下に基づいている。世界銀行コンサルタントによる未発表報告；カラバルの E. L. ギャズビー、P. D. ジェンキンスそのほかからの私信；U. Egbuche、「WEMPCO の苦闘」、NCF ニュースレター、1996年4月－9月 p.2；Y. Sheba、「WEMPCO がイコム・プロジェクトの環境アセスメントを提出」、ガーディアン紙日曜版（ラゴス）、1996年7月7日。

84 Caldecott (1996).

85 Brandon and Wells (1992).

86 ボシ・エクステンションの森でのゴリラ個体群調査が、ついに1997年12月にこの公園プログラムの研究部門によって開始された。私は1998年1月にこの森での調査チームに5日間参加したが、私たちはゴリラの古い営巣場所をいくつか見つけた。

87 私が1999年1月にクロスリバー国立公園オクゥンゴ地区を訪れた後に、公園職員が私と私の学生リチャード・バーグルを警察に連行して、「国立公園への不法侵入」の罪で告発した――私たちは制服のレンジャーと同行していたのだが。別のレンジャーが話してくれたところでは、私たちより少し前に地元のある猟師が公園の中でゴリラを殺したが、この猟師は逮捕されなかったという。彼の話では、それは、猟師は銃を持っていたのにレンジャーたちは持っていなかったからなのだ。私たちへの告発は、公園当局や公園の弁護士との話合いの後に、結局取り下げられた。

88 オクゥンゴ・プログラムのニュースレター、「ニュースフラッシュ」1997年1－3月号には、サポートゾーンの村人たちが道路にバリケードを作って公園の車を捕獲し、公園の役人たちを困らせている、と報じられていた。

第7章　ガーナの空っぽの森

1 Redford (1992).

2 Asibey (1978); Asibey and Owusu (1982).

3 Posnansky (1987).

4 Edgerton (1995); see also Fage (1966); and Maier (1987).

5 Hawthorne and Abu-Juam (1995); C. Martin (1991).

6 Moloney (1887).

7 Hawthorne and Abu-Juam（1993）に引用された1927年の森林条例から。
8 C. マーチン、「ビア野生動物保護地域管理計画」（WWF/IUCN、グランド、スイス、1982）。
9 Collins (1958).
10 Ibid.
11 C. Martin (1991).
12 Curry-Lindahl (1969).
13 Booth (1956).
14 Curry-Lindahl (1969).
15 Jeffrey (1970).
16 M. G. ラックス、「提案中のクロコスア山地国立公園と提案中のTawya Game Production Areaにおける動物相分散の研究」（狩猟・野生動物局、アクラ、日付なし〔おそらく1973年〕、未刊）。
17 J. ビショップとS. コブ、「ガーナ西南部での保護地域の発展、最終報告」（環境と開発グループ、オックスフォード、1992年、未刊）。Hawthorne（1993）。
18 J. S. ガートラン、「ガーナの森林と霊長類：保護の展望と援助の提案」、ラボラトリー霊長類ニュースレター、21：1 − 14（1982）。
19 Olson（1986）。M. ラックス、「Monkey Miscellany Means Safety in Numbers」、ワイルドライフ、20：268 − 70（1978）。
20 C. マーチン、「アンカサリバー森林保護区調査報告」（狩猟・野生動物局、アクラ、ガーナ、1976年、未刊）。
21 ガートラン（1982）、本章注18を見よ。
22 ニニ＝スヒエン／アンカサ・ファイル、GW/A. 274/SF. 1、ガーナ野生動物局、アクラ。
23 ガートラン（1982）、本章注18を見よ。
24 Dutson and Branscombe (1990).
25 C. マーチン（1976）、本章注20を見よ。
26 ビショップとコブ（1992）、本章注17を見よ。
27 J. グレインジャー、著者への私信、1993年8月。
28 欧州委員会、「保護地域開発プログラムへの資金供給計画、ガーナ」（ペーパーno.VIII/406/94-EN、欧州委員会、ブリュッセル、1994）。J. ツェラー（欧州委員会）からS. フラック（世界銀行）への手紙、1995年9月14日。1995年9月にIECUは1.27ドルに相当した。
29 「自然資源保全と歴史的保存、中部地区統合開発プロジェクト、ケープコースト、ガーナ、への技術援助資金供給計画」（MUCIA、Columbus、オハイオ、か

らUSAIDへ、1991年)。

30 T. T. ストルゼイカーとJ. F. オーツ、「ガーナのカクム国立公園野外調査報告、1993年3－4月」(Conservation International〔ワシントンD.C.〕とガーナ狩猟・野生動物局〔アクラ〕への報告書、1993年4月、未刊)。

31 J. F. オーツ、「ガーナのカクム国立公園、1993年8月9－29日の調査についての野生動物専門家報告」(Conservation International〔ワシントンD.C.〕とガーナガーナ狩猟・野生動物局〔アクラ〕への報告書、1993年9月、未刊)。T. T. ストルゼイカー、「ガーナの森林と霊長類、ビア国立公園とカクム国立公園とBoabeng-Fiemaサル類サンクチュアリとへの1993年11月野外調査の報告」(Conservation International〔ワシントンD.C.〕とガーナ狩猟・野生動物局〔アクラ〕への報告書、1993年12月、未刊)。

32 G. H. ホワイトサイズとJ. F. オーツ、「ガーナの降雨林帯での野生動物調査」(ガーナ野生動物局〔アクラ〕とPrimate Conservation Incorporated〔イーストハンプトン、ニューヨーク〕と世界銀行〔ワシントンD.C.〕とへの報告書、1995年12月、未刊)。

33 Hawthorne and Abu-Juam (1995)。Wagner and Cobbinah (1993)。J. Wong、森林資源管理プロジェクト、クマシ、著者への私信、1995年。

34 Hawthorne and Abu-Juam (1995).

35 J. F. オーツ、「ガーナの森林霊長類の現状、特にニニ＝スヒエン国立公園について」(ガーナ野生動物局〔アクラ〕とConservation International〔ワシントンD.C.〕と野生動物保全協会〔ブロンクス、ニューヨーク〕とへの報告書、1996年1月、未刊)。

36 C. マーチン (1976)、本章注20を見よ。

37 Twum-Baah et al. (1995).

38 K. Mbir、「ニニ＝スヒエン国立公園とアンカサ資源保護区：人間活動のa rapid assessment調査」(Conservation Internationalのガーナ・プログラムからガーナ野生動物局への報告書、1996年、未刊)。

39 Y. Ntiamoa-Baidu、「森林国立公園周辺での地域社会に対する野生動物保護区の価値と地域の認識」、ビショップとコブ (1992) の付録1、本章注17。

40 ホワイトサイズとオーツ (1995)、本章注32を見よ。オーツ (1996)、本章注35を見よ。

41 M. Abedi-Lartey、著者への私信、1996年9月。

42 欧州連合サービス契約01/97/EDF (ガーナの欧州委員会代表からの手紙、1997年6月4日、に記述——ガーナ野生動物局のファイルから)。

43 A. ラビノウィッツ、「Killed for a Cure」、ナチュラル・ヒストリー誌107：22－

24 (1998)。
44　Ntiamoa-Baidu (1992)、本章注39を見よ。
45　Noss (1997).

第8章　動物園は箱舟たり得るか？

1　Foose et al. (1987).
2　オックスフォード大辞典によれば、英語のparkの元来の意味は、「猟獣を放し飼いにするために勅許を得て囲った広大な土地」である。
3　Street (1961)。Fitter and Scott (1978)。1869年にダヴィッド神父は、もう1つのとてもかわった動物ジャイアントパンダに外部の世界の注意を惹くことになった。
4　Beck and Wemmer (1983)。Whitehead (1993)。Yunhua Liu、著者への私信、1997年12月。
5　Durrell (1976).
6　Hughes (1997).
7　Durrell (1960).
8　ジャージー野生動物保存トラスト年報第1号 (1964)、トリニティ、ジャージー。Durrell (1960、1976) も見よ。
9　Jarvis (1966) p.293のダレルの論文。
10　Zuckerman (1960).
11　J. C. モリンスン、「危機に瀕した種の生存の援助としての飼育繁殖に関する会議」、ジャージー野生動物保存トラスト年報第9号、1972年（トリニティ、ジャージー、1973）。
12　Scott (1966)。水禽協会 (the Wildfowl Trust) は今はthe Wildfowl and Wetlands Trustと呼ばれている。
13　G. ダレル、「将来への計画」、ジャージー野生動物保存トラスト年報第4号（トリニティ、ジャージー、1967）。
14　Kear and Berger (1980); May (1991).
15　1984年までゴールデンライオンタマリンはLeontopithecus rosaliaという種の中の1亜種L. r. rosaliaとされるのがふつうだった。この年にライオンタマリン類の頭骨と歯の形態変異についての研究が発表されて（Rosenberger and Coimbra-Filho, 1984）、L. rosaliaの中にふつう認められていた3つの亜種は別々の種とするのがよいと提案された。今日ではライオンタマリン類は4種であると一般に認められている。
16　Coimbra-Filho (1969).

17　Coimbra-Filho and Mittermeier (1977); Kierulff and de Oliveira (1996).
18　Coimbra-Filho and Mittermeier (1977).
19　Ibid.
20　Kleiman et al. (1991).
21　Coimbra-Filho and Mittermeier (1977).
22　Kleiman et al. (1986, 1991); Kleiman and Mallinson (1998).
23　B. D. ベックとA. F. マーチンス、「ゴールデンライオンタマリンの再導入、1996年次報告」(1997、未刊)。
24　Kleiman et al. (1991).
25　D. ペッサミリオ、バームフォード他 (1995) に引用。J. D. バロウ、「彼らの現在の状況」、国際ライオンタマリン回復管理委員会ニューズレター『タマリン物語』1：2 − 3 (1997)。
26　Coimbra-Filho and Mittermeier (1977).
27　Kierulff and de Oliveira (1994, 1996).
28　D. G. クライマン、「ゴールデンライオンタマリン保護活動の近況」、国際ライオンタマリン回復管理委員会ニューズレター『タマリン物語』1：6 − 8 (1997)。Kierulff and d Oliveira (1998)。
29　Pope (1996); Caughley (1994).
30　Seal (1986).
31　Soulé (1980).
32　Foose (1991).
33　Oates (1986b).
34　M. スチヴンスン、T. J. フーズ、A. ベーカー、「霊長類のグローバルな飼育活動計画」(IUCN/SSC 飼育繁殖専門家グループ、アップルヴァレー、ミネソタ、1991、討論版)。
35　Stevenson et al. (1992).
36　S. エリス、「保全繁殖専門家グループ」、Species 26/27：139 − 40 (1996)。the World Wide Web の CBSG ホームページ、http://www.cbsg.org/about.htm (1997)。
37　Sankhala (1977).
38　Schaller (1993).
39　Rabinowitz (1995).
40　数理モデル化によるスマトラサイ保全計画の 1 つが Maguire et al. (1987) に要約されている。
41　Caughley (1994).
42　Balmford et al. (1995).

43　Snyder et al. (1996).
44　Conway (1980).
45　Conway (1986).
46　Baillie and Groombridge (1996).
47　Hutchins and Conway (1995).
48　S. A. トス、「Eye to Eye with Gibbon and Snake」、ニューヨーク・タイムズ、1997年4月13日、sec.5, p.31。
49　E. ウェンマン、「1995年モーリシアス諸島遠征」、ロンドン動物学協会会員ニューズレター（1996年1月）。
50　同様な指摘を Ardith Eudey (1995) がしていた。また、別に予想外ではないが、Seal (1991) は、動物園は展示動物を手に入れたいという欲望だけで動いているのではない、と強く論じていた。
51　S. オームロッド、「箱船としてのショーボート」、BBC ワイルドライフ（1994年7月）: 40 – 44。
52　ジャージー野生動物保存トラストは、特に発展途上国からの動物園職員向けに設定された訓練プログラムを持っている。ジェラルド・ダレルは、そのような訓練を生息地諸国での保全教育の促進と並んでジャージー動物園の活動の重要な要素だ、と見ていた（Durrell、1991）。
53　トス（1997）、本章注48を見よ。
54　再導入をすることが賢い選択肢であり得るような状況については、IUCN/SSC 再導入専門家グループが「再導入のための手引」（グランド、スイス、IUCN、1998）にまとめている。Stuart (1991) と Kleiman et al. (1994) も見よ。
55　「Meet the Drill」、国際霊長類保護連盟ニュース 21：3 – 6（1994）。
56　Appleton and Morris (1997).
57　T. M. ブチンスキーと S. H. コスター、「赤道ギニア、ビオコ島（フェルナンド・ポー島）の森林と霊長類の現状と保全」（1990、未刊フォトコピー）。Butynski and Koster (1994)。
58　Schaaf (1994)。J. ファ、著者への私信、1998年7月。
59　Nielsen and Brown (1988); McNamee (1997).
60　Strum and Southwick (1986).
61　F. W. クーンツ、著者への私信、1997年。Koontz (1997)。

第9章　20世紀終末の自然保護：自然への愛か金銭への愛か？

1　World Resources Institute (1996).
2　Richburg (1997).

3　R. W. スチヴンスン、「The Chief Banker for the Nations at the Bottom of the Heap」、ニューヨーク・タイムズ、1997 年 9 月 14 日。

4　G. Gugliotta、「AID 予算でのゾウ狩り」、ワシントン・ポスト、1997 年 2 月 18 日。「なぜアメリカの納税者たちのドルがアフリカゾウのトロフィーハンティング促進に使われているのか？」合衆国動物愛護協会からの記者発表、1997 年 2 月。M. Scully、「ゾウを殺せ、ゾウを救え」、ニューヨーク・タイムズ、1997 年 8 月 2 日。

5　Adams and McShane（1996）あとがき、pp.249 – 63。

6　同上。

7　Gibson and Marks (1995).

8　Lewis and Phiri (1998).

9　International Institute for Environment and Development (1994); Wells (1995).

10　「第三世界諸国懸念を表明」、デイリー・グラフィック（アクラ、ガーナ）、1997 年 6 月 28 日。

11　World Resources Institute (1996).

12　Flavin (1997); Randel and German (1996).

13　Randel and German (1996); United Nations Development Programme (1998).

14　United Nations Development Programme (1997).

15　「Job Opportunities」、WWF の World Wide Web サイト、1997 年。

16　G. リーン、「UN のナンバー 2 の年間ドル」、インデペンデント・オン・サンデー（ロンドン）、1997 年 4 月 27 日。

17　World Resources Institute (1996).

18　Brandon and Wells (1992); van Schaik and Kramer (1997).

19　World Resources Institute (1996).

20　United Nations Development Programme (1998).

21　Currey (1997).

22　M. シン、著者への私信、1997 年 11 月 21 日。

23　「司法インドの森林を救う」、タイガーリンクニュース 3：1（1997）。

24　World Resources Institute (1996).

25　Ibid.

26　R. リーキー、ジンバブエのハラレでの 1997 年 CITES 会議（1997 年 6 月 12 日）での講演から。国際霊長類保護連盟ニュース 24 巻 2 号：11 – 14（1997）に再録。

27　Bere (1957).

28　Oates et al. (1992).

29　Wilson (1984)。Schaller (1997)。リーキー（1997）、本章注 26 に引用。

30　Rosevear (1959).

31 M. ウェルズ、「生物多様性保全の道具としてのトラスト基金と環境」（世界銀行環境政策研究部の部内ワーキングペーパー no.1991 − 26、ワシントン D.C.、1991）。J. Resor と B. スパーゲル、「保全トラスト基金：グァテマラとブータンとフィリピンからの実例」（ワーキングペーパー、WWF-US、ワシントン D.C.、1992）。Kramer and Sharma（1997）。Struhsaker（1997）。

32 M. ウェルズ（1991）、本章注 31 に引用。

33 Struhsaker(1997)。

34 M. ウェルズ（1991）、本章注 31 に引用。T. ブチンスキー、著者への私信、1997 年 12 月。

35 Kramer and Sharma(1997)。

36 P. パッセル、「汚染交換取引」、ニューヨーク・タイムズ、1997 年 10 月 24 日。

37 R. D. カプラン、「The Coming Anarchy」、アトランティック・マンスリー 273：44 − 76（1994）。Kaplan（1996）。

38 Hart and Hart (1997); Fimbel and Fimbel (1997).

39 D. ステクリス、「カリソケ研究センター── 1994」、ゴリラ保護ニュース 9：15 − 16（1995）。

40 Hart and Hart (1997).

41 E. ウィリアムスン、「カリソケ研究センター、ルワンダ、からの近況。1998 年 1 月」、『霊長類の眼』64 号：16 − 17（1998）。

42 Appleton and Morris (1997).

43 Schaller (1997).

44 Naess (1986).

訳者あとがき

　この本は自然保護、特に野生生物とその生息環境の保護についての本です。
　私たちはこの問題については、日本のことしか考えていないのがふつうでしょうが、時々ゾウやトラのことなどを考えると、地球全体ではどうなっているのか気になります。世界の野生動物とその生息環境の状況は、20世紀（特に後半）にひどいことになりました。それについての情報を日本の私たちはほとんど知らされていません。そのこと自体問題ですが、そこでの保護活動についてはもっと（まったく）知らされていません。
　日本での野生動物とその生息環境の保護の問題は、日本だけの特殊な問題も含んでいますが、21世紀の人間と自然のあり方という地球（世界）全体の問題の中でその一部分として捉えなければならない問題です。
　この本は、アフリカの熱帯降雨林を中心として、そこでの著者の野生動物保護活動の記録を中心内容として記されています。その点では日本の私たちにはほとんど関心の持てないものと受け取られるかもしれません。しかしこの本では、なぜ保護しなければならないか、保護するというのはどういうことなのか、どのように保護すればいいのか、そこでは実際にどのような問題に出会うのか、というようなことがさまざまに語られています。それを日本の私たちの問題に重ねて読めばいろいろ考えさせられることの多い本でしょう。
　訳者は、第3章と第8章ともちろん最終章での20世紀末期の野生動物保護活動に対する批判に共感して、この本を訳そうと思ったのですが、自由市場経済社会という現実にどう対応したらいいのか悩んでいます。
　この本で自然保護と訳した言葉の原語はほとんどが conservation です。それを保全と訳すのが普通になっているようなので、そうしなかったことについて一言述べておきたいと思います。

自然保護という概念（特に野生動物とその生息環境について）は、英語圏では、preservation（保存）、protection（保護、つまり保存のために特に人間活動から保護する、経済利用を排除する）、conservation（保全、つまり保存のためには人間が管理することも必要である）というように表現と内容が変化してきました。この意味では保全は保存も保護も含んでいます。

　ところが、「人間が管理する」ことと「経済利用」とは必ずしも相反することではないので、その意味では保全は保護と対立する内容を持つ別の（つまり自然保護とは違う）概念だとも言えます。

　この本でのconservationという言葉は明らかに前者の意味で使われています。しかし現在の日本での保全という言葉は、後者の意味に理解されているように思われます。つまり、自然の持続的な利用とか賢明な利用とかいう言葉に近い意味です。

　ここにはいろいろ厄介な問題が含まれていますが、この本ではそんなことを考えて訳語を選んだことを記しておきます。

　緑風出版の高須次郎さんにはいろいろな点でお世話になりました。ここで御礼申し上げます。

2005年12月23日　　　　　　　　　　　　　　　　　　　　　　　浦本昌紀

［著者略歴］

ジョン・F・オーツ（Jhon F. Oates）
　1945年　ロンドンに生まれる
　1966年　ロンドン大学卒業
　1978年　ニューヨーク市立大学
　現　在　同大学人類学教授
　霊長類の野外研究と保護に従事。

［訳者略歴］

浦本昌紀（うらもと　まさのり）
　1931年　東京生まれ
　1953年　東京大学卒業
　1959年　東京都立大学大学院修了
　1960年　山階鳥類研究所研究員
　1977年　和光大学教授
　2001年　同大学退職。和光大学名誉教授
　専攻　　動物学、生態学、鳥類学

自然保護の神話と現実──アフリカ熱帯降雨林からの報告

2006年2月10日　初版第1刷発行　　　　　定価2800円＋税

著　者　ジョン・F・オーツ
訳　者　浦本昌紀
発行者　高須次郎
発行所　緑風出版 ©
　　〒113-0033　東京都文京区本郷2-17-5　ツイン壱岐坂
　　〔電話〕03-3812-9420　〔FAX〕03-3812-7262
　　〔E-mail〕info@ryokufu.com
　　〔URL〕http://www.ryokufu.com
　　〔郵便振替〕00100-9-30776

装　幀　堀内朝彦
写　植　R企画　　　　　印　刷　モリモト印刷・巣鴨美術印刷
製　本　トキワ製本所　　用　紙　大宝紙業
〈検印・廃止〉落丁・乱丁はお取り替えいたします。　　　　　　　E1500

本書の無断複写（コピー）は著作権法上の例外を除き禁じられています。なお、複写など著作物の利用などのお問い合わせは日本出版著作権協会（03-3812--9424）までお願いいたします。
ISBN4-8461-0601-2　C0036　　　　　　　　　　　　　　Printed in Japan

◎緑風出版の本

■全国どの書店でもご購入いただけます。
■店頭にない場合は、なるべく書店を通じてご注文ください。
■表示価格には消費税が加算されます。

ニームとは何か？
——人と地球を救う樹——

国際開発のための科学技術委員会編著
石見 尚監訳、片山弘子訳

A5版並製
二〇〇頁
2000円

何世紀もの間、インドで「村の薬局」として利用されてきたニームの樹が今脚光を浴びている。ニームは、害虫防除や薬剤、歯磨き、人口増加の抑制、地球温暖化の緩和と人間の生活に密着した効能を持つ。科学的解明を含め紹介。

ナショナル・トラストの軌跡
——1895〜1945年——

四元忠博著

A5判上製
三〇〇頁
3800円

自然保護運動で世界的に有名な英国のナショナル・トラスト。産業革命の進行と共に破壊される自然と歴史の建造物——それらを守る為に立ち上がった3人の先駆者、その揺籃期から制度の確立までの歴史を調査し明らかにした労作。

ザ・ラスト・グレート・フォレスト
——カナダ亜寒帯林と日本の多国籍企業——

イアン・アークハート、ラリー・プラット著
黒田洋一、河村洋訳

四六判上製
四七二頁
4500円

カナダ北西部の世界最大・最後の亜寒帯林。この大森林に目を付けた日本企業は、大規模な森林伐採権を手に入れるが、先住民の抵抗にあう。カナダ深部で繰り広げられる地球最後の大森林をめぐる、知られざるたたかい。

バイオパイラシー
——グローバル化による生命と文化の略奪——

バンダナ・シバ著／松本丈二訳

四六判上製
二六四頁
2400円

グローバル化は、世界貿易機関を媒介に「特許獲得」と「遺伝子工学」という新しい武器を使って、発展途上国の生活を破壊し、生態系までも脅かしている。世界的な環境科学者・物理学者の著者による反グローバル化の思想。